华章IT
HZBOOKS | Information Technology

图 2-21　相机随着鼠标的移动而旋转，玩家可以从各个方向查看模型

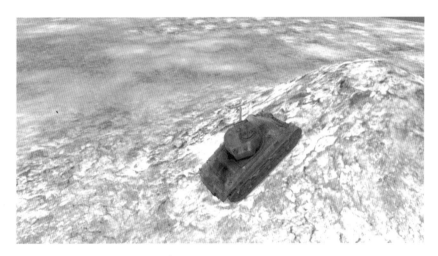

图 2-56　坦克行驶在陡坡上

图 3-10　坦克被摧毁的效果

图 3-24 准心效果图

图 4-9 玩家坦克被 AI 坦克摧毁

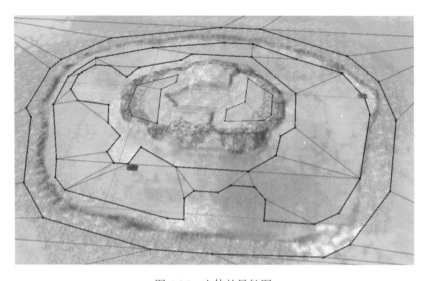

图 4-26 山体的导航图

图 4-37 两军对峙,硝烟四起

图 5-17 标题面板

图 5-18 信息面板

图 5-26　弹出的战场设置面板

图 6-34　查看服务器发回的留言

图 7-53　将已登录的账号顶下线

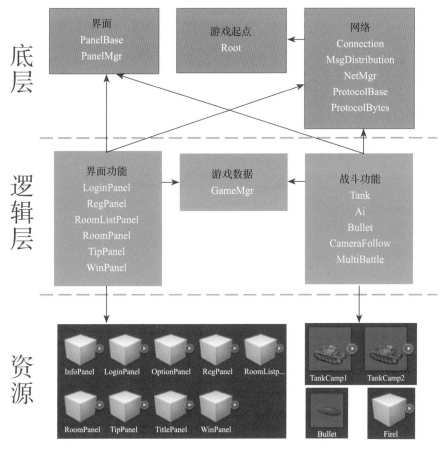

图 9-34 坦克游戏客户端架构

图 12-8 同步伤害信息，击毁坦克

图 12-13 登录游戏

图 12-14 注册账号

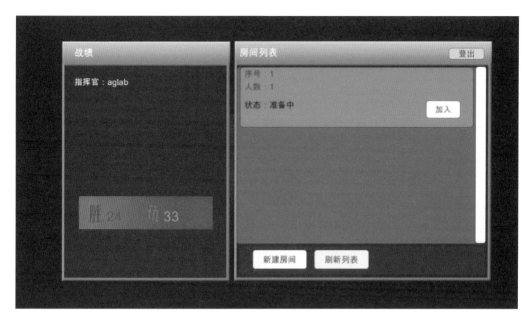

图 12-15　查看房间列表

图 12-16　进入房间

图 12-17　战斗中

图 12-18　取得胜利

Unity3D 网络游戏实战

罗培羽 著

Multiplayer Game Development With Unity3D

图书在版编目（CIP）数据

Unity3D 网络游戏实战 / 罗培羽著. —北京：机械工业出版社，2016.10（2018.1 重印）
（游戏开发与设计技术丛书）

ISBN 978-7-111-54996-3

I.U… II.罗… III.游戏程序－程序设计 IV. TP317.6

中国版本图书馆 CIP 数据核字（2016）第 236591 号

Unity3D 网络游戏实战

出版发行：机械工业出版社（北京市西城区百万庄大街22号 邮政编码：100037）	
责任编辑：迟振春	责任校对：殷 虹
印　　刷：北京市荣盛彩色印刷有限公司	版　　次：2018年1月第1版第4次印刷
开　　本：186mm×240mm　1/16	印　　张：28.25（含0.5印张彩插）
书　　号：ISBN 978-7-111-54996-3	定　　价：79.00元

凡购本书，如有缺页、倒页、脱页，由本社发行部调换
客服热线：（010）88379426　88361066　　　　　　投稿热线：（010）88379604
购书热线：（010）68326294　88379649　68995259　　读者信箱：hzit@hzbook.com

版权所有・侵权必究
封底无防伪标均为盗版
本书法律顾问：北京大成律师事务所　韩光 / 邹晓东

前言

为什么要写这本书

　　笔者在玩到好玩的游戏时，总会希望有朝一日自己也能够做出经典的游戏作品。然而随着玩家欣赏水平的提高和网络游戏的发展，早期游戏的简陋画面再也不能吊起玩家的胃口，游戏大作再也不是一个人花几个星期就能完成的事情。Unity3D、虚幻4等引擎也正因为能够帮助开发者较快地制作出炫酷的游戏产品而备受青睐。

　　笔者曾与小伙伴们一起开发了一款仙剑同人游戏《仙剑5前传之心愿》，它是第一款由玩家开发完成的仙剑3D同人游戏，也是第一款采用即时战斗的仙剑游戏。那种只为圆一个游戏梦想，无条件付出的日子实属难忘。该作品就是使用Unity3D开发的，品质还算精良，读者可以登录pal5h.com下载。

《仙剑5前传之心愿》游戏截图

以前笔者主要关注单机游戏，也总能够找到很多资料进行学习，很快就能做出成果。然而由于猖獗的盗版市场及国外优秀作品的打击，国内单机游戏公司纷纷转型开发网络游戏，大部分游戏公司都在使用Unity3D引擎开发网络游戏。因此对于开发者而言，学习Unity3D网络游戏开发至关重要。

然而市面上的Unity3D教程，大多是介绍单机游戏开发方法的，就算涉及网络，也只是简单带过。如果读者想要制作当今热门的网络游戏，特别是手机网络游戏，单单参考市面上的书肯定是不够的。如果想要到游戏公司求职，仅仅凭借这些知识，也不容易成功应聘。针对这一痛点，本书以制作一款完整的多人坦克对战游戏为例，详细介绍网络游戏的开发过程。书中还介绍了一套通用的服务端框架和客户端网络模块（它是商业游戏的简化版本），相信通过本书，读者能够掌握Unity3D网络游戏开发的大部分知识，也能够从框架设计中了解商业游戏的设计思路。

读者对象

根据用户的需求来区分，可能使用本书的读者如下。
- 游戏开发爱好者：想要自己制作一款游戏的人，作为自学参考书。
- 求职者：想要谋求游戏公司开发岗位的人，作为自学参考书。
- 职场新人：游戏公司程序员，作为自学参考书。
- 游戏公司：作为新人培训资料。
- 学校：可作为大专院校或游戏培训机构的实验教材。

如何阅读本书

本书先提出了一个明确的学习目标，即制作一款完整的多人对战游戏，然后逐步去实现它。全书涉及行走控制、人工智能系统、界面系统、服务端框架、客户端框架、房间系统、战场系统等多项内容。在涉及相关知识点时，书中会有详细的讲解。具体来说，本书分为如下 3 个部分。

第一部分"单机游戏"：第 1 章至第 5 章，主要介绍如何开发一款功能完整的坦克单机游戏。除了让坦克行走、开炮，还将介绍基于代码和资源分离的界面系统、敌人 AI。了解开发单机游戏的知识，也是为接下来的网络开发学习奠定基础。

第二部分"网络原理"：第 6 章至第 8 章，主要介绍网络通信的原理，开发客户端的网络模块和服务端程序框架。这套框架具有较高的通用性，可以运用在多种游戏上。

第三部分"网络游戏"：第 9 章至第 12 章，主要讲解房间系统和同步系统的逻辑实现，将单机坦克游戏改造成多人对战的网络游戏。

作为实例教程，本书偏重于例子中涉及的知识点。如果读者想要深入了解某些内容，或者了解实现某种功能的更多方法，建议在阅读本书的过程中多多查询相关资料，以便做到举一反三。

本书提供了所有示例的源码和素材，读者可以在作者提供的网盘中下载这些源码。由于网盘具有不稳定性，笔者不能保证多年后网盘地址还有效。若读者发现网盘地址失效，可以发送邮件到笔者的邮箱，笔者将会把最新的下载地址发给您。

> 下载地址：http://pan.baidu.com/s/1c18esDE，密码：9inz
> 笔者邮箱：aglab@foxmail.com

勘误和支持

由于笔者水平有限，写作的时间也很仓促，书中难免会出现一些错误或不准确的地方，恳请读者批评指正。如果读者发现了书中的错误，或者有更多的宝贵意见，欢迎邮件交流，笔者很期待能够听到你们的真挚反馈。

致谢

2013 年 8 月份，笔者在筹备出版第一本图书《手把手教你用 C# 制作 RPG 游戏》时，就已经着手规划这本介绍网络游戏技术的图书了。经过两年多的积累，本书渐渐成型。2016年2月，在机械工业出版社华章公司杨绣国编辑的帮助下，本书的出版事项提上了日程。

在此，我要感谢父母，有了他们的支持才有笔者义无反顾的前行。

感谢黄剑基和蒙屿森，他们作为本书的第一批读者，给了笔者不少可行的建议。

感谢一同开发《仙剑5前传之心愿》的唤玥、吾辈名妖、杨凯云等人，这段不为名利的奋斗历程使笔者永生难忘。

感谢郑志铭、卢阳飞、许远帆、林文佳、梁浩林等人在本书写作过程中给予的诸多鼓舞。

愿与诸位一同努力，造就顶级游戏产品。

每一款游戏都是梦想与智慧的结晶！

罗培羽

2016年6月于广州

目录

前言

第1章 掌握Unity3D基本元素 / 1
1.1 最最简单的游戏 / 2
 1.1.1 Unity3D 的界面构成 / 2
 1.1.2 在场景中创建立方体 / 3
 1.1.3 编写第一个程序 / 4
 1.1.4 测试游戏 / 6
 1.1.5 总结 / 6
1.2 导入资源 / 6
 1.2.1 从本地导入素材 / 7
 1.2.2 从本地导入包文件 / 7
 1.2.3 从 AssetStore 导入 / 8
1.3 山体系统 / 10
1.4 灯光 / 12
1.5 材质 / 14
 1.5.1 什么是材质 / 14
 1.5.2 如何创建材质 / 15
 1.5.3 Mesh Renderer 组件 / 16
 1.5.4 着色器 / 16
1.6 预设 / 19
 1.6.1 制作预设 / 19
 1.6.2 预设的实例化 / 19
 1.6.3 使用预设的例子 / 20

1.7 声音 / 22
 1.7.1 音源 / 22
 1.7.2 接收器 / 23
 1.7.3 简单播放器 / 23
1.8 GUI / 24
 1.8.1 GUI 绘图基础 / 24
 1.8.2 编写 HelloWorld 程序 / 25
 1.8.3 绘制登录框 / 25
1.9 场景 / 26
 1.9.1 创建场景 / 27
 1.9.2 场景切换 / 27
1.10 导出游戏 / 28

第2章 坦克控制单元 / 31
2.1 导入坦克模型 / 31
 2.1.1 导入模型 / 31
 2.1.2 调整尺寸 / 32
 2.1.3 材质和贴图 / 33
2.2 行走控制 / 34
 2.2.1 基础知识 / 35
 2.2.2 上下左右移动 / 37
 2.2.3 转向和前后移动 / 38
2.3 相机跟随 / 40
 2.3.1 数学原理 / 41

            2.3.2 跟随算法 / 42
            2.3.3 设置跟随目标 / 46
            2.3.4 横向旋转相机 / 47
            2.3.5 纵向旋转相机 / 50
            2.3.6 滚轮调节距离 / 51
    2.4 旋转炮塔 / 52
            2.4.1 坦克的层次结构 / 52
            2.4.2 炮塔 / 56
            2.4.3 炮管 / 58
    2.5 车辆行驶 / 61
            2.5.1 Unity3D 的物理系统 / 62
            2.5.2 车轮碰撞器 / 65
            2.5.3 控制车辆 / 69
            2.5.4 制动（刹车）/ 73
    2.6 轮子和履带 / 74
            2.6.1 轮子转动 / 74
            2.6.2 履带滚动 / 77
    2.7 音效 / 79

第3章 火炮与敌人 / 82

    3.1 发射炮弹 / 82
            3.1.1 制作炮弹 / 82
            3.1.2 制作爆炸效果 / 83
            3.1.3 炮弹轨迹 / 84
            3.1.4 坦克开炮 / 86
    3.2 摧毁敌人 / 88
            3.2.1 坦克的控制类型 / 88
            3.2.2 坦克的生命值 / 89
            3.2.3 焚烧特效 / 89
            3.2.4 坦克被击中后的处理 / 90
            3.2.5 炮弹的攻击处理 / 92
    3.3 准心 / 94
            3.3.1 概念和原理 / 94
            3.3.2 计算目标射击位置 / 96
            3.3.3 计算实际射击位置 / 101

            3.3.4 绘制准心 / 103
    3.4 绘制生命条 / 104
            3.4.1 生命条素材 / 105
            3.4.2 绘制生命条 / 105
    3.5 击杀提示 / 107
            3.5.1 谁发射了炮弹 / 107
            3.5.2 谁被击中 / 107
            3.5.3 显示击杀提示 / 108
    3.6 炮弹的音效 / 110
            3.6.1 发射音效 / 110
            3.6.2 爆炸音效 / 111

第4章 人工智能 / 113

    4.1 基于有限状态机的人工智能 / 113
            4.1.1 有限状态机 / 113
            4.1.2 分层有限状态机 / 115
    4.2 程序结构 / 116
            4.2.1 AI 类的结构 / 116
            4.2.2 在 Tank 中调用 / 118
    4.3 搜寻目标 / 119
            4.3.1 搜寻规则 / 119
            4.3.2 坦克标签 / 119
            4.3.3 主动搜寻算法 / 120
            4.3.4 被动搜寻算法 / 122
            4.3.5 调试 / 123
    4.4 向敌人开炮 / 124
            4.4.1 电脑控制的方式 / 124
            4.4.2 炮塔炮管的目标角度 / 125
            4.4.3 调试程序 / 125
            4.4.4 开炮 / 126
    4.5 走向目的地 / 128
            4.5.1 路点 / 128
            4.5.2 路径 / 128
            4.5.3 根据场景标志物生成路径 / 130
            4.5.4 给 AI 指定路径 / 131

4.5.5 操控坦克 / 132
4.5.6 调试程序 / 136
4.6 使用 NavMesh 计算路径 / 137
　　4.6.1 NavMesh 的原理 / 137
　　4.6.2 生成导航图 / 137
　　4.6.3 生成路径 / 140
4.7 行为决策 / 143
　　4.7.1 巡逻状态 / 144
　　4.7.2 进攻状态 / 145
　　4.7.3 调试 / 146
4.8 战场系统 / 147
　　4.8.1 单例模式 / 147
　　4.8.2 BattleTank / 148
　　4.8.3 战场逻辑 / 148
　　4.8.4 敌我区分 / 150
　　4.8.5 出生点 / 151
　　4.8.6 坦克预设 / 152
　　4.8.7 开启一场两军对峙的战斗 / 152
　　4.8.8 战场结算 / 154
　　4.8.9 开始战斗 / 155

第5章 代码分离的界面系统 / 157

5.1 Unity UI 系统 / 157
　　5.1.1 创建 UI 部件 / 158
　　5.1.2 Canvas 画布 / 159
　　5.1.3 EventSystem / 161
　　5.1.4 RectTransform / 162
　　5.1.5 其他 UGUI 组件 / 164
　　5.1.6 事件触发 / 165
　　5.1.7 简单的面板调用 / 165
5.2 制作界面素材 / 167
　　5.2.1 标题面板和信息面板 / 167
　　5.2.2 制作预设 / 168
5.3 面板基类 PanelBase / 168
　　5.3.1 代码与资源分离的优势 / 168

5.3.2 面板系统的设计 / 169
5.3.3 面板基类的设计要点 / 169
5.3.4 面板基类的实现 / 170
5.4 面板管理器 PanelMgr / 172
　　5.4.1 层级管理 / 173
　　5.4.2 打开面板 OpenPanel / 174
　　5.4.3 关闭面板 ClosePanel / 176
5.5 面板逻辑 / 176
　　5.5.1 标题面板 TitlePanel / 176
　　5.5.2 信息面板 InfoPanel / 178
5.6 调用界面系统 / 179
　　5.6.1 界面系统的资源 / 179
　　5.6.2 界面系统的调用 / 179
5.7 胜负面板 / 181
　　5.7.1 面板素材 / 181
　　5.7.2 面板逻辑 / 181
　　5.7.3 面板调用 / 183
5.8 设置面板 / 184
　　5.8.1 面板素材 / 184
　　5.8.2 面板逻辑 / 185
　　5.8.3 面板调用 / 186

第6章 网络基础 / 188

6.1 七层网络模型 / 189
　　6.1.1 应用层 / 190
　　6.1.2 传输层 / 190
　　6.1.3 网络层 / 190
　　6.1.4 数据链路层 / 191
　　6.1.5 物理层 / 191
6.2 IP 与端口 / 192
　　6.2.1 IP 地址 / 192
　　6.2.2 端口 / 192
　　6.2.3 C# 中的相关类型 / 193
6.3 TCP 协议 / 193
　　6.3.1 TCP 连接的建立 / 193

6.3.2 TCP 的数据传输 / 195
6.3.3 TCP 连接的终止 / 195
6.4 Socket 套接字 / 196
6.4.1 Socket 连接的流程 / 196
6.4.2 Socket 类 / 196
6.5 同步 Socket 程序 / 198
6.5.1 新建控制台程序 / 198
6.5.2 编写服务端程序 / 199
6.5.3 客户端界面 / 202
6.5.4 客户端程序 / 203
6.6 异步 Socket 程序 / 205
6.6.1 BeginAccept / 205
6.6.2 BeginReceive / 205
6.6.3 Conn（state）/ 206
6.6.4 服务端程序（主体结构）/ 208
6.6.5 服务端程序（Accept 回调）/ 210
6.6.6 服务端程序（接收回调）/ 211
6.6.7 开启服务端 / 212
6.6.8 客户端界面 / 212
6.6.9 客户端程序 / 213
6.6.10 调试程序 / 215
6.7 MySQL / 216
6.7.1 配置 MySQL 环境 / 216
6.7.2 建立 MySQL 数据库 / 218
6.7.3 MySQL 基础知识 / 218
6.7.4 MySQL 留言板服务端程序 / 220
6.7.5 调试程序 / 222
6.8 类的序列化 / 223
6.9 定时器 / 225
6.10 线程互斥 / 226
6.11 通信协议和消息列表 / 228
6.11.1 通信协议 / 228
6.11.2 服务端程序 / 229
6.11.3 消息列表 / 229
6.11.4 客户端场景 / 230
6.11.5 客户端程序 / 231
6.11.6 调试 / 236

第7章 服务端框架 / 238

7.1 服务端架构 / 238
7.1.1 总体架构 / 238
7.1.2 游戏流程 / 239
7.1.3 连接的数据结构 / 240
7.1.4 数据库结构 / 241
7.1.5 项目结构 / 241
7.2 数据管理类 DataMgr / 243
7.2.1 数据表结构 / 243
7.2.2 角色数据 / 244
7.2.3 Player 的初步版本 / 244
7.2.4 连接数据库 / 245
7.2.5 防止 sql 注入 / 246
7.2.6 Register 注册 / 247
7.2.7 CreatePlayer 创建角色 / 249
7.2.8 登录校验 / 250
7.2.9 获取角色数据 / 251
7.2.10 保存角色数据 / 252
7.2.11 调试 / 253
7.3 临时数据 / 255
7.4 网络管理类 ServNet / 256
7.4.1 粘包分包现象 / 256
7.4.2 粘包分包的处理方法 / 256
7.4.3 Conn 连接类 / 257
7.4.4 ServNet 网络处理类 / 260
7.4.5 ReceiveCb 的粘包分包处理 / 261
7.4.6 发送消息 / 264
7.4.7 启动服务端 / 265
7.4.8 调试 / 265
7.5 心跳 / 267
7.5.1 心跳机制 / 267
7.5.2 时间戳 / 268

7.5.3 使用定时器 / 269
7.5.4 心跳协议 / 270
7.5.5 调试心跳协议 / 270
7.6 协议 / 271
　7.6.1 协议基类 / 272
　7.6.2 字符串协议 / 273
　7.6.3 字节流协议 / 274
　7.6.4 字节流辅助方法 / 276
　7.6.5 使用协议 / 278
　7.6.6 调试 / 280
7.7 中间层 Player 类 / 282
　7.7.1 登录流程 / 282
　7.7.2 下线 / 282
　7.7.3 Player 类的实现 / 283
7.8 消息分发 / 285
　7.8.1 消息处理的类 / 285
　7.8.2 消息处理类的实现 / 286
　7.8.3 反射 / 287
7.9 注册登录 / 289
　7.9.1 协议 / 289
　7.9.2 注册功能 / 290
　7.9.3 登录功能 / 291
　7.9.4 登出功能 / 292
　7.9.5 获取分数功能 / 293
　7.9.6 增加分数功能 / 293
　7.9.7 输出服务端信息 / 294
　7.9.8 Main 中的调用 / 294
　7.9.9 测试用客户端 / 295
　7.9.10 调试 / 297

第8章 客户端网络模块 / 300

8.1 网络模块设计 / 300
　8.1.1 整体架构 / 300
　8.1.2 监听表 / 301
　8.1.3 类结构 / 301

8.2 委托 / 302
　8.2.1 使用委托 / 302
　8.2.2 示例 / 302
　8.2.3 操作符 / 303
8.3 MsgDistribution 消息分发 / 304
　8.3.1 MsgDistribution 的成员 / 304
　8.3.2 DispatchMsgEvent / 305
　8.3.3 AddListener / 306
8.4 Connection 连接 / 307
　8.4.1 Connection 的成员 / 307
　8.4.2 连接服务端 / 309
　8.4.3 关闭连接 / 309
　8.4.4 异步回调 / 310
　8.4.5 消息处理 / 311
　8.4.6 发送数据 / 311
　8.4.7 心跳机制 / 312
8.5 NetMgr 网络管理 / 313
8.6 登录注册功能 / 314
　8.6.1 界面资源 / 315
　8.6.2 登录面板功能 / 316
　8.6.3 注册面板功能 / 319
8.7 位置同步的服务端程序 / 320
　8.7.1 协议 / 321
　8.7.2 场景 / 321
　8.7.3 协议处理 / 324
　8.7.4 事件处理 / 324
8.8 位置同步的客户端程序 / 325
　8.8.1 客户端资源 / 325
　8.8.2 客户端程序 / 326
8.9 调试框架 / 331

第9章 房间系统 / 334

9.1 游戏界面 / 335
　9.1.1 登录面板 / 335
　9.1.2 注册面板 / 336

9.1.3 提示面板 / 337
9.1.4 UGUI 的滑动区域 / 338
9.1.5 房间列表面板 / 340
9.1.6 房间面板 / 342
9.1.7 创建预设 / 343
9.2 协议设计 / 344
9.3 提示框的功能实现 / 346
9.4 登录注册的功能实现 / 348
　　9.4.1 登录面板的功能 / 348
　　9.4.2 GameMgr / 349
　　9.4.3 注册面板的功能 / 350
　　9.4.4 调试 / 351
9.5 房间列表面板的功能 / 352
　　9.5.1 获取部件 / 353
　　9.5.2 开启监听 / 354
　　9.5.3 刷新成绩栏 / 355
　　9.5.4 刷新房间列表 / 355
　　9.5.5 刷新按钮 / 357
　　9.5.6 加入房间 / 357
　　9.5.7 新建房间 / 358
　　9.5.8 登出 / 359
　　9.5.9 测试面板 / 360
9.6 房间面板的功能 / 360
　　9.6.1 获取部件 / 361
　　9.6.2 监听 / 362
　　9.6.3 刷新列表 / 362
　　9.6.4 退出按钮 / 364
　　9.6.5 开始战斗 / 365
　　9.6.6 测试面板 / 366

第10章 房间系统服务端 / 368

10.1 玩家数据 / 368
10.2 房间类 / 370
　　10.2.1 数据结构 / 370
　　10.2.2 添加玩家 / 371

10.2.3 删除玩家 / 372
10.2.4 更换房主 / 373
10.2.5 广播消息 / 373
10.2.6 输出房间信息 / 374
10.3 房间管理器 / 374
　　10.3.1 数据结构 / 374
　　10.3.2 创建房间 / 375
　　10.3.3 离开房间 / 376
　　10.3.4 输出房间列表 / 376
10.4 玩家消息处理 / 377
　　10.4.1 查询成绩 GetAchieve / 377
　　10.4.2 获取房间列表 GetRoomList / 377
　　10.4.3 创建房间 CreateRoom / 378
　　10.4.4 加入房间 EnterRoom / 379
　　10.4.5 获取房间信息 GetRoomInfo / 380
　　10.4.6 离开房间 LeaveRoom / 380
10.5 玩家事件处理 / 381
10.6 调试 / 382

第11章 战场系统 / 386

11.1 协议设计 / 386
11.2 开始战斗 / 388
　　11.2.1 客户端战场数据 / 389
　　11.2.2 获取阵营 / 390
　　11.2.3 清理场景 / 390
　　11.2.4 开始战斗 / 391
　　11.2.5 产生坦克 / 391
　　11.2.6 服务端战场数据 / 394
　　11.2.7 服务端条件检测 / 395
　　11.2.8 服务端开启战斗 / 395
　　11.2.9 服务端消息处理 / 396
　　11.2.10 调试程序 / 397
11.3 三种同步位置方案 / 398
　　11.3.1 瞬移式位置同步 / 399
　　11.3.2 移动式位置同步 / 400

11.3.3　预测式位置同步 / 401
11.4　位置同步的服务端处理 / 402
11.5　位置同步的客户端处理 / 404
　　11.5.1　发送同步信息 / 404
　　11.5.2　网络同步类型 / 405
　　11.5.3　预测目标位置 / 405
　　11.5.4　向目标位置移动 / 408
　　11.5.5　监听服务端协议 / 408
　　11.5.6　调试 / 409
11.6　同步炮塔炮管 / 410
11.7　轮子和履带 / 411

第12章　炮火同步 / 413

12.1　炮弹同步 / 413
　　12.1.1　协议设计 / 413
　　12.1.2　服务端处理 / 414
　　12.1.3　客户端发送同步信息 / 415
　　12.1.4　客户端接收同步信息 / 416
12.2　伤害同步 / 418
　　12.2.1　协议设计 / 418
　　12.2.2　服务端处理 / 418
　　12.2.3　客户端发送伤害信息 / 420
　　12.2.4　客户端接收伤害信息 / 420
12.3　胜负判断 / 423
　　12.3.1　协议设计 / 423
　　12.3.2　服务端胜负判断 / 423
　　12.3.3　服务端处理战斗结果 / 424
　　12.3.4　客户端接收战斗结果 / 425
12.4　中途退出 / 427
12.5　完整的游戏 / 428

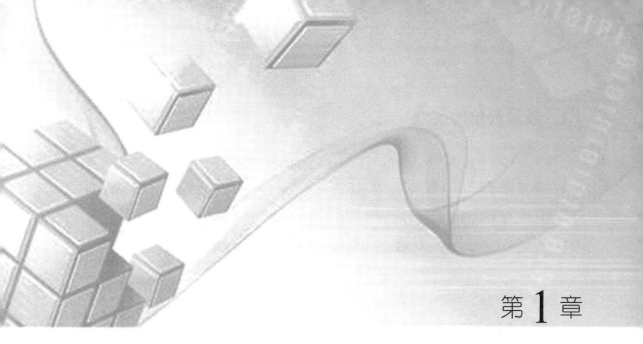

第 1 章

掌握 Unity3D 基本元素

随着玩家欣赏水平的提高,早期游戏的简陋画面再也不能吊起玩家的胃口。精美的画面需要较高的成本,游戏大作再也不是一个人花几个星期就能完成的事情。Unity3D、虚幻 4 等引擎因能够帮助开发者制作炫酷的游戏产品而备受青睐。Unity3D 是一款优秀的 3D 游戏引擎,可以开发各种各样的游戏,比如 MMORPG(多人在线角色扮演游戏)、赛车游戏、动作竞技、射击游戏等。在移动平台,Unity3D 的地位更是举足轻重,目前市面上大部分 3D 手机游戏都是使用 Unity3D 开发的。

本书将通过一款完整的坦克游戏实例,介绍使用 Unity3D 制作网络游戏的方法和技巧,本书所使用的 Unity3D 版本是 5.2.1,读者可以使用高于此版本的 Unity3D 打开示范工程。事实上,大可不必太在意版本的区别,同一大的版本(比如 5.x.x)它们的功能是大同小异的。

本章将讲解 Unity3D 的一些基础知识,如果读者对 Unity3D 没有太多接触,那么看完本章就算入门了。下载安装 Unity3D,跟我一起踏上征程吧!每一款游戏都是梦想与智慧的结晶!

1.1 最最简单的游戏

第一次打开 Unity3D 时，将看到 Create a project（新建项目）的界面。点击 New Project 将跳转到如图 1-1 所示的创建项目界面，填写新项目的名称（Project name）和路径（Location）后点击 Create project 按钮，进入 Unity3D 的主界面。

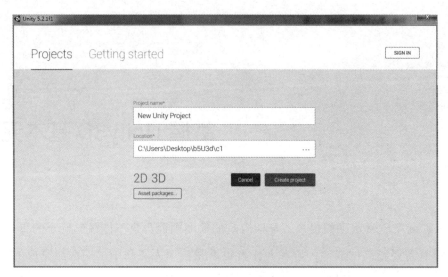

图 1-1 创建项目界面图

1.1.1 Unity3D 的界面构成

如图 1-2 所示，Unity3D 的基本界面并不复杂，4 个面板便囊括了常用的编辑功能，它们分别是：场景面板、属性面板、层次面板、项目面板。

在制作游戏之前，需要先熟悉这 4 个面板的用途，如表 1-1 所示。

表 1-1 Unity3D 主界面面板及功能

面板	功能
场景面板	Unity3D 中最常用的部分，场景中所有的模型、光源、摄像机、材质、音效等都显示在此面板上。在该面板中编辑游戏对象，包括旋转、移动、缩放等
属性面板	属性面板（检视窗口）可以显示游戏场景中当前选择对象的各种属性，包括对象的名称、标签、位置坐标、旋转角度、缩放、组件等
层次面板	显示场景中的所有物体
项目面板	列出游戏的所有资源，包括场景、脚本、三维模型、纹理、音频文件和预制组件等

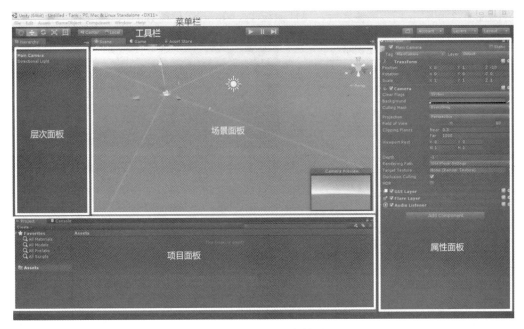

图 1-2　Unity3D 主界面

1.1.2　在场景中创建立方体

让我们试着制作一款最最简单的游戏：场景中只有一个立方体，游戏开始后，立方体向右边移动，直到消失在"茫茫宇宙"之中。完成这一款游戏，只需要如下 3 个步骤即可。

1）在场景中创建一个立方体。

2）编写可以使立方体运动的程序。

3）测试游戏。

点击菜单栏中的 GameObject → 3D Object → Cube。完成后，层次面板和场景面板都会显示刚刚创建的立方体（如图 1-3 所示）。

可以通过菜单栏的 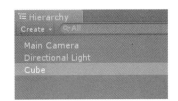 这几个按钮调整立方体的位置、旋转和尺寸（按钮的具体用途和效果分

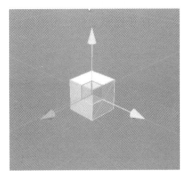

图 1-3　层次面板和场景面板中显示刚刚创建的立方体

别见表 1-2 和图 1-4），调整之后，属性面板 Transform 组件的数值也会相应改变。

按钮	说明
选择	选择
调整位置	调整位置
旋转	旋转
调整尺寸	调整尺寸
调整 UI 界面	调整 UI 界面

表 1-2 按钮说明

图 1-4 属性面板显示立方体的位置、旋转和尺寸信息

1.1.3 编写第一个程序

右击项目面板，选择 Create → C# Script，创建一个名为 Test 的脚本，如图 1-5 所示。之后双击它，便可以在脚本编辑器（MonoDevelop）中编写程序了。

图 1-5 项目面板显示新创建的脚本

打开程序文件，可以看到 Unity3D 自动生成了如下几行代码。

```
using UnityEngine;
using System.Collections;
public class Test : MonoBehaviour
{
    void Start()
    {
    }
    void Update()
    {
    }
}
```

引用的一些命名空间

继承自 MonoBehaviour 的类，类名必须与文件名相同

组件被创建时会执行 Start() 一次

游戏过程中每一帧会执行 Update() 一次

以下是 Unity3D 组件的基本结构。

- 它继承自 MonoBehaviour 类，只有继承自 MonoBehaviour 类的脚本才能够被附加到游戏物体上，成为组件。
- 它带有 Start 方法，当物体被创建时，该方法被调用。
- 它带有 Update 方法，游戏过程中，Update 方法会被重复调用，每帧调用一次。

要让立方体沿横坐标移动，只需要让它在每一帧都沿着横坐标方向稍微移动一点点即可。Transform 是物体的变换组件，它决定了物体在场景中的位置、旋转和缩放。其中 transform.Translate(x,y,z) 可以使物体沿着某一方向移动一定的距离。现在修改 Unity3D 自动生成的代码，添加"transform.Translate (0.1f, 0, 0)"；这句代码。

```
public class Test : MonoBehaviour
{
    void Start() {}
    void Update()
    {
        transform.Translate(0.1f, 0, 0);    // 每一帧往横坐标方向移动 0.1 米的距离
    }
}
```

将脚本从项目面板拖曳到立方体的属性面板之中，使它成为立方体 Cube 的组件（如图 1-6 所示）。如果程序正确，那么游戏应该算完成了，赶紧试一试吧！

图 1-6　Test 组件附加在立方体上

1.1.4 测试游戏

点击工具栏中的运行按钮（ ）启动游戏，便可看到场景中的立方体不断地向右边移动，直到消失，如图 1-7 所示。至此我们完成了一个最最简单的 Unity3D 游戏。

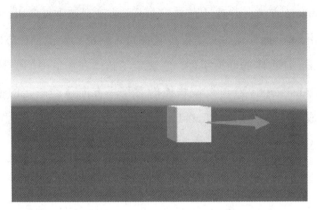

图 1-7　场景中的立方体不断向右移动直到消失

1.1.5 总结

表 1-3 总结了上述示例提及的 Unity3D 元素。除此以外，Unity3D 常用的元素还包括模型、灯光、材质、预设等。本章会对这些基本元素进行逐一介绍，以便与读者一同完成这款坦克游戏。

表 1-3　Unity3D 的元素说明

元素	说明
GameObject（游戏对象）	场景里所有的游戏物件都是游戏对象
Component（组件）	组件是游戏功能的零件，可以附加到游戏对象上，添加相关的功能
Transform（变换）	Transform 是游戏对象最基础的组件，指明对象位置、旋转和缩放
MonoBehaviour	所有组件都继承自 MonoBehaviour。组件的 public 类型属性可以在属性面板（Inspector）中修改

1.2　导入资源

每款游戏都需要使用模型、贴图、音乐等多种资源，在 Unity3D 中，只要将资源文件拖曳到项目面板上，便可以使用。还有的资源文件被制作成资源包，只要右击项目面板，点击 Import Package 选项便能将资源文件导入到 Unity3D 中。除了自己寻找、制作这些资源，Unity3D 的 AssetStore 也提供了一些资源，有一部分可以免费获取。

1.2.1　从本地导入素材

在图 1-8 所示的界面中，只要将图片、模型（一般是 fbx 文件）、音乐等资源从本地拖曳到项目面板上，即可导入资源。

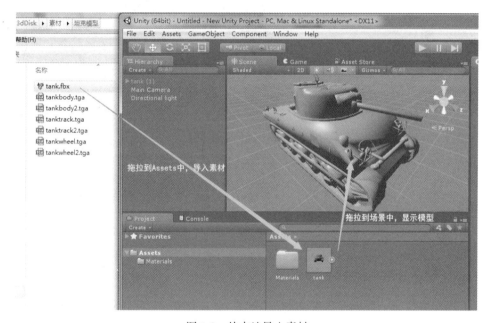

图 1-8　从本地导入素材

1.2.2　从本地导入包文件

".unitypackage"格式的文件是 Unity3D 的资源压缩包文件，相当于把多个素材压缩到一起。与直接导入素材文件不同的是，".unitypackage"文件还包含了素材之间的依赖关系，比如哪个模型用了哪个材质和贴图的信息。本书附带的资源文件中，每个章节都有工程范例的".unitypackage"文件,读者可以右击Unity3D的project面板,选择Import packages → Custom package,然后选择".unitypackage"文件,在随后弹出的预览面板中点击"Import"按钮即可把压缩包的资源导入到工程中,如图1-9所示。

与此过程相反的是,也可以选择project面板中的多个资源,右击它们,在弹出的菜单栏中选择Export package,将所选的资源压缩成一个包。

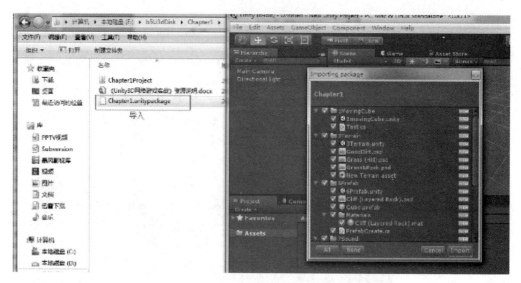

图1-9 从本地导入包文件

1.2.3 从AssetStore导入

Asset Store是Unity3D官方的资源商店,里面提供了不少可以下载的资源(有部分是免费的)。打开菜单栏中的Window → AssetStore,在AssetStore面板中点击菜单按钮即可查看资源分类,如图1-10所示。

说明:也可以访问www.assetstore.unity3d.com浏览AssetStore里面的各种资源。

例如,在3DModels → vehicles → land中找到一辆合适的坦克(如Torsten Heldmann所发布的Panzerkampfwagen II Ausf. F,如图1-11所示),导入后将在项目面板中看到它(如图1-12所示),当然,也可以寻找其他合适的坦克模型。

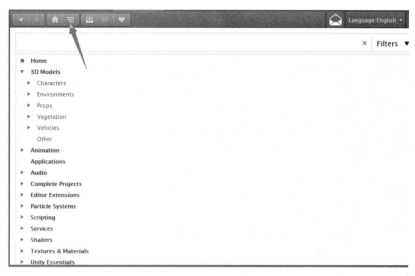

图 1-10 AssetStore 的资源分类

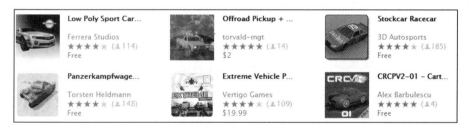

图 1-11 选择一辆合适的坦克模型

图 1-12 导入坦克模型

现在把坦克模型拖曳到场景面板中便可大功告成（如图 1-13 所示）。

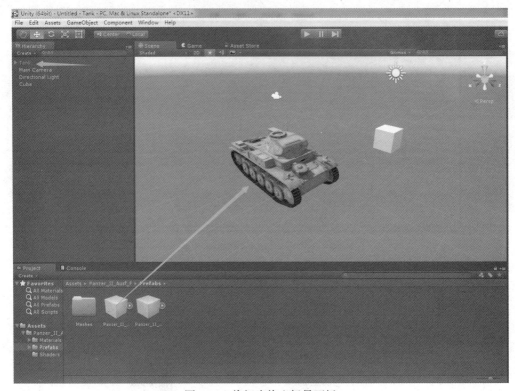

图 1-13　将坦克拖入场景面板

1.3　山体系统

Unity3D 内置了一套强大的山体系统（也译作地形系统），点击 GameObject → 3D Object → Terrain 便能创建一块地形。山体的属性面板如图 1-14 所示，可以通过它调整山体的大小、画出山体的形状。

面板中有 7 个按钮（），这 7 个按钮从左往右分别是编辑高度、编辑特定高度、设置平滑、纹理贴图、画树模型、画草模型和其他设置。熟练使用这 7 个工具可以编辑一块漂亮的游戏地形。其中，包含控制山体尺寸的属性，如果山体太大，可以适当缩小。设置面板中的一些常用属性如表 1-4 所示。

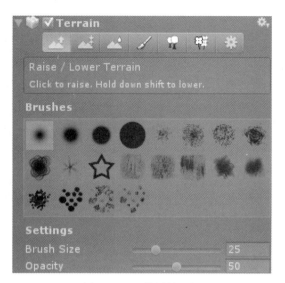

图 1-14 山体属性面板

选择编辑高度工具（ ）设置合适的笔刷大小（Brush Size）和力度（Opacity），然后在场景中绘制高低起伏的地面（如图 1-15 所示）。如果需要降低高度，只需按住 Shift 进行绘制。

表 1-4 山体设置面板中的一些常用属性

属性	描述
TerrainWidth	地形总宽度
TerrainLength	地形总长度
TerrainHeight	地形允许的最大高度

图 1-15 使用编辑高度工具绘制的地形

选择贴图纹理工具（ ），点击 Add Texture 添加地形贴图（先将贴图文件拉入游戏项目中），然后便可以在场景中绘制山体贴图了（如图 1-16 和图 1-17 所示）。

图 1-16 将贴图文件拉入项目中

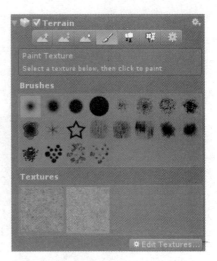
图 1-17 添加了两张贴图的山体面板

除了以上介绍的两种工具,还可以使用画树和画草工具为地形增色。有了地形,"茫茫宇宙"又增添了几分色彩(如图 1-18 所示)。

图 1-18 摆放在地形上的坦克

1.4 灯光

光源是场景的重要部分,一个没有光源的场景将会"黯然失色"。点击 GameObject → Light 可以看到 Unity3D 内置的几种光源(如图 1-19 所示)。

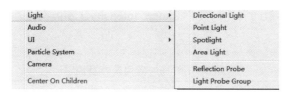

图 1-19　GameObject→Light 菜单中显示的几种光源

其中的 Directional Light 是平行光,它影响场景中的所有物体,比如可以把太阳的光线当做平行光。图 1-20 展示的是不同方向的平行光,可以从影子的方向和亮度看出区别。

图 1-20　不同方向的平行光,可以从影子和亮度看出区别

Point Light 是点光源,可以把它当作一盏灯。Spot light 是聚光灯,灯光从一点发出,只在一个方向按照一个锥形物体的范围照射,就像舞台里的追光灯,如图 1-21 所示。Area Light 是区域光,只在定义的区域内有光照,区域光只对烘焙生效。

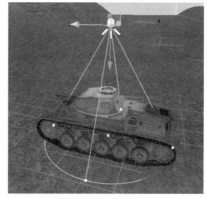

图 1-21　点光源和聚光灯

几种灯光有着相似的属性，其中 Range、Intensity、Color 等几个属性是最常使用的，常用的属性说明见表 1-5。

表 1-5 灯光的常用属性及说明

属性	说明
Range 范围	对于点光源和聚光灯，光从物体的中心发射能够到达的距离
Spot Angle 聚光灯角度	对于聚光灯，灯光的聚光角度
Color 颜色	光线的颜色
Intensity 强度	光线的明亮程度
Shadow Type 阴影类型	有 3 个选项：无阴影、硬阴影和软阴影。软阴影比硬阴影的效果好，但更耗资源
Strength 硬度	阴影的黑暗程度，取值范围在 0 和 1 之间

1.5 材质

1.5.1 什么是材质

模型的好坏取决于形状、材质和贴图，图 1-22 所展示的便是不同材质的方块，最左边的方块使用默认材质，没有贴图，第二个和第三个方块使用了不同的贴图。

图 1-22 不同材质的方块

一个模型可能包含多个材质，一个材质也可能对应于多张贴图，它们的对应关系如图 1-23 所示。

可以把材质当作是贴图的表现效果，图 1-24 所示的两个正方体使用了相同的贴图，但材质的 Tiling 属性（同一个面平铺多少张贴图）不同，因此表现出来的效果就有很大的差别。

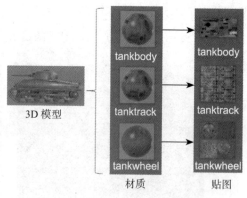

图 1-23 模型、材质和贴图的关系

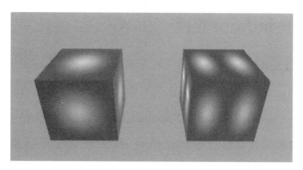

图 1-24　同一贴图，不同材质的对比

1.5.2　如何创建材质

右击 Project 面板，在弹出的菜单中选择 Create → Material 即可创建材质文件（材质球）。将材质文件拖曳到游戏物体上即可给物体设置材质（相当于设置物体的 Mesh Renderer 组件的 Materials 属性，1.5.3 节将会介绍 Mesh Renderer）。选择材质球，可以在 Inspector 面板中看到它的属性，改变属性即可改变物体的渲染效果（如改变 Albedo 的颜色，后文会介绍常用的属性），如图 1-25 所示。

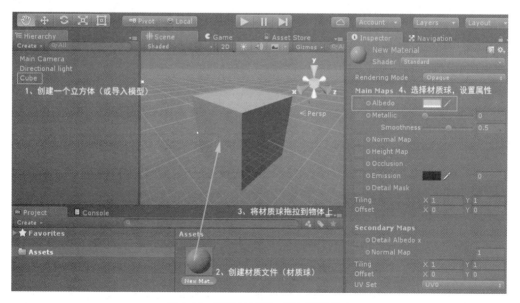

图 1-25　创建材质球，附加到物体上

1.5.3　Mesh Renderer 组件

三维模型除了 Transform 组件外，一般还带有 Mesh Renderer 组件（网格渲染器），它从网格过滤器（Mesh Filter）中获得几何形状，并且根据 Transform 定义的位置进行渲染。Mesh Renderer 的属性中 Cast Shadows 表示模型是否有阴影，Receive Shadows 表示其他模型的阴影是否能够投射到该模型上，Materials 是模型的材质列表（如图 1-26 所示）。

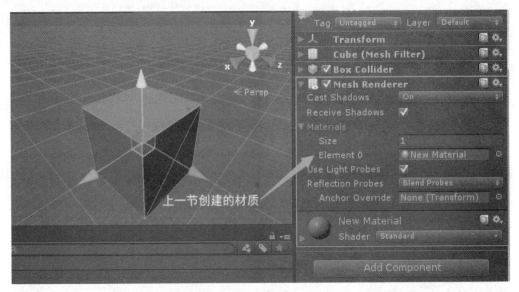

图 1-26　Mesh Renderer 组件

1.5.4　着色器

有的模型只有一种材质，有的则可以有多种，一种材质必须对应着一个 Shader（即着色器）。Unity3D 内置了多种着色器，每种着色器会使材质有不同的表现效果，可以通过 Shader 选项选择不同的着色器，如图 1-27 所示。

图 1-28 展示了不同着色器的表现效果。不同着色器有不同的属性，比如有一些可以设置反光度，有一些则不能。Standard 着色器为通用的着色器，通过合理的属性设置，基本能够满足普通游戏的需求。下面将着重讲解 Standard 着色器的属性。

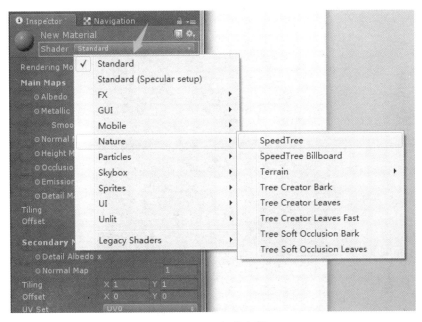

图 1-27 选择着色器

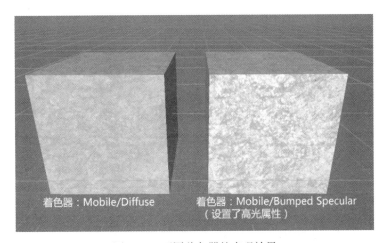

图 1-28 不同着色器的表现效果

标准着色器（Standard）主要是针对硬质表面设计，可以处理现实世界中的大多数材质，比如石头、陶瓷、铜器、银器或橡胶、皮肤、头发等。Standard Shader 的属性面板如图 1-29 所示，常用的属性介绍可参见表 1-6。

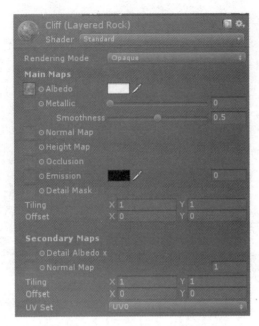

图 1-29　Standard Shader 的属性面板

表 1-6　标准着色器的常见属性及说明

属性	说明
Albedo	物体表面的基本颜色，在物理模型中相当于表面的散射颜色。可以点击该属性名前方的圆圈选择贴图，也可以通过后边的方框选择颜色
Metallic	物体表面对光线反射的能量，通常金属物体超过 50%，大部分在 90%，而非金属物体则集中在 20% 以下
Smoonthness	该值越大，物体越光滑，反之越粗糙。下图为不同 Smoonthness 值的效果对比图
normal map	法线贴图
Emission	自发光

1.6 预设

Prefabs（预设）是一种可被重复使用的游戏对象，比如坦克游戏中的炮弹都源自一个炮弹模型的 Prefabs（预设），当坦克发射炮弹时，就从 Prefabs 中实例化一个炮弹出来。总之如果要创建一些重复使用的东西，那么就该用到它了。

1.6.1 制作预设

只要在场景中制作了游戏对象，然后将它从层次面板拖曳到项目面板中，预设即被创建了（如图 1-30 所示），同时该对象在层次面板中也变成了蓝色，它成为了预设的一个实例化对象。

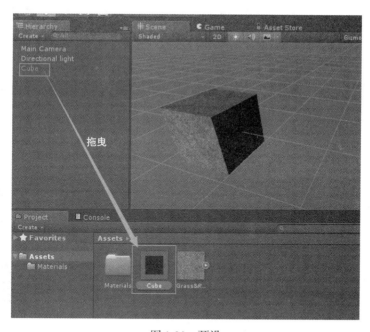

图 1-30　预设

1.6.2 预设的实例化

如图 1-31 所示，将预设拖曳到场景面板中（或者在代码中使用 Instantiate 方法，

1.6.4 节会有介绍），便可实例化预设。实例化的对象（即拖曳出来的物体，包括之前创建的）依赖于预设，修改完预设后，实例化对象也随之被修改（如图 1-32 所示），删除预设后，这些实例化对象也会失效。

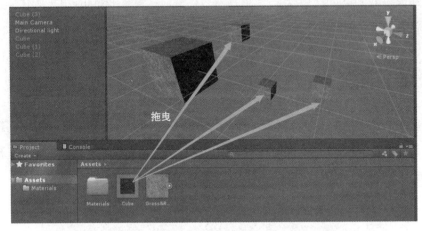

图 1-31　实例化预设

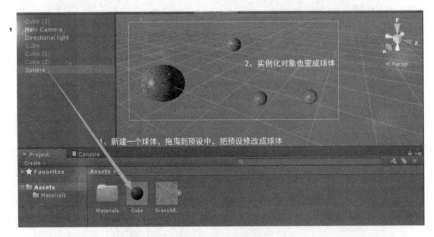

图 1-32　修改预设

1.6.3　使用预设的例子

本节将以一个用代码生成立方体的例子来说明预设的用途。创建一个名为 PrefabCreate.cs 的脚本，定义 GameObject 类型的变量 prefab，用它指向图 1-30 中的方块。然后在 Update 方法中调用 Instantiate 方法创建一个实例，代码如下所示。

1）Instantiate 方法有 3 个参数，第一个是需要实例化的预设，后两个是实例化之后游戏对象的位置和旋转角度。

2）Random.Range 将产生一定范围内的随机数，这里用 3 个 –10 到 10 的随机数作为方块的位置

3）Quaternion.identity 就是指 Quaternion(0,0,0,0)，即各个轴向的旋转角度都是 0。

```
using UnityEngine;
using System.Collections;

public class PrefabCreate : MonoBehaviour
{
    public GameObject prefab;

    void Update()
    {
        // 位置
        float x = Random.Range(-10, 10);
        float y = Random.Range(-10, 10);
        float z = Random.Range(-10, 10);
        Vector3 pos = new Vector3(x, y, z);
        // 实例化
        Instantiate(prefab, pos, Quaternion.identity);
    }
}
```

将脚本附加到场景面板中的任意一个物体上面，然后将项目面板中的预设赋给 prefab 属性（将预设拖曳到脚本 prefab 属性上，如图 1-33 所示）。运行游戏，如图 1-34 所示，立方体将被逐一创建。

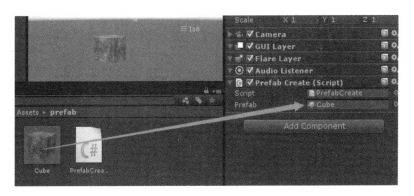

图 1-33　将项目面板中的预设赋给脚本的 prefab 属性

图 1-34 运行游戏，可以看到随机创建的立方体

1.7 声音

一款好游戏自然少不了音乐和音效，Unity3D 支持 mp3、wav、ogg 等多种音频格式。要让游戏的声音生效，必须要有音源和接收器两个组件，一个负责播放声音，另一个负责接收（相当于人的耳朵）。对于 3D 声音来说，若音源和接收器的位置发生变化，听到的声音也会随之改变。

1.7.1 音源

AudioSource 组件是一个音源组件。在场景中依次点击 GameObject → CreateEmpty，创建一个空的游戏对象，并给它添加 AudioSource 组件（通过依次点击 Component → Audio → Audio Source 来实现）。然后将声音文件导入项目中，并赋予 AudioSource 组件的 AudioClip 属性（如图 1-35 所示），设置要播放的音乐片段。

AudioSource 组件有很多属性，常用的如表 1-7 所示。

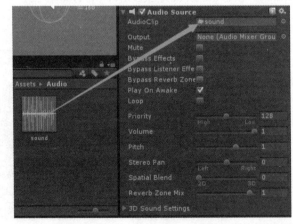

图 1-35 AudioSource 组件

表 1-7　AudioSource 的常用属性及说明

属性	说明
AudioClip	要播放的声音片段
Mute	是否静音
Bypass Effects	是否打开音频特效
Play On Awake	是否自动播放
Loop	是否循环播放
Volume	声音大小，取值范围 0.0 到 1.0
Pitch	播放速度，取值范围在 −3 到 3 之间。设置 1 为正常播放，小于 1 为减慢播放，大于 1 为加速播放

1.7.2　接收器

Audio Listener 组件即接收器组件。相机默认带有该组件（如图 1-36 所示），就像耳朵和眼睛都长在头上一样，相机和接收器也是自然地连在一起的。

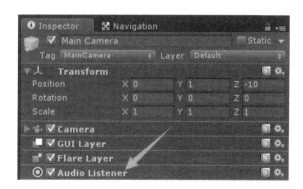

图 1-36　相机上附带的 Audio Listener 组件

1.7.3　简单播放器

本节以一个只有"开始"和"停止"两个按钮的播放器为例，说明 Unity3D 中控制声音的方法。首先，创建名为 SoundPlayer.cs 的文件，在它的 OnGUI 方法里通过 GetComponent 获取音源组件 audio（OnGUI 方法是 Unity3D 的内置方法，1.8 节会介绍），然后在屏幕上绘制"开始"和"停止"两个按钮，并调用 audio.Play() 和 audio.Stop() 实现声音的播放和停止，代码如下所示。

```
public class SoundPlayer : MonoBehaviour
{
    void OnGUI()
    {
        AudioSource audio = GetComponent<AudioSource>();
        if (GUI.Button(new Rect(0, 0, 100, 50),"开始"))
            audio.Play();
        if (GUI.Button(new Rect(100, 0, 100, 50), "停止"))
            audio.Stop();
    }
}
```

将脚本附加到带有音源的游戏物体上，程序的运行效果如图 1-37 所示。

图 1-37　简单的播放器

1.8　GUI

1.8.1　GUI 绘图基础

GUI 绘图是 Unity3D 绘制 UI 的原始方法，只要在组件的 OnGUI 方法中调用绘图方法，便可以在游戏界面上绘制贴图、文字、按钮、滚动条等多种元素。最常用的 GUI 方法见表 1-8。

表 1-8　最常用的 GUI 方法及说明

方法	说明

GUI.Button	绘制按钮，常与 if 语句配合使用，它带有两个参数，第一个参数为按钮的位置和大小，第二个参数为按钮的文本，如：
	if(GUI.Button (new Rect (10,10,150,100), "I am a button"))
	{
	　Debug.Log(" 按钮被按下 ");
	}

(续)

方法	说明
GUI.Label	绘制文本，如： GUI.Label (new Rect (0,0,100,50), " 显示的文字 ");
GUI.DrawTexture	绘制贴图，如： GUI.DrawTexture (new Rect (0,0,100,50), tex);
GUI.Box	绘制一个图形框
GUI.Window	绘制一个窗口
GUI.TextField	绘制输入框
GUI.PasswordField	绘制密码输入框
GUI.HorizontalScrollbar	绘制水平滚动条
GUI.VerticalScrollbar	绘制垂直滚动条

1.8.2 编写 HelloWorld 程序

在 OnGUI 方法中调用 GUI.Label 即可显示文本。GUI.Label 有两个参数，第一个参数通过 Rect（长方体）指定文字的位置和大小，第二个参数指定要显示的内容。以下是编写 HelloWorld 的代码。

```
public class HelloWorld : MonoBehaviour
{
    void OnGUI()
    {
        GUI.Label(new Rect(10, 10, 100, 200), "Hello World!");
    }
}
```

Rect 构造函数的几个参数依次为：横坐标、纵坐标、宽度、高度

代码的运行效果如图 1-38 所示。

图 1-38　GUI 绘制的 HelloWorld

1.8.3 绘制登录框

组合 GUI.Box、GUI.Label、GUI.TextField、GUI.PasswordField 和 GUI.Button 这 5

个元素即可完成登录框的绘制，代码如下所示。

```
public class LoginPanel : MonoBehaviour
{
    public string userName = "";
    public string password = "";

    void OnGUI()
    {
        //登录框
        GUI.Box(new Rect(10, 10, 200, 120), "登录框");
        //用户名
        GUI.Label(new Rect(20, 40, 50, 30), "用户名");
        userName = GUI.TextField(new Rect(70, 40, 120, 20), userName);
        //密码
        GUI.Label(new Rect(20, 70, 50, 30), "密码");
        password = GUI.PasswordField(new Rect(70, 70, 120, 20), password, '*');
        //登录按钮
        if (GUI.Button(new Rect(70, 100, 50, 25), "登录"))
        {
            if (userName == "hellolpy" && password == "123")
                Debug.Log("登录成功");
            else
                Debug.Log("登录失败");
        }
    }
}
```

代码的运行效果如图 1-39 所示。

图 1-39　GUI 绘制的登录框

1.9　场景

Unity3D 创建游戏可以这么理解，一款完整的游戏就是一个 Project（项目工程），游戏中不同的地图对应的是项目下面的不同场景（Scene）。一款游戏可以包含很多地图，因此一个项目工程下面可以保存多个 Scene。

1.9.1 创建场景

依次点击菜单栏的 File → New Scene 即可创建一个新的场景，在场景里面绘制地图（比如添加几个立方体或球体），然后点击菜单栏的 File → Save Scene（或使用快捷键 Ctrl+S）保存它。本节的例子中，将创建两个场景，其中场景 a 里面包含 3 个立方体，场景 b 里面包含 3 个球体（场景的内容并不重要，只要能够区分开来就好，如图 1-42 所示）。如图 1-40 所示，保存场景后，就能够在项目面板中看到场景文件了。

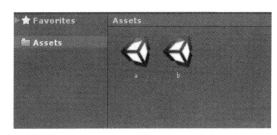

图 1-40　项目面板中的两个场景文件

1.9.2 场景切换

为了能够成功转换场景，需要将它们添加到 Build Settings 面板的 Scenes in Build 中（点击菜单栏的 File → Build Settings 打开面板，面板如图 1-41 所示）。在生成游戏时，只有添加到面板中的场景才会被编入游戏中。

接着创建名为 ChangeScene.cs 的文件，调用 Application.LoadLevel 切换场景。Application.LoadLevel 的参数为场景名称或场景索引。

图 1-41　将场景添加到 Scenes in Build

```
public class ChangeScene : MonoBehaviour
{
    void OnGUI()
    {
        if (GUI.Button(new Rect(0, 0, 100, 100), "切换"))
        {
            Application.LoadLevel("b");
        }
    }
}
```

将该脚本附加到第一个场景中，然后运行游戏。玩家就可以点击"切换"按钮，从场景 1 跳转到场景 2（如图 1-42 所示）。

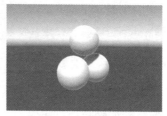

图 1-42　点击按钮，切换到另一个场景

1.10　导出游戏

到目前为止，我们已经完成了"最最简单的游戏"、"随机创建的立方体"和"简单播放器"等多个程序，并且对山体、灯光、材质、GUI 也有了基本的了解。完成游戏之后，自然就到了令人激动的时刻——将自己的成果分享给他人。Unity3D 支持多个平台的导出，点击 File → Build Settings 可以看到这些平台（如图 1-43 所示）。

常用的平台及说明见表 1-9。

图 1-43　导出设置

表 1-9　常用的平台及说明

平台	说明
Web Player	Unity3D 网页播放器格式，用户需要安装 Unity3D 插件方可运行游戏
PC and Mac Standalone	PC 和 Mac 独立平台，如果在 Windows 平台下就会导出 exe，在苹果的 Macintosh 平台下就会导出 app

（续）

平台	说明
Android	谷歌安卓系统
IOS	苹果的操作系统，用于 iPhone 和 iPad 等产品
Windows Phone8	微软移动端操作系统
Xbox 360	微软的家用游戏主机
Wii	任天堂家用主机

注意：Unity3D 自 5.3 以后的版本，编辑器不再附带平台模块（以前版本的 Unity3D 安装包接近 2GB，5.3 以后版本的安装包只有 200 多 MB），在导出游戏时需要自行下载各个编译平台的模块（如图 1-44，点击界面中的 Module Manager 可下载模块）。

图 1-44　Unity3D 5.3 的 Build Settings 界面

1. 导出 PC 版本

在导出设置的 Platform 中选择"PC, Mac&Linux Standalone"，并点击 Build 按钮，然后根据指引选择保存的目录，即可得到生成的 exe 文件。

2. 导出安卓版本

要发布安卓的 apk 程序，必须要先安装 java-JDK 和 Android-SDK 这两个工具。JDK 是开发 Java 的库及虚拟机包，SDK 是开发 Android 应用程序的系统包。通过依次点击 Edit → preference → External Tools 打开 Unity3D 参数面板的 External Tools 选项（如图 1-45 所示），如果尚未安装 JDK 和 SDK，则点击对应的 Download 按钮下载安装，之后点击 Browse，选择 SDK 和 JDK 的目录。

在导出 apk 之前还得设置导出版本等信息，点击 Edit → project setting → player 打开播放器设置面板，选择 android 设置（如图 1-46 所示），设置相应的公司名、产品名、图标等选项。之后点击 File → Build Settings 打开 Build Settings 面板（面板如图 1-43 所示），点击 Build 便可创建安卓 app 文件。

图 1-45 设置 SDK 路径

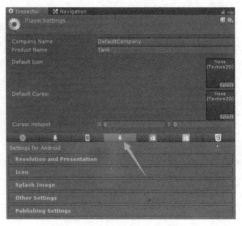
图 1-46 播放器设置面板

3. 导出 IOS 版本

在导出 IOS 版本时，首先需要一台安装有 MAC 系统的电脑（如苹果笔记本），在苹果官网（developer.apple.com）上注册开发者账号（个人开发者账号需要 99 美元的年费），并且要在 MAC 系统上安装 Xcode。

1）在 Unity3D 的 Build Settings 面板中将项目导出为 IOS 文件，完成后会生成一个 Xcode 文件。

2）在 MAC 中用 Xcode 打开 Unity3D 导出的文件，并配置好软件 ID、发布平台、开发者证书等信息，然后使用 Xcode 打包成 ipa 文件。

这样就能导出项目了。

至此，相信读者已经能够胜任 Unity3D 的基本操作了。那么从第 2 章开始，一起来实现这款坦克大作吧！

第 2 章

坦克控制单元

读完第 1 章,相信读者已经能够驾驭 Unity3D 的基本操作了吧,现在让我们一起来实现坦克游戏大作吧!本章先讲解两种控制坦克的简单方法,以此说明 Unity3D 的键盘输入检测和坐标控制方式,接着实现第三人称的相机跟随,最后使用 WheelCollider 模拟车辆的物理状态。

2.1 导入坦克模型

2.1.1 导入模型

将坦克模型的资源文件(包括 fbx 格式的模型和 tga 格式的贴图)拖曳到 Unity3D 的 Project 面板中(如图 2-1 所示)。Unity3D 会将这些文件复制到工程目录下的 Asset 文件夹中,还会自动创建一个名为 Materials 的文件夹,里面包含了模型所需的材质。

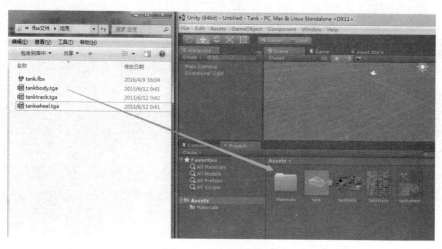

图 2-1　导入资源文件

2.1.2　调整尺寸

现在，将坦克模型拖曳到场景中，如果模型尺寸不合适，可以通过设置 Scale Factor 或拉伸模型这两种方法调整它的尺寸（如图 2-2 所示）。还可以创建一个临时的方块（默认长宽高为 1 米 ×1 米 ×1 米）作为参考系。

图 2-2　调整模型尺寸

设置 Scale Factor（推荐方法）：点击 Asset 目录中的坦克模型，在弹出的 Import Settings 面板中设置 Scale Factor 的值（这里设置为 0.005，即缩小为原来的二百分之一）。

拉伸模型：点击菜单栏的拉伸按钮（▣），通过鼠标拉伸。

2.1.3 材质和贴图

在图 2-3 中，Materials 文件夹展示了坦克模型对应的 3 个材质（Unity3D 不太支持中文，建议将所有文件名改成英文）。在材质的属性面板中，点击 Albedo 前面的小圆形，选择对应的贴图。完成后坦克模型将如图 2-3 所示。

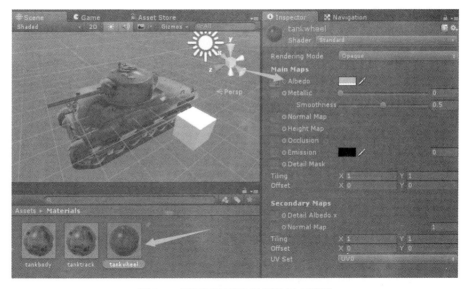

图 2-3 赋予了材质和贴图的坦克模型

然后，调整各个着色器的属性，使其展示出你所期待的表现效果，图 2-4 展示了不同 Smoonthness 值的坦克模型（Smoonthness 代表光滑度，该值越大，物体越光滑，反之越粗糙，更多属性请参照 1.5.4 节）。当然，也可以尝试使用其他坦克模型。

注意：由于游戏工程涉及的文件较多，因此，需要时不时整理一下工程目录，以便把相似的资源放到同一文件夹中。这里把坦克模型相关的资源都放进 TankModel 文件夹了，下文将不再表述工程目录整理的操作。

图 2-4　不同 Smoothness 值的坦克模型

2.2　行走控制

采用 1.1 节"最最简单的游戏"中所介绍的方式，创建一个名为 Test.cs 的文件编写代码，控制立方体向左移动。坦克移动的过程与立方体移动的过程相似，也需要创建组件，新建名为 Tank.cs 的脚本，把它附加到坦克模型上面（如图 2-5 所示）。

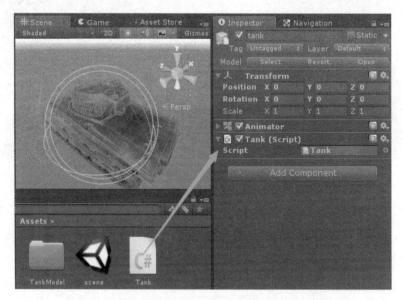

图 2-5　新建名为 Tank.cs 的脚本，把它附加到坦克上面

添加 Tank.cs 后，程序将自动生成如下代码（代码说明请参加 1.1.3 节），接着便可以修改这段代码，以实现操控坦克的功能。

```csharp
using UnityEngine;
using System.Collections;

public class Tank : MonoBehaviour
{
    void Start()
    {
    }
    void Update()
    {
    }
}
```

2.2.1 基础知识

循序渐进的学习过程，是从简单到复杂，逐步改进的过程。最简单的坦克控制，莫过于按下方向键后，坦克沿着对应的方向前进。只要充分了解下面的3项知识，便能够轻松实现对坦克的操控。

1. C# 语言

Unity3D 支持 C#、JavaScript、BOO 三种语言格式的代码，由于 C# 被广泛使用，因此本书也采用 C# 来编写坦克游戏。如果读者对 C# 不是很熟悉也没有关系，跟着本书的进度逐步学习即可。推荐阅读笔者的另一本书《手把手教你用 C# 制作 RPG 游戏》，该书以开发一款完整的 2D RPG 游戏为例，介绍 RPG 游戏中角色、队伍、界面、战斗、物品、商城等系统的原理和实现方法，从而帮助读者更好地理解 C# 语言和游戏机制。

2. 获取输入操作

最基本的游戏交互莫过于键盘和鼠标，Unity3D 提供的 Input 类封装了键盘、鼠标、触摸屏等多种输入方法，常用的方法如表 2-1 所示。

表 2-1 Input 类的常用方法

方法	内容
GetAxis	返回指定坐标轴的值 比如 Input.GetAxis ("Mouse X") 便是获取鼠标的 X 轴移动速度； Input.GetAxis ("Mouse Y") 便是获取鼠标的 y 轴移动速度

(续)

方法	内容

GetKey	当指定的按键被按住时返回 true
	比如在 Update 方法中添加如下代码，它将判断键盘方向键"上"是否被按住。
	`if (Input.GetKey(KeyCode.UpArrow))`
	`{`
	`    Debug.Log("按下上键");`
	`}`

GetKeyDown	当指定的按键被用户按下后返回 true

GetMouseButton	当指定的鼠标按钮被按住时，返回 true。参数 0 代表鼠标左键，参数 1 代表鼠标右键，参数 2 代表鼠标中键。用法如下所示：
	`void Update()`
	`{`
	`    if (Input.GetMouseButton(0))`
	`        Debug.Log("按下鼠标左键");`
	`    if (Input.GetMouseButton(1))`
	`        Debug.Log("按下鼠标右键");`
	`    if (Input.GetMouseButton(2))`
	`        Debug.Log("按下鼠标中键");`
	`}`

GetTouch	返回一个存放触摸信息的对象

3. 坐标变换

场景中的每个物体都包含 Transform 组件，用于调整物体的位置、旋转和缩放。每一个 Transform 都可以有一个父级，便于分层次地调整上述属性。Transform 类常用的属性和方法如表 2-2 所示。

表 2-2　Transform 类常用的属性和方法

属性或方法	描述
position	世界坐标系的位置
localPosition	相对于父级的位置
eulerAngles	旋转的欧拉角度
localEulerAngles	相对于父级的欧拉角度
right up forward	物体本身 x, y, z 三个轴的方向
Translate()	以指定方向和距离移动物体
Rotate()	旋转物体
LookAt()	旋转物体，使它对准目标

属性或方法	描述
Find() FindChild()	通过名字查找子物体，在如下的结构中，通过 father.transform.Find("child1") 即可获取 child1.transform father 　child1 　child2
GetChild()	通过索引获取子物体，在上述的结构中，通过 father.transform.GetChild(0) 即可获取 child1.transform，通过 father.transform.GetChild(1) 即可获取 child2.transform

2.2.2 上下左右移动

了解了上述三点后，便可以编写控制坦克的代码了。在如下的代码中，通过 Input.GetKey () 判断玩家按下了哪个按键，在按下"下"键之后，就会通过 transform.eulerAngles = new Vector3 (0, 180, 0) 使坦克调头，然后通过 transform.position += transform.forward * speed 改变坦克的位置。

```
using UnityEngine;
using System.Collections;

public class Tank : MonoBehaviour
{
    // 每帧执行一次
    void Update()
    {
        // 速度
        float speed = 1;
        // 上
        if (Input.GetKey(KeyCode.UpArrow))
        {
            transform.eulerAngles = new Vector3(0, 0, 0);
            transform.position += transform.forward * speed;
        }
        // 下
        else if (Input.GetKey(KeyCode.DownArrow))
        {
            transform.eulerAngles = new Vector3(0, 180, 0);
            transform.position += transform.forward * speed;
        }
        // 左
```

坦克旋转角度示意图

角度（0, 0, 0）

```
        else if (Input.GetKey(KeyCode.LeftArrow))
        {
            transform.eulerAngles = new Vector3(0, 270, 0);
            transform.position += transform.forward * speed;
        }
        //右
        else if (Input.GetKey(KeyCode.RightArrow))
        {
            transform.eulerAngles = new Vector3(0, 90, 0);
            transform.position += transform.forward * speed;
        }
    }
}
```

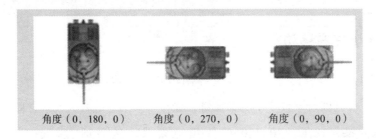

点击运行按钮,测试游戏效果。如果视角太小,可以调整 Camera 的角度。如果程序正确,玩家可以通过上下左右 4 个按键控制坦克的移动(如图 2-6 所示)。

图 2-6　通过上下左右 4 个按键控制坦克移动

2.2.3　转向和前后移动

接着尝试另一种操作模式。玩家按下"左"或"右"键时,坦克不会移动,只是改变方向,再按下"上"或"下"键时,坦克前进或后退。在实现这种操作模式前,先来看以下 3 个知识点。

- 获取轴向:Input.GetAxis("Horizontal")为获取横轴轴向的方法,也就是说按下"左"键时,该方法返回 –1,按下"右"键时该方法返回 1。Input.GetAxis("Vertical")为获取纵轴轴向的方法,按下"上"键时,该方法返回 1,按下"下"键时该方法返回 –1。
- Time.deltaTime:指的是两次执行 Update 的时间间隔。因为"距离 = 速度 × 时间",所以坦克每次在 Update 中的移动距离应为"距离 = 速度 *Time.deltaTime"。
- 速度的方向:transform 的 right、up 和 forward 分别代表物体自身坐标系 x、y、z 这 3 个轴的方向,其中 forward 代表 z 轴,即坦克前进的方向。由于速度是矢量,因此"速度 = transform.forward * speed"指的是在坦克前进的方向上,每秒移动速度值(speed)指定的距离,如图 2-7 所示。

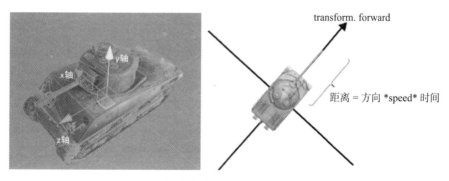

图 2-7　物体自身坐标系

现在修改 2.2.2 节实现的 Tank 类,将 Update 方法替换成如下代码。

```
void Update()
{
    // 旋转
    float steer = 20;
    float x = Input.GetAxis("Horizontal");
    transform.Rotate(0, x * steer * Time.deltaTime, 0);
    // 前进后退
    float speed = 3f;
    float y = Input.GetAxis("Vertical");
    Vector3 s = y*transform.forward * speed * Time.deltaTime;
    transform.transform.position += s;
}
```

- steer 为旋转速度
- speed 为移动速度(标量)
- s 为移动的距离

运行游戏后，玩家便可以通过左右键控制坦克的方向，上下键控制坦克前进或后退了（如图 2-8 所示）。

图 2-8　控制坦克旋转和前进后退

虽然这种行走模式与真实的坦克还有些差距，但我们先不急着去处理。第三人称视角的游戏，相机会跟随游戏主体移动。坦克游戏也是第三人称视角的游戏，下面需要实现相机跟随的功能。

2.3　相机跟随

相机是场景中不可缺少的元素，它就像是人的眼睛，三维场景的呈现方式，最后还是要通过相机来确定。图 2-9 展示了相机的视野范围。

通常第一人称或第三人称的游戏，相机会跟随角色移动，故而要实现下面 3 个功能。

1）相机跟随坦克移动。

2）鼠标控制相机的角度。

3）鼠标滚轮调整相机与坦克的距离。

图 2-9　相机及其视野范围

下面实现的是一套通用的第三人称相机组件，除了可以用于坦克游戏中，还可以把它抽出来，用在更多的游戏中。

2.3.1　数学原理

复习三角函数：因为本节会涉及 sin、cos 等三角函数，如果遗忘了这些知识，可以参阅相关资料（如百度百科的"三角函数公式"词条）。在图 2-10 所示的三角形中，角 A 的角度为 θ，假设已知边 AB 的长度，那么由公式 $AC=AB \cdot \cos\theta$，$BC=AB \cdot \sin\theta$ 即可求出边 AC 和 BC 的长度。

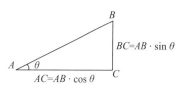

图 2-10　三角函数示意图

要想让相机跟随坦克移动，就要明白在一定角度下相机与坦克的位置关系。如图 2-11 所示，设相机与坦克的距离为 distance，相机与 xz 平面的角度为 roll。根据三角关系即可求得映射在 xz 平面的距离 d 为 distance·cos(roll)，相机高度为 distance·sin(roll)。

在图 2-12 所示的 xz 平面中，设相机与坦克的距离为 d（即图 2-11 中 distance 映射在 xz 平面的长度），相机的旋转角度为 rot。由图 2-12 可知，相机与坦克的连线与 x 轴的角度为 rot−180。根据三角函数，即可得出 x 轴的位移为 $d \cdot \sin(\text{rot})$，z 轴的位移为 $d \cdot \cos(\text{rot})$。所以，只要用坦克的坐标减去相对位移，便能求出相机的坐标。

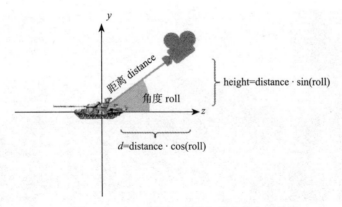

图 2-11　在 yz 平面，相机与坦克的位置关系

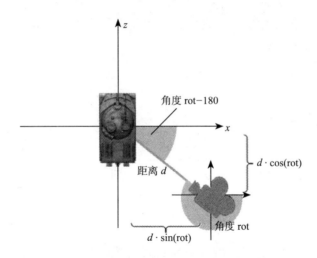

图 2-12　相机与坦克的位置关系

2.3.2　跟随算法

新建名为 CameraFollow.cs 的文件，在 CameraFollow 类中编写相机的跟随功能，代码如下所示。⊖

```
using UnityEngine;
using System.Collections;

public class CameraFollow : MonoBehaviour
```

⊖　代码右侧的序号对应以上的说明顺序，后面的代码阐述均采用这种形式特此说明。

```
    {
        //距离
        public float distance = 15;
        //横向角度
        public float rot = 0;
        //纵向角度
        private float roll = 30f * Mathf.PI * 2 / 360;
        //目标物体
        private GameObject target;

        void Start()
        {
            //找到坦克
            target = GameObject.Find("tank");
            //SetTarget(GameObject.Find ("Tank"));
        }

        void LateUpdate()
        {
            //一些判断
            if (target == null)
                return;
            if (Camera.main == null)
                return;
            //目标的坐标
            Vector3 targetPos = target.transform.position;
            //用三角函数计算相机位置
            Vector3 cameraPos;
            float d = distance *Mathf.Cos (roll);
            float height = distance * Mathf.Sin(roll);
            cameraPos.x = targetPos.x +d * Mathf.Cos(rot);
            cameraPos.z = targetPos.z + d * Mathf.Sin(rot);
            cameraPos.y = targetPos.y + height;
            Camera.main.transform.position = cameraPos;
            //对准目标
            Camera.main.transform.LookAt (target.transform);
        }
    }
```

（1）（2）（3）（4）（5）

程序解释如下所示。

1）定义 3 个变量 distance、rot、roll 分别代表距离、横向角度和纵向角度（参见图 2-11 和图 2-12）。由于 Mathf.Sin 和 Mathf.Cos 使用弧度作为单位，因此这里的角度都用弧度来表示。根据"弧度＝角度*2π/360"可以得知，30f*Mathf.PI*2/360 便是 30 度所对应的弧度值。

2）定义变量 target 表示相机要跟随的物体。然后在 Start() 方法中通过 GameObject.Find 找到场景中的坦克，赋值给 target（或通过 2.3.3 节实现的 SetTarget 方法）。注意 Find 方法的参数要与场景中的坦克名相同。

GameObject.Find(名字) 会根据参数所指定的名字，在场景中查找物体。如果场景中存在对应名字的物体，那么它将会返回该游戏对象，否则返回 null。层次面板中显示了场景中所有游戏物体的名字，读者可以右键该物体，选择 Rename 菜单项来修改名字（如图 2-13 所示）。

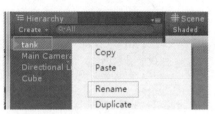

图 2-13　修改游戏对象的名字

3）在 LateUpdate() 中通过上文得出的位置关系计算出相机的新位置，最后使用 transform.LookAt 方法使相机对准目标。读者还记得前面提及的 Update 方法吗？Unity3D 会在每一帧中调用它，那么 LateUpdate 又是什么呢？这里将涉及 Unity3D 的生命周期。

图 2-14 描述了 Unity3D 组件的生命周期。

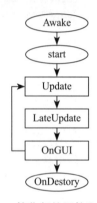

图 2-14　简化版的组件生命周期

当组件被创建时（进入场景后，场景里的所有游戏对象和组件都会被创建），Unity3D 会依次调用它们的 Awake 和 Start 方法，然后在每一帧中依次调用 Update 和 LateUpdate 方法。也就是说 Unity3D 会在调用所有组件的 Update 方法后再调用 LateUpdate。通过 Update 和 LateUpdate 可以控制脚本的执行顺序，例如在 Update 里编写移动物体的代表，在 LateUpdate 中实现跟随物体的相机。

4）Camera.main 表示场景中的主相机，它是第一个启用的被标记为 "MainCamera" 的相机。只需要给 Camera.main.transform.position 赋值即可设置相机位置。下列几行代码将根据 2.3.1 节中所叙述的数学原理，计算相机的位置，并保存到 Vector3 类型的 cameraPos 中。

```
Vector3 cameraPos;
float d = distance *Mathf.Cos (roll);
float height = distance * Mathf.Sin(roll);
cameraPos.x = targetPos.x +d * Mathf.Cos(rot);
```

```
cameraPos.z = targetPos.z + d * Mathf.Sin(rot);
cameraPos.y = targetPos.y + height;
```

5）Camera.main.transform.LookAt() 使相机旋转，对准它所跟随的物体。图 2-15（左）展示了相机与立方体的初始位置关系，在调用 LookAt 方法后，相机的旋转角度如图 2-15（右）所示，对准了立方体。

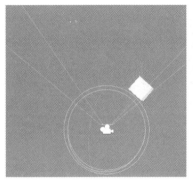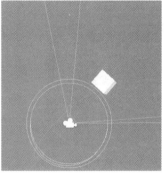

图 2-15　LookAt 方法示意图

现在，将 CameraFollow 脚本拉到相机身上，调整 CameraFollow 组件的距离和初始角度（如图 2-16 所示）。然后绘制一块地形，使玩家能够感受到坦克的移动过程。运行游戏，即可看到相机跟随在坦克后面（如图 2-17 所示）。

图 2-16　相机跟随组件的属性

图 2-17　相机跟随在坦克后面

2.3.3 设置跟随目标

在 CameraFollow 类中添加 SetTarget 方法，设置相机对准的目标。不同的三维模型其中心点会有所不同，图 2-18 展示的是相机对准不同中心点的情况。中心点不同，玩家所看到的视角也就不同（如图 2-20 所示）。

 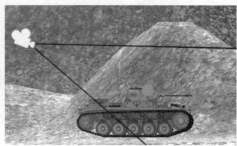

图 2-18 相机对准不同的中心点

为了能够指定相机对准的中心点，特制定如下规则。

1）如果对准的物体带有名为 cameraPoint 的子物体，那么相机对准 cameraPoint 子物体。

2）如果物体不含名为 cameraPoint 的子物体，则对准物体中心点。

下面是相应的代码。

```
// 设置目标
public void SetTarget(GameObject target)
{
    if (target.transform.FindChild ("cameraPoint") != null)
            this.target = target.transform.FindChild("cameraPoint").gameObject;
        else
            this.target = target;
}
```

有 cameraPoint 子物体

没有 cameraPoint 子物体

可以在炮塔上方添加一个名为 cameraPoint 的方块（作为 Tank 的子物体），精确控制相机对准的中心点（如图 2-19 所示）。

图 2-20 展示了 cameraPoint 在不同位置时，相机的视角的变化。

图 2-19 添加一个名为 cameraPoint 的方块,精确控制相机对准的点

图 2-20 cameraPoint 在不同位置时,相机的视角变化

2.3.4 横向旋转相机

本节将实现通过鼠标来控制相机旋转的功能,当鼠标向左移动时,相机随之"左转";当鼠标向右移动时,相机随之"右转"。这样,玩家便可以从各个方向查看坦克

模型（如图 2-21 所示）。

图 2-21　相机随着鼠标的移动而旋转，玩家可以从各个方向查看模型

Unity3D 的输入轴 Mouse X 和 Mouse Y 代表着鼠标的移动增量，也就是说当鼠标向左移动时，Input.GetAxis("Mouse X") 的值会增大，向右则减小。只要让旋转角度 rot 与 Mouse X 成正比关系，便能够通过鼠标控制相机的角度。

在 CameraFollow 类中新增变量 rotSpeed，表示相机旋转的速度。然后编写 Rotate() 方法，使相机的横向角度 rot 随着 Input.GetAxis("Mouse X") 的改变而改变，代码如下所示。

```
// 横向旋转速度
public float rotSpeed = 0.2f;
// 横向旋转
void Rotate()
{
    float w = Input.GetAxis("Mouse X") * rotSpeed;
    rot -= w;
}
```

注意大小写

rot 是相机 y 轴的旋转角度，见图 2-12

最后在 LateUpdate() 中调用 Rotate()。运行游戏后，镜头将随着鼠标的移动而转动，玩家便可以从各个角度观察坦克了。

```
void LateUpdate ()
{
```

```
// 一些判断
if (target == null)
    return;
if (Camera.main == null)
    return;
// 横向旋转
Rotate();
......
```

Unity3D 的输入轴请参见 InputManager 面板（可通过 Edit → Project Settings → Input 打开，面板如图 2-22 所示），默认包含 Mouse X、Mouse Y、Mouse ScrollWheel（鼠标滚轮）、Horizontal（水平轴）、Vertical（垂直轴）等多个参数项。我们会在使用到具体的输入轴时再做说明。

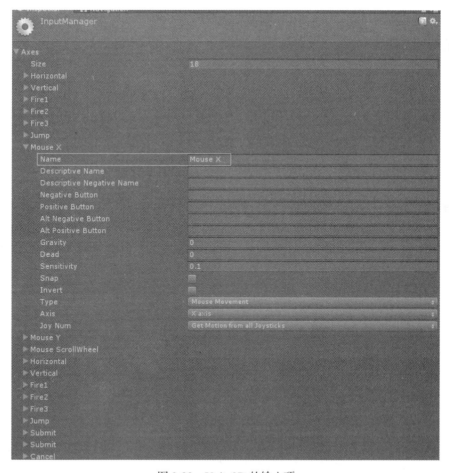

图 2-22 Unity3D 的输入项

2.3.5 纵向旋转相机

除了操控相机的横向角度，玩家还可以调整相机的高度。下面的代码通过 maxRoll 和 minRoll 定义了相机的纵向旋转范围（以弧度表示），通过 rollSpeed 给出旋转的速度。

```
//纵向角度范围
private float maxRoll = 70f * Mathf.PI * 2 / 360;
private float minRoll = -10f * Mathf.PI * 2 / 360;
//纵向旋转速度
private float rollSpeed = 0.2f;
```

在 CameraFollow 类中编写 Roll 方法，使相机纵向角度 roll 随着 Input.GetAxis ("Mouse Y") 的改变而改变。最后在 LateUpdate() 里调用它，代码如下所示。

```
//纵向旋转
void Roll()
{
    float w = Input.GetAxis("Mouse Y") * rollSpeed * 0.5f;

    roll -= w;
    if (roll > maxRoll)
        roll = maxRoll;
    if (roll < minRoll)
        roll = minRoll;
}
```

> roll 表示相机相对 xz 平面的角度，见图 2-11

运行游戏，即可在各个角度观察坦克（如图 2-23 所示）。

图 2-23　在不同角度观察坦克

2.3.6 滚轮调节距离

本节将会实现用鼠标滚轮调节相机与坦克之间距离的功能。输入轴 Mouse ScrollWheel 代表鼠标滚轮，即通过 Input.GetAxis("Mouse ScrollWheel") 可以获取鼠标滚轮的增量，当滚轮向上滚动时该值减少，向下滚动时该值增加。添加 maxDistance、minDistance 和 zoomSpeed 这 3 个调整距离的变量，其中 maxDistance 和 minDistance 表示距离的范围，zoomSpeed 表示缩放的速度，代码如下所示。

```
// 距离范围
public float maxDistance = 22f;
public float minDistance = 5f;
// 距离变化速度
public float zoomSpeed = 0.2f;
```

在 CameraFollow 类中添加 Zoom 方法实现距离缩放，并在 LateUpdate() 里调用它，代码如下所示。

```
// 调整距离
void Zoom()
{
    if (Input.GetAxis("Mouse ScrollWheel") > 0)    // 向下滚动
    {
        if (distance > minDistance)
            distance -= zoomSpeed;
    }
    else if (Input.GetAxis("Mouse ScrollWheel") < 0)    // 向上滚动
    {
        if (distance < maxDistance)
            distance += zoomSpeed;
    }
}
```

运行游戏，滚动鼠标滚轮，相机与坦克的距离就会随之改变（如图 2-24 所示）。

图 2-24　在不同距离下观察坦克

2.4 旋转炮塔

发现敌人！坦克旋转炮塔转向敌军，同时调整炮管方向瞄准目标。为了瞄准目标，坦克的炮塔可以左右旋转，炮管也可以上下滚动。炮塔和炮管及其运动规律如图 2-25 所示。

图 2-25　炮塔和炮管及其运动规律

2.4.1 坦克的层次结构

如图 2-26 所示，调整 Tank 的层次结构，将坦克炮塔和炮管放到一个名为 turret 的空物体中，并使 turret 的原点位于炮塔的旋转中心（这里暂时将其他部件放在名为 other 的物体中）。

> 提示：如果使用的是其他坦克模型，原理也一样，可以导出工程文件中的坦克预设，跳过调整坦克层次结构的过程。

下面列出了本书附带坦克模型的调整步骤，读者应举一反三，并通过这次操作熟悉 Unity3D 的场景编辑。

1）在 Tank 下创建名为 turret 的方块，调整它的位置，使它位于炮塔的中心，如图 2-27 所示。

2）如图 2-28 所示，将炮塔物件放到 turret 下，并改名为 turretMesh。（改名不是必需的步骤，只是为了看起来协调一些。）添加 turret 的目的在于设置炮塔的旋转中心，后续会通过代码旋转 turret，使炮塔旋转。

图 2-26　Tank 的层次结构

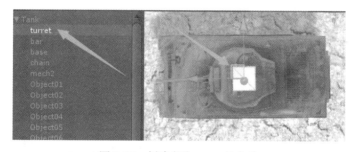

图 2-27　创建名为 turret 的方块

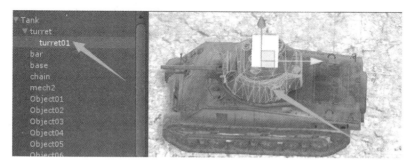

图 2-28　将炮塔的物件放到 turret 下

3）如图 2-29 所示，在 turret 下添加名为 gun 的方块（可以适当缩小以便看清中心点），调整它的位置，使它位于炮管的旋转中心。与 turret 一样，添加 gun 的目的在于设置炮管的旋转中心，后续会通过代码旋转炮管。特别需要注意的是，gun 的 z 轴（即蓝色表示的轴向）必须位于发射炮弹的方向（如果不是就旋转它），因为后续的代码会使用这个方向来发射炮弹。

图 2-29　在 turret 下添加名为 gun 的方块

4）将炮管物件放到 gun 下面，并改名为 gunMesh（改名不是必需的步骤），如图 2-30 所示。

图 2-30　将炮管物件放到 gun 下面

5）拉长并调整 gunMesh 的位置，使它嵌入到炮塔里面，如图 2-32 所示。这一步不是必须的，但可以防止后续旋转炮塔后出现穿帮，如图 2-31 所示。

6）调整 gunMesh 的角度，使炮管的方向与 gun 的 z 轴重合，如图 2-33 所示。这一步是也不是必须的，但调整后可以让子弹更像是从炮管里打出去的。

7）上面建立的立方体只是为了定位旋转中心。勾去 turret 和 gun 中 Box Cillider 和 Mesh Renderer 组件前面的方框，使它不被渲染出来，如图 2-34 所示。

技巧：要设定空物体的坐标，可以先建立一个方块，调整后再勾去它的碰撞体和渲染组件。

图 2-31　旋转炮管后的穿帮现象

图 2-32　拉长并调整 gunMesh 的位置，防止穿帮

图 2-33　使炮管的方向与 gun 的 z 轴重合

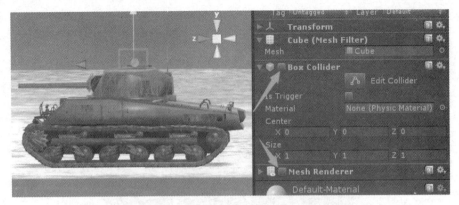

图 2-34 勾去 turret 和 gun 的碰撞体和渲染器

2.4.2 炮塔

由于射击游戏的准心一般都在屏幕中心，因此可使炮塔朝着相机的方向转去（屏幕中心），直到两者 y 轴的角度重合（如图 2-35 所示）。由此，可以定义一个变量用于指明炮塔的目标角度，然后让炮塔不断往这个角度靠近。

在 Tank 类中添加 Transform 类型的变量 turret，并在 Start 中初始化它，使它指向炮塔。定义 turretRotSpeed 代表炮塔的旋转速度；turretRotTarget 代表炮塔的目标角度，即炮塔最终会停在哪个方向，代码如下所示。

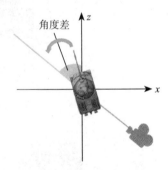

图 2-35 炮塔的目标方向

```
//炮塔
public Transform turret;
//炮塔旋转速度
private float turretRotSpeed = 0.5f;
//炮塔目标角度
private float turretRotTarget = 0;
```

在 Tank 类的 Start 方法中，通过 transform.FindChild（因为该脚本附加在坦克模型上，transform 即代表坦克身上的 Transform 组件）查找子物体 turret，使 turret 变量指向炮塔。

```
// 开始时执行
void Start()
{
```

```
    // 获取炮塔
    turret = transform.FindChild("turret");
}
```

相机方向随着鼠标的移动不断地发生变化，在 Update 方法中更新相机的目标角度，使它等同于相机方向，代码如下所示。

```
void Update()
{
    // 旋转
    ……
    // 前进后退
    ……
    // 炮塔角度
    turretRotTarget = Camera.main.transform.eulerAngles.y;
}
```

至此，程序已经获取了炮塔物体、知道了目标角度，接着便需要让炮塔朝着目标角度转动，编写 TurretRotation 方法，实现炮塔的旋转功能。

图 2-36 下面的代码中，float 型变量 angle 代表相机与炮塔的角度差，因为角度的取值范围是 0 到 360°，所以 angle 的取值范围是 −360° 到 360°（如∠A 为 0°，∠B 为 360°，角度差为 −360°；∠A 为 360°，∠B 为 0°，角度差为 360°）。因为角度是间隔 360° 的循环（如 0° 等同于 360°，−30° 等同于 330°），因此可以通过 if(angle < 0) angle +=360 将角度差的范围控制在 0° 到 360° 之内。之后只需根据角度差判断炮塔应该向左转还是向右转（如图 2-36 所示，小于 180° 为左转，大于为右转），让它往正确方向旋转即可。

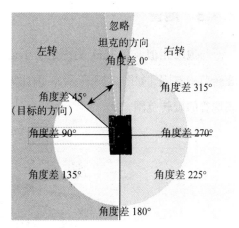

图 2-36 目标角度差与炮塔旋转方向的关系

```
// 炮塔旋转
public void TurretRotation()
{
    if (Camera.main == null)
        return;
    if (turret == null)
        return;

    // 归一化角度
    float angle = turret.eulerAngles.y - turretRotTarget;
    if (angle < 0) angle += 360;
```

```
    if (angle > turretRotSpeed && angle < 180)
        turret.Rotate(0f, -turretRotSpeed, 0f);
    else if (angle > 180 && angle < 360 - turretRotSpeed)
        turret.Rotate(0f, turretRotSpeed, 0f);
}
```

最后在 Update 方法中调用 TurretRotation 方法，实现炮塔的转动（如图 2-37 所示）。

图 2-37　炮塔朝着屏幕中心的方向转动

2.4.3　炮管

与炮塔相似，在 Tank 类中定义 Transform 类型的 gun 指向坦克炮管。由于炮管的旋转范围有限（如图 2-38 所示），因此需要对其进行限定，定义 maxRoll 和 minRoll 代表炮管的旋转范围。

图 2-38　炮管的旋转范围

代码如下所示。

```
// 炮管
public Transform gun;
// 炮管的旋转范围
private float maxRoll = 10f;
private float minRoll = -4f;
```

在 Start 方法中，通过 transform.FindChild 查找子物体 gun，使 gun 变量指向炮管，代码如下所示。

```
void Start()
{
    // 获取炮塔
    turret = transform.FindChild("turret");
    // 获取炮管
    gun = turret.FindChild("gun");
}
```

和炮塔一样，turretRollTarget 代表炮管的目标角度，定义代码如下所示。

```
// 炮塔炮管目标角度
private float turretRotTarget = 0;
private float turretRollTarget = 0;
```

在 Update 中添加如下代码，使 turretRollTarget 等于相机的 *x* 轴旋转角度。

```
// 每帧执行一次
void Update()
{
    ……
    // 炮塔炮管角度
    turretRotTarget = Camera.main.transform.eulerAngles.y;
    turretRollTarget = Camera.main.transform.eulerAngles.x;
}
```

既然已经获取了炮管、也知道了目标角度，接着便需要让炮管转到指定的角度。由于炮管的转动角度较小，因此可以让它直接转到所需的角度，而不是像炮塔一样缓慢地旋转（当然，也可以仿照炮塔的旋转方法，让炮管缓缓转动）。

编写 TurretRoll 方法，根据目标角度、maxRoll 和 minRoll 确定炮管的旋转角度。因为炮管架设在炮塔之上，所以 maxRoll 和 minRoll 是相对于本地坐标系的角度限制，这样一来，就需要先计算炮管在世界坐标系的角度，再转换成本地坐标系计算角度范围，如图 2-39 所示。

图 2-39 计算炮管角度的流程

代码如下所示。

```
//炮管旋转
public void TurretRoll()
{
    if (Camera.main == null)
        return;
    if (turret == null)
        return;
    //获取角度
    Vector3 worldEuler = gun.eulerAngles;
    Vector3 localEuler = gun.localEulerAngles;
    //世界坐标系角度计算
    worldEuler.x = turretRollTarget;
    gun.eulerAngles = worldEuler;
    //本地坐标系角度限制
    Vector3 euler = gun.localEulerAngles;
    if (euler.x > 180)
        euler.x -= 360;

    if (euler.x > maxRoll)
        euler.x = maxRoll;
    if (euler.x < minRoll)
        euler.x = minRoll;
    gun.localEulerAngles = new Vector3 (euler.x,
localEuler.y, localEuler.z);
}
```

- 相对于世界坐标系的角度
- 相对于父坐标系的角度
- 第一步：计算世界坐标的系角度
- 角度归一化，将角度范围从 0° 到 360° 转换成 −180° 到 180°，以方便后续计算
- 第二步：根据本地坐标系的角度，限制炮管的旋转范围
- 第三步：重新设置角度，炮管只在 x 轴方向旋转，故而设置 x 轴角度为 euler.x，其他设置为前面获取的 localEuler

最后在 Update 中调用该方法，运行游戏后炮管会随着鼠标上下移动。实现效果如图 2-40 所示。如果角度太小不容易看出来，可以查看 gun 的 Transform 属性，看看旋转角度是否发生了变化。

图 2-40　不同角度的炮管

2.5　车辆行驶

到现在为止，已编写了两套坦克控制模式，然而，此时的坦克还不能紧贴起伏的地面，只要地面不平坦，坦克就会穿插在山体里或悬浮在半空中（如图 2-41 所示）；其次坦克转弯不太自然，坦克的旋转半径一般不为 0，不会原地旋转。Unity3D 内置的一种碰撞器 WheelCollider，可实现对车辆的操控。

图 2-41　坦克穿插在山体里

2.5.1 Unity3D 的物理系统

在实现车辆控制之前，有必要先了解 Unity3D 的物理系统。物理系统中最常用的组件是 Rigidbody 和 Collider。

Rigidbody（刚体）使物体能在物理规律下运动，它是物体系统的基础组件。可以从力和碰撞两方面来理解物理系统。

1. 力（重力）

例如让一个带有 Collider 和 Rigidbody 的物体从高空落下，因为受到力的作用，在物体碰到地面后会倒下。读者可以新建一个工程试一试物理系统，在场景中添加一个圆柱体和立方体（它们默认附带有 Collider 组件），然后给圆柱体添加 Rigidbody 组件（Component→PhysicsRigidbody），再让圆柱体倾斜一定的角度（为了更明显地看出效果），如图 2-42 所示。

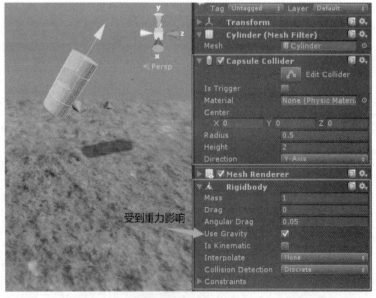

图 2-42 将带有 Rigidbody 组件和一定初始角度的圆柱体放到场景中

运行游戏，可以看到圆柱体受到重力的影响掉到地面上，然后倒下，如图 2-43 所示。

图 2-43 圆柱体受到重力影响掉到地面上，然后倒下

2. 力（附加力）

通过程序给物体施加力，即可改变物体的运动轨迹。例如编写如下的代码，把它附加到上述例子的圆柱体上。如果按下空格键，则是通过 Rigidbody 的 AddForce 方法给物体施加一个力（这里施加的是一个方向向上，大小为 50N 的力）。

```
using UnityEngine;
using System.Collections;

public class TestForce : MonoBehaviour
{
    // 每帧更新
    void Update ()
    {
        if (Input.GetKey (KeyCode.Space))
        {
            Rigidbody rigi = gameObject.GetComponent<Rigidbody>();
            Vector3 force = Vector3.up*50;
            rigi.AddForce(force);
        }
    }
}
```

获取物体的 Rigidbody 组件

运行游戏后按下空格键，由于物体受到附加力和重力的共同影响（如图 2-44 所示），如果附加力大于重力（长按空格键），则物体将会向上飞起。

图 2-44 物体受到附加力和重力的共同影响

3. 碰撞

当"带有 Rigidbody 和 Collider 的游戏对象"碰撞到场景中"带有 Collider 的游戏对象"时，OnCollisionEnter() 方法将被调用，后面会利用这一特性判断炮弹是否击中。相关的方法有 6 个，具体见表 2-3。

表 2-3 碰撞器的相关方法

方法	说明
MonoBehaviour.OnTriggerEnter(Collider other)	当进入触发器
MonoBehaviour.OnTriggerStay(Collider other)	当停留在触发器内
MonoBehaviour.OnTriggerExit(Collider other)	当退出触发器
MonoBehaviour.OnCollisionEnter(Collision collisionInfo)	当进入碰撞器
MonoBehaviour.OnCollisionStay(Collision collisionInfo)	当停留在碰撞器内
MonoBehaviour.OnCollisionExit(Collision collisionInfo)	当退出碰撞器

例如，在上面圆柱体掉落例子的 TestForce 类中，添加如下的语句。

```
// 当碰撞到物体
void OnCollisionEnter(Collision collisionInfo)
{
    Debug.Log(" 碰撞到 " + collisionInfo.gameObject.name);
}
```

运行游戏，在圆柱体碰到地面的时候，OnCollisionEnter 方法会被调用，如图 2-45 所示。

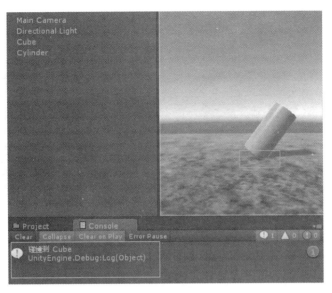

图 2-45　碰撞检测

坦克行驶符合物理规律，可以使用 Unity3D 内置的车轮碰撞器来实现。

2.5.2　车轮碰撞器

WheelCollider（车轮碰撞器）是一种特殊的地面车辆碰撞器，它具有内置的碰撞检测、车轮物理引擎和一个基于滑移的轮胎摩擦模型。WheelCollider 是专门为有轮子的车辆所做的设计，也适用于坦克。

在添加轮子碰撞器之前，先给坦克车身添加碰撞器。由于 Rigidbody 是物理系统的基础组件，因此需要添加该组件后碰撞器才会生效。先给坦克模型添加 Rigidbody 组件，如图 2-46 所示。由于坦克一般都比较重，因此需要在 Rigidbody 中调整坦克的质量（Mass 属性，这里调整为 300）。

暂且把坦克当成一辆拥有四个轮子的汽车。在坦克模型下建立名为 PhysicalBody 的空物体（Empty Object），用于存放坦克的碰撞器组件。再在 PhysicalBody 里添加 wheelL1、wheelR1、wheelL2 和 wheelR2 这 4 个空物体，4 个 wheel 将代表车辆的 4 个轮子。在 PhysicalBody 里添加两个名为 collider 的空物体，用于给车身添加碰撞器（BoxCollider）。此时坦克模型的层次结构如图 2-47 所示。

图 2-46　给坦克模型添加 Rigidbody 组件

给两个 collider 添加 BoxCollider 组件（Component → Physics → Box Collider），然后点击 Box Collider 属性面板的 调整碰撞体的大小和位置（点击后，碰撞体会出现控制点，拖动它们即可调整），调整后的碰撞体如图 2-48 所示。添加车身碰撞体可以让程序检测坦克是否碰撞了障碍物，或者是否被子弹打中（将在第 3 章中实现）。

接下来给坦克添加车轮碰撞体，如图 2-49 所示。给 4 个 wheel 分别添加 WheelCollider（Component → Physics → WheelCollider），调整它们的位置和大小（通过 WheelCollider 组件的 Radius 属性调整大小），使 wheelL1 代表前方左轮，wheelR1 代表前方右轮，另外两个轮子代表后方的轮子。轮子位置和角度的细微差别对物理性能的影响很大，切记，看着 Transform 的数值进行调整，使它们对称。

图 2-47　Tank 的层次结构

图 2-48　车身碰撞体

图 2-49 坦克的碰撞体

WheelCollider 是用 Unity3D 制作汽车类型游戏的关键所在，它不仅可以模拟轮子的碰撞过程，还模拟了汽车的悬挂系统、引擎系统、轮胎摩擦等汽车的关键物理特性。WheelCollider 的一些属性如图 2-50 和表 2-4 所示。

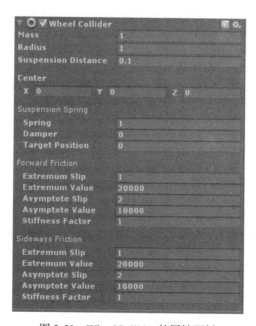

图 2-50 WheelCollider 的属性面板

表2-4 WheelCollider 的属性及说明

属性	说明
mass	车轮的质量
radius	轮子半径
suspensionDistance	车轮悬挂的最大延长距离
center	轮子的中心位置（相对于本地坐标系）
suspensionSpring	车轮悬挂的参数，通过添加弹簧和阻尼力，悬挂试图达到的目标位置
forwardFriction	在车轮指向方向上的摩擦力的属性
sidewaysFriction	轮胎侧面方向上的摩擦力的属性

车轮是由 motorTorque、brakeTorque 和 steerAngle 属性控制的，它们的含义见表2-5。

表2-5 车轮控制属性

属性或方法	说明
motorTorque	在轮轴上的电机力矩
brakeTorque	刹车的力矩
steerAngle	车轮转向角度

一般来说，重心、悬挂系统和轮胎（摩擦力属性）对汽车的性能有着很大的影响。

- 重心：大家都知道重心低的车辆不容易翻倒，所有被应用到汽车刚体上的力都会作用到质心，默认情况下，Unity3D 会将所有附加到刚体上的碰撞器（不管是该游戏对象还是它的子对象）的重心设为刚体重心。由于车辆的重心通常不是车的中心位置，若要得到更真实的效果，可以通过代码设置 Rigidbody.centerOfMass 来调整重心位置。

- 悬挂系统：另一个可以影响汽车行为的因素是悬挂系统（如图2-51所示）。汽车的悬挂系统可以增强轮胎和路面的摩擦，设想一辆没有安装悬挂系统的汽车行驶在颠簸的路面时，车轮肯定会时不时被抬起，轮胎的摩擦便无从谈起。

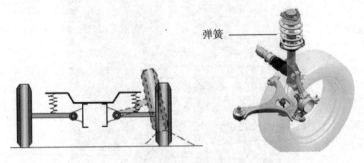

图2-51 汽车的悬挂系统

与悬挂系统的相关的参数如表2-6所示。

表 2-6 与悬挂系统相关的参数及说明

属性或方法	说明
spring	悬挂弹簧。该值决定了悬挂弹簧的刚性,把它设得很高可以使弹簧很软,所以车轮将有更大的震动范围,把它设得很小,将使悬挂更硬
damper	悬挂阻尼器,可以使弹簧震动变得平滑
targetPosition	目标位置。静止状态下悬挂的距离,0 表示充分伸展弹簧,1 表示充分压缩弹簧

❑ 轮胎摩擦力:Forward Friction 是前后方向的摩擦力属性,影响 motorTorque 和 brakeTorque 的效果。Sideways Friction 是左右方向的摩擦力属性,影响 steerAngle 的效果。车轮摩擦力受滑动摩擦力和滚动摩擦力的综合影响。图 2-52 是车轮摩擦力曲线图,假设要拉动车辆,一开始车轮静止,需要较大的力去克服惯性(从原点到 Extremum),接着只需要一个与摩擦力相同的拉力便可以使车辆做匀速运动(Asymptote),这样就是图 2-52 所展示的曲线。

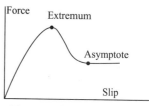

图 2-52 车轮摩擦力曲线图

Forward Friction 和 Sideways Friction 中每一项的 5 个参数的含义见表 2-7。

表 2-7 摩擦力相关的参数及说明

参数	说明
extremumSlip	滑动极值点(默认为 1)
extremumValue	滑动极值的力(默认为 20000)
asymptoteSlip	渐进线滑动点(默认为 2)
asymptoteValue	渐进线滑动上的力(默认为 10000)
stiffness	用于 extremumValue 和 asymptoteValue 值的倍数(默认为 1)

给坦克添加碰撞体、了解车轮碰撞器的属性后,接下来便要控制坦克的行进了。

2.5.3 控制车辆

汽车的前轮和后轮分别悬挂在两条轴上,每条轴上两个轮子的步调是一致的。新建名为 AxleInfo.cs 的文件,添加代表车轴信息的 AxleInfo 类,代码如下所示。

```
using UnityEngine;

[System.Serializable]
public class AxleInfo
{
    public WheelCollider leftWheel;
```

> [System.Serializable] 代表串行化,添加该标记的目的在于,使类成员可以在属性面板中显示。

```
            public WheelCollider rightWheel;
            public bool motor;
            public bool steering;
}
```

在上述代码中，leftWheel 和 rightWheel 代表在某一条轴上的两个车轮碰撞器，例如左前轮和右前轮就是同一轴上的 leftWheel 和 rightWheel。Motor 指明是否将发动机的马力传送给轴上的轮子，就像汽车有前驱、后驱和四驱一样，对于前驱的汽车，马力传送给前轮而不传送给后轮。Steering 指明轮子是否转向，汽车都是前轮转向，因此前轴的 steering 为 true，后轴的 steering 为 false。

接着在 Tank 类中编写控制车轴的方法（之前编写的两种操作模式已然无用，可以删去）。定义如图 2-53 下面的代码所示的变量，其中 axleInfos 是上面定义的 AxleInfo 类型的列表，代表坦克中的各个车轴，普通汽车只有前轮和后轮两个车轴，axleInfos 的长度应该设置为 2。其他机构变量分别代表马力、制动（刹车）和转向角。

axleInfos 为 List(列表) 类型，List 类型 "System.Collections.Generic" 命名空间中，需要在 Tank 类代码的最前面添加 using 语句 "using System.Collections.Generic;"。List<AxleInfo> 即定义了 AxleInfo 类型的列表，也可以简单地把它理解为一个数组（如图 2-53 所示）。列表对象的常用方法有：Add（添加项）、Clear（清空列表）、Remove（删除元素）、RemoveAt（删除指定索引的元素），并可以通过 "[索引]" 获取指定索引的内容（如 axleInfos[0]）。

索引	内容
0	axleInfo1
1	axleInfo2
2	axleInfo3

图 2-53　列表

代码如下所示。

```
//轮轴
public List<AxleInfo> axleInfos;
//马力 / 最大马力
private float motor = 0;
public float maxMotorTorque;
//制动 / 最大制动
private float brakeTorque = 0;
public float maxBrakeTorque = 100;
//转向角 / 最大转向角
private float steering = 0;
public float maxSteeringAngle;
```

接着在 Tank 类中定义 PlayerCtrl 方法，用来处理用户的输入。当玩家按键盘的

"上"或"下"键时，motor 等于 maxMotorTorque 或它的负值；按"左"或"右"键时，steering 等于 maxSteeringAngle 或它的负值。若玩家使用摇杆或方向盘等设备，motor 会在 -maxMotorTorque 到 maxMotorTorque 之间取值，steering 也会在 -maxSteeringAngle 到 maxSteeringAngle 之间取值，代码如下所示。

```
// 玩家控制
public void PlayerCtrl()
{
    // 马力和转向角
    motor = maxMotorTorque * Input.GetAxis("Vertical");
    steering = maxSteeringAngle * Input.GetAxis("Horizontal");
    // 炮塔炮管角度
    turretRotTarget = Camera.main.transform.eulerAngles.y;
    turretRollTarget = Camera.main.transform.eulerAngles.x;
}
```

> 只有当坦克由玩家控制时，坦克的炮塔和炮管才会追随相机移动，这里只是把相关的语句从 Update 方法中剪切到 PlayerCtrl 中，以使代码结构更为清晰

然后在 Update() 中调用 PlayerCtrl，把玩家操作的语句放到 PlayerCtrl 中而不是直接放到 Update 中，是因为后面还要实现电脑控制的功能，这样处理后，后续只需要添加类似 PlayerCtrl 的方法，而不必修改代码结构。在 Update 方法中通过 foreach 遍历每个车轴，依照车轴的 steering 和 motor 属性，给轮子施加转向、马力和制动，代码如下所示。

```
// 每帧执行一次
void Update()
{
    // 玩家控制操控
    PlayerCtrl();
    // 遍历车轴
    foreach (AxleInfo axleInfo in axleInfos)
    {
        // 转向
        if (axleInfo.steering)
        {
            axleInfo.leftWheel.steerAngle = steering;
            axleInfo.rightWheel.steerAngle = steering;
        }
        // 马力
        if (axleInfo.motor)
```

> foreach 语句用于循环访问集合。axleInfo 的值依次为 axleInfos[0]、axleInfos[1]……

> 每个车轴对应左右两个轮子，都需要设置

```
        {
            axleInfo.leftWheel.motorTorque = motor;
            axleInfo.rightWheel.motorTorque = motor;
        }
        // 制动
        if (true)
        {
            axleInfo.leftWheel.brakeTorque = brakeTorque;
            axleInfo.rightWheel.brakeTorque = brakeTorque;
        }
    }
    // 炮塔炮管旋转
    TurretRotation();
    TurretRoll();
}
```

> if (true) 只是为了格式上的统一

> 这是 "2.4.2 炮塔" 一节中实现的内容

至此,我们已经编写完控制坦克的代码,最后只需要再做一些设置,便能让坦克行动起来。在属性面板中将坦克模型的 AxleInfos 的 Size 设置为 2(前后两条车轴),并将 4 个 WheelCollider 拖入其中,设置为后驱(如图 2-54 所示)。

选择坦克的 4 个 WheelCollider,调整参数(具体参数的含义请参照 2.5.2 节),以获得更好的驾驶体验,如图 2-55 所示。

图 2-54 Tank 的属性设置

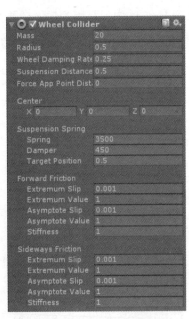

图 2-55 WheelCollider 的属性

这时再运行游戏,便可以控制坦克行进了,此时履带会紧贴起伏的地表,如

图 2-56 所示。如果容易翻倒，可以调整 Rigidbody 的质量、坦克重心和马力等数值，以达到良好的驾驶体验。因为 WheelCollider 的详细参数涉及不少物理知识，这里不再展开，读者可以查阅更多资料，以便更好地调整数值。

图 2-56　坦克行驶在陡坡上

如果读者觉得把坦克当成四轮汽车，还不能很真实地模拟履带行驶，可以尝试添加更多的轮子，以求真实模拟（如图 2-57 所示）。

图 2-57　添加更多轮子的坦克

2.5.4　制动（刹车）

本小节将处理坦克的刹车功能，玩家按下后退键，又分为以下两种情况。

1）坦克向前行进时，应当刹车。

2）坦克静止时，应当后退。

第一个问题便是如何判断坦克是在向前行进还是静止,车轮碰撞器有一个 rpm(转速)属性,可以通过它判断坦克的状态。如果转速大于某个值(这里取 5),可以粗略地视为坦克在前进;如果小于某个值(这里取 -5),可以视为坦克在后退;如果转速接近 0,则视为静止。

修改 PlayerCtrl,通过轮子的 rpm 属性(转速)判断坦克的运行状态。如果坦克在移动,则设置 brakeTorque 的值,使坦克刹车,代码如下所示。

```
public void PlayerCtrl()
{
    // 马力和转向角
    motor = maxMotorTorque * Input.GetAxis("Vertical");
    steering = maxSteeringAngle * Input.GetAxis("Horizontal");
    // 制动
    brakeTorque=0;
    foreach(AxleInfo axlenInfo in axlenfos)
    {
        if (axleInfo.leftWheel.rpm > 5 && motor < 0)   // 前进时,按下"下"键
            brakeTorque = maxBrakeTorque;
        else if (axleInfo.leftWheel.rpm < -5 && motor > 0) // 后退时,按下"上"键
            brakeTorque = maxBrakeTorque;
        continue;
    }
    // 炮塔炮管角度
    turretRotTarget = Camera.main.transform.eulerAngles.y;
    turretRollTarget = Camera.main.transform.eulerAngles.x;
}
```

运行游戏,即可体验到刹车的效果。

2.6 轮子和履带

2.6.1 轮子转动

如果坦克的轮子不会转动,看上去就像是被拖着走的,很不真实。坦克移动时,轮子理应有转动的效果。现在,在坦克模型上新建一个名为 wheels 的空物体,然后整理坦克模型,将所有轮子放到它下面,以便程序获取到轮子(如图 2-58 所示)。

下面是相应的代码实现,先是获取 wheels,然后根据轮子的转速旋转 wheels 下的所有子物体。在 Tank 类中添加名为 wheels 的 Transform(代表所有轮子的父物体),代码如下。

图 2-58　将轮子放到 wheels 下面

```
// 轮子
private Transform wheels;
```

在 Start() 中通过 transform.FindChild 初始化它，代码如下。

```
void Start()
{
    // 获取炮塔
    turret = transform.FindChild("turret");
    // 获取炮管
    gun = turret.FindChild("gun");
    // 获取轮子
    wheels = transform.FindChild("wheels");
}
```

接下来遇到的问题便是如何获取轮子的旋转角度，好在 WheelCollider 提供了 GetWorldPose 方法，可以将轮子碰撞器的位置和旋转信息输出到 out 变量中，只要把这个数据传递给每个车轮即可。编写 WheelsRotation 方法，处理轮子的转动。该方法接受一个 WheelCollider 类型的参数 collider，所有轮子的旋转姿态都由该 WheelCollider 来决定，代码如下。

```
// 轮子旋转
public void WheelsRotation(WheelCollider collider)
{
    if (wheels == null)
        return;
    // 获取旋转信息
    Vector3 position;
    Quaternion rotation;
    collider.GetWorldPose(out position, out rotation);
    // 旋转每个轮子
    foreach (Transform wheel in wheels)
    {
```

```
            wheel.rotation = rotation;
    }
}
```

接着在 Update() 中调用 WheelsRotation，让它获取左后轮碰撞器，代码如下。

```
// 每帧执行一次
void Update()
{
    // 玩家控制操控……
    // 遍历车轴
    foreach (AxleInfo axleInfo in axleInfos)
    {
        // 转向……
        // 马力……
        // 制动……
        // 转动轮子
        if (axleInfos[1] != null)
        {
            WheelsRotation(axleInfos[1].leftWheel);
        }
    }
    // 炮塔炮管旋转……
}
```

游戏运行后，车轮将会转动起来，坦克的行驶过程更加真实。

提示：有些模型不太规范，理应绕着轮轴旋转的轮子却绕着某一个奇怪的点旋转（如图 2-59 所示）。如果遇到这种情况，可以给每个轮子包裹一层空物体，将空物体置于轮子的中心位置即可解决该问题。

图 2-59　模型不规范，轮子奇怪的绕行轨迹

2.6.2 履带滚动

行走过程中,坦克的履带也应该是不停滚动的。由于履带外形不会发生任何变化,因此只要改变履带的材质,便能模拟滚动的效果。

查看履带的材质,改变贴图的偏移值(MainMaps.Offset.Y),履带便会产生滚动的视觉效果(如图 2-60 所示)。我们要做的就是根据轮子的旋转角度调整履带贴图的偏移量。

为了便于管理,在坦克模型下新建一个名为 tracks 的空物体,使它成为履带的父物体,将履带模型放入其中。此时 Tank 的层次结构如图 2-61 所示。

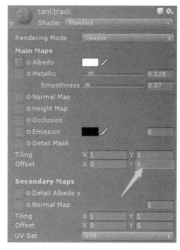

图 2-60 履带的材质

图 2-61 Tank 的层次结构

和轮子的处理方法一样,在 Tank 类中添加名为 tracks 的 Transform,代码如下。

```
// 履带
private Transform tracks;
```

然后在 Start() 中通过 transform.FindChild 找到坦克履带,代码如下。

```
void Start()
{
    ……
    // 获取履带
```

```
    tracks = transform.FindChild("tracks");
}
```

下面编写控制履带滚动的方法 TrackMove。定义变量 offset 代表贴图的偏移，使 "offset=wheels.GetChild(0).localEulerAngles.x/90f"。wheels.GetChild(0).localEulerAngles.x 代表车轮中某一个轮子的旋转角度，90f 是一个系数，代表轮子转 1 圈（360°）对应于 offset 变化 4。接着通过 track.gameObject.GetComponent<MeshRenderer> 获取履带的 MeshRanderer 组件，再通过 mr.material 获取履带材质，并设置主贴图偏移量，代码如下。

```
// 履带滚动
public void TrackMove()
{
    if (tracks == null)
        return;

    float offset = 0;
    if (wheels.GetChild(0) != null)                           // 根据轮子的角度确定偏移量
        offset = wheels.GetChild(0).localEulerAngles.x / 90f;

    foreach (Transform track in tracks)                       // 获取材质
    {
        MeshRenderer mr = track.gameObject.GetComponent<MeshRenderer>();
        if (mr == null) continue;
        Material mtl = mr.material;                           // 设置主贴图偏移量
        mtl.mainTextureOffset = new Vector2(0, offset);
    }
}
```

最后在 Update 中调用 TrackMove 即可实现履带的滚动，代码如下。

```
void Update()
{
    ……
        // 转动轮子履带
        if (axleInfos[1] != null && axleInfo == axleInfos[1])
        {
            WheelsRotation(axleInfos[1].leftWheel);
            TrackMove();
        }
    ……
}
```

运行游戏，玩家可以驾驶坦克，行驶在高低起伏的山体之上，坦克的轮子和履带也有了动画效果。如图 2-62 所示。

图 2-62　转动的轮子，滚动的履带

2.7　音效

坦克的发动机理应发出"隆隆"的响声，带有音效的游戏将会变得更加真实。下面我们要做的是，导入坦克行进的声音文件 motor.wav，在发动机发动时播放这个音效，当发动机停止工作时停止这个音效。在 Tank 类中添加音源和音乐片段，代码如下。

```
// 马达音源
public AudioSource motorAudioSource;
// 马达音效
public AudioClip motorClip;
```

在 Start 中初始化音源，这里使用 AddComponent 动态地给坦克模型添加音源组件。然后设置它的 spatialBlend 为 1。当 spatialBlend 为 1 时，AudioSource 将播放 3D 的声音，即距离音源越远，听到的声音就越小；spatialBlend 为 0 时，AudioSource 将播放 2D 的声音，距离与声音大小无关；当 spatialBlend 介于 0 和 1 之间，音源则混合了 3D 和 2D 的属性。

```
void Start()
{
    ......
    // 马达音源
```

```
            motorAudioSource = gameObject.AddComponent<AudioSource>();
            motorAudioSource.spatialBlend = 1;
        }
```

此时运行游戏，会看到坦克模型附加了 Audio Source 组件（如图 2-63 所示），这便是 AddComponent 语句的效果。

图 2-63　通过 AddComponent 动态添加组件

编写处理马达音效的方法 MotorSound。发动机发动（且此时没有在播放发动机的声音）则播放声音，否则暂停播放。然后在 Update 中调用它，代码如下。

```
        // 马达音效
        void MotorSound()
        {
            if (motor != 0 && !motorAudioSource.isPlaying)         // 发动
            {
                motorAudioSource.loop = true;
                motorAudioSource.clip = motorClip;
                motorAudioSource.Play();
            }
            else if (motor == 0)                                   // 停止
            {
                motorAudioSource.Pause();
            }
        }
```

将马达音效（motor.wav）导入游戏中，并给 Tank 组件的 motorClip 赋值（如图 2-64 所示）。

图 2-64　给 Tank 组件的 motorClip 赋值

运行游戏，随着坦克前行，发动机随机发声。

坦克是战争的武器，它必须要能够在特定的方向发射炮弹，击毁敌人，第 3 章将实现坦克开炮的功能。

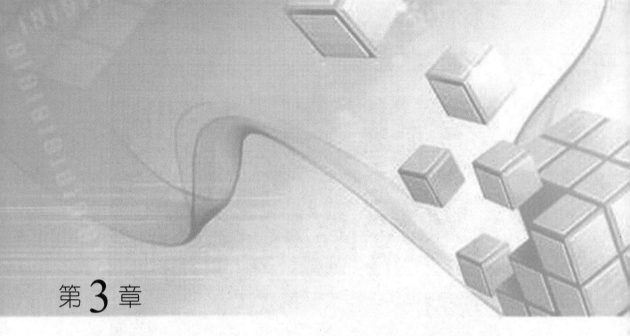

第 3 章

火炮与敌人

发现敌人,坦克瞄准目标,随即发射一颗炮弹。炮弹向前飞去,直到击中目标。敌军被摧毁,击中的地方燃起熊熊大火。本章就来讲讲这些场景中涉及的元素和动作的实现。

3.1 发射炮弹

如果把坦克发射炮弹、炮弹向前飞行并击中目标这一过程称为发射炮弹的全过程,那么其中会涉及炮弹的制作、击中效果制作、炮弹的飞行逻辑,以及发射炮弹的条件等内容。下面分别来看看这些内容的实现。

3.1.1 制作炮弹

炮弹的飞行速度极快,由于无法看清它的形状,因此制作一个拉伸的球体来代表炮弹即可,炮弹尺寸可以稍大一些,以方便击中目标。在场景中添加一个拉伸的球体作为炮弹(可以新建一个材质赋予炮弹,以便调整炮弹的颜色),然后将炮弹拖拉到项目面板中做成预设（prefab），如图 3-1 所示。

图 3-1　炮弹及其材质

3.1.2　制作爆炸效果

Unity3D 内置的粒子系统可以制作烟雾、气流、火焰等各种效果。由于 Unity 5.x 版本没有附带资源包，因此这里使用 Unity3D 4.x 版本所提供 StandardAsset/Particles 所提供的粒子预设。将 Particles.unitypackage 导入到游戏工程中，如图 3-2 所示（Particles.unitypackage 可在本书附带的资源文件中找到，导入资源包的方法请参见 1.2.2 节）。

这里将使用资源包里面的 Small explosion 作为爆炸效果（Assets/Standard Asset/Particles/Legacy Particles/Small explosion.prefab）。将 Small

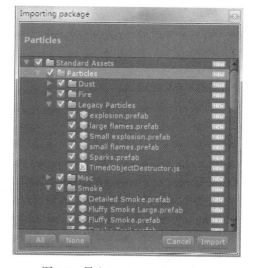

图 3-2　导入 Particles.unitypackage

explosion 拉到场景中，调整它的参数，使得爆炸效果的尺寸变得合适，注意要勾选 OneShot 选项，使爆炸效果播放一次后自动消失。然后把它做成名为 explodeEffect 的预设

（如图 3-3 所示）。

图 3-3　调整参数后的 Small explosion 爆炸效果

3.1.3　炮弹轨迹

弹道是一条抛物线，但由于炮弹速度太快，因此在游戏中可以把它当作直线来处理。炮弹被发射后会一直向前飞行，直到撞到目标或燃尽。新增 Bullet.cs 文件，编写处理炮弹逻辑的类 Bullet。定义炮弹运动速度 speed、最大生存时间 maxLiftTime 和用于记录炮弹发射时间的 instantiateTime，定义 explode 用于指定爆炸效果。

❑ speed：运动速度，程序会通过"距离 = 速度 × 时间"来计算炮弹轨迹。

❑ instantiateTime：程序将会记录炮弹发射的时间，用于判断炮弹是否燃尽。

❑ maxLiftTime：最大生存时间，程序会通过"if(Time.time - instantiateTime > maxLiftTime)"来判断炮弹是否燃尽，如果燃尽，则调用 Destroy 方法摧毁炮弹。

❑ explode：程序将使用 Instantiate 产生爆炸效果，可参见 1.6.3 节。

炮弹类的代码如下所示。

```
using UnityEngine;
using System.Collections;

public class Bullet : MonoBehaviour
```

```csharp
{
    public float speed = 100f;
    public GameObject explode;          // 爆炸效果
    public float maxLiftTime = 2f;
    public float instantiateTime = 0f;

    void Start()
    {
        instantiateTime = Time.time;    // 记录炮弹发射的时间
    }

    void Update()
    {
        // 前进
        transform.position += transform.forward * speed * Time.deltaTime;
        // 摧毁                                    // 炮弹一直向前运动，直到
        if (Time.time - instantiateTime > maxLiftTime)  // 过了生存时间，自动销毁
            Destroy(gameObject);
    }

    // 碰撞
    void OnCollisionEnter(Collision collisionInfo)  // 当炮弹碰撞到其他物体时，
    {                                               // 炮弹爆炸，产生爆炸效果
        // 爆炸效果
        Instantiate(explode, transform.position, transform.rotation);
        // 摧毁自身
        Destroy(gameObject);
    }
}
```

以下是代码中所涉及的知识点。

- OnCollisionEnter：当"带有 Rigidbody 和 Collider 的游戏对象"碰撞到场景中"带有 Collider 的游戏对象"时，OnCollisionEnter() 方法被调用，请参见 2.5.1 节。
- Instantiate：可以根据指定的预设创建一个实例。Instantiate 有三个参数，第一个是要实例化的预设，后两个是实例化之后游戏对象的位置和旋转角度，请参见 1.6.3 节。
- Destroy：摧毁某个游戏对象。
- Time.time：获取从游戏开始时到现在的时间，单位为秒。

现在给炮弹预设添加 Bullet 组件，设置 speed、explode、maxLifeTime 等参数，如图 3-4 所示（设置较低的 Speed 值可以清晰地看清炮弹的轨迹，在游戏中该值一般设

置为100以上）。

图 3-4　给炮弹预设添加 Bullet 组件，设置相关参数

Rigidbody 和碰撞器是物理系统的必要组件，要使碰撞生效，就需要给炮弹预设添加 Rigidbody 和 Collider 组件（如图 3-5 所示，创建球体时会自动添加 Collider）。其中，Rigidbody 的 Constraints 属性表示约束刚体，由于程序中使用"transform.position += transform.forward * speed * Time.deltaTime;"来计算炮弹的位置，如果不想让炮弹轨迹受到物理系统的影响，则勾选 Constraints 的所有选项，使炮弹的位置和旋转不受物理系统的控制。

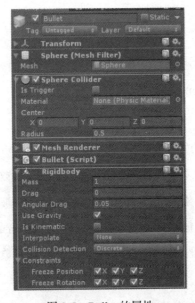

图 3-5　Bullet 的属性

3.1.4　坦克开炮

坦克开炮，便是在炮管位置实例化（Instantiate）炮弹预设。发射炮弹时，两次开

火之间是存在着一定的时间间隔的，可在 Tank 类中定义 float 类型的 lastShootTime 和 shootInterval，分别代表上一次开火的时间和两次开火的时间间隔。定义变量 bullet 用于指定炮弹预设，代码如下。

```
// 炮弹预设
public GameObject bullet;
// 上一次开炮的时间
public float lastShootTime = 0;
// 开炮的时间间隔
private float shootInterval = 0.5f;
```

在 Tank 类中编写 Shoot 方法，在炮管方向上创建一枚炮弹，炮弹的初始位置如图 3-6 所示，代码如下。

```
public void Shoot()
{
    // 发射间隔
    if (Time.time - lastShootTime < shootInterval)
        return;
    // 子弹
    if (bullet == null)
        return;
    // 发射
    Vector3 pos = gun.position + gun.forward*5;
    Instantiate(bullet, pos, gun.rotation);
    lastShootTime = Time.time;
}
```

> 让炮弹的产生位置在炮管前方，避免炮弹碰到坦克而爆炸，如图 3-6 所示

图 3-6　炮弹的初始位置

当玩家按下鼠标左键时，发射炮弹。在 PlayerCtrl 中调用该方法，代码如下。

```
public void PlayerCtrl()
{
    ......
    //发射炮弹
    if (Input.GetMouseButton(0))
        Shoot();
}
```

> GetMouseButton 的参数 0 表示鼠标左键，具体请参见 2.2.1 节

在属性面板中设置 Tank 组件的炮弹预设（bullet），然后运行游戏，通过鼠标调整炮塔和炮管的方位，按下左键，一枚炮弹从炮膛里发射出来，击中山体后爆炸（如图 3-7 所示）。

图 3-7　坦克开炮

3.2　摧毁敌人

要摧毁敌人，就得区分敌我，因此需要定义坦克的控制类型。坦克被摧毁后，会播放焚烧的特效，以便于区分正常的坦克和被摧毁的坦克。

3.2.1　坦克的控制类型

在战场中会有很多辆坦克，但只有一辆是由玩家操控的，其他坦克则是由电脑 AI 操控（第 4 章会讲解）或通过网络同步（第 11 章会讲解），因此需要做些工作来区分坦

克的操控类型。在 Tank 类中定义枚举类型 CtrlType，暂且定义三种类型：none 表示不受操控、player 表示受玩家操控、computer 表示受电脑 AI 控制，代码如下。

```
// 操控类型
public enum CtrlType
{
    none,
    player,
    computer
}
public CtrlType ctrlType = CtrlType.player;    —— 默认的操控类型为玩家操控
```

前面实现的 PlayerCtrl 方法用于处理玩家的输入，很明显，只有当坦克由玩家操控时，它才生效。因此需要稍加判断，代码如下。

```
public void PlayerCtrl()
{
    // 只有玩家操控的坦克才会生效
    if (ctrlType != CtrlType.player)
        return;
    ……
}
```

3.2.2 坦克的生命值

一般来说坦克不会脆弱到一击毙命，因此要给坦克设置生命值，每当坦克被炮弹击中时，生命值就会减少一点。炮弹的威力总是与它的发射距离成反比，距离越远，威力就越小。

在 Tank 类中定义两个变量 maxHp 和 hp，前者代表最大生命值，后者代表当前的生命值，代码如下。

```
// 最大生命值
private float maxHp = 100;
// 当前生命值
public float hp = 100;
```

3.2.3 焚烧特效

坦克被摧毁后，可在它身上播放火焰焚烧的特效，以区分该坦克是"活"还是

"死"。这里使用 Unity3D 4.x 版本内置粒子系统的 Standard Assets/Particles/Fire/Fire1 来实现焚烧特效（参见 3.1.2 节）。将粒子预设 Fire1 拖曳到场景中，修改它的 Ellipsoid Particle Emitter 组件中的 Ellipsoid 属性，主要是把数值改大，增大焚烧效果的范围（这里将子物体 OuterCore 的 Ellipsoid 调成 (4,0,4)，将 InnerCore 调成 (3,0,3)，将 smoke 调成 (4,0,4)）。然后把参数修改后的 Fire1 做成名为 FireEffect 的预设（如图 3-8 所示）。

图 3-8　火焰焚烧的特效

在 Tank 类中定义 GameObject 类型的变量 destoryEffect，以便后续在坦克被摧毁时实例化（Instantiate）焚烧效果。然后在属性面板中将焚烧预设（FireEffect）拉到该变量对应的位置，给它赋值，代码如下所示。

```
// 焚烧特效
public GameObject destoryEffect;
```

3.2.4　坦克被击中后的处理

坦克被击中后，生命值会相应减少，当生命值减少到 0 时，坦克被摧毁。在 Tank

类中添加一个名为 BeAttacked 的方法，用它来处理坦克受到攻击后的反应，它接受一个参数 att，代表炮弹的威力，即坦克受到的伤害值。还可以尝试给坦克添加防御属性，根据防御值来减少受到的伤害，代码如下。

```
public void BeAttacked(float att)
{
    // 坦克已经被摧毁
    if (hp <= 0)
        return;
    // 击中处理
    if (hp > 0)
    {
        hp -= att;
    }
    // 被摧毁
    if (hp <= 0)
    {
        GameObject destoryObj = (GameObject)Instantiate(destoryEffect);
        destoryObj.transform.SetParent(transform, false);
        destoryObj.transform.localPosition = Vector3.zero;
        ctrlType = CtrlType.none;
    }
}
```

坦克已经被击毁，没有效果

减少坦克生命值

生命值小于等于0，坦克被击毁，播放火焰焚烧的特效，改变操控类型

上述代码所涉及的知识点如下。

- destoryObj：Instantiate 的返回值即为创建出来的对象，这里指创建出来的焚烧特效。
- SetParent：设置物体的父对象，这里指将焚烧特效放置到坦克模型的层次面板下面（如图 3-9 所示）。SetParent 方法带有两个参数，第 1 个参数代表父对象，第 2 个参数代表是否保留世界坐标，其中 false 的意思是：不受父节点的影响，保持原有的坐标和缩放。
- localPosition：本地坐标（即相对于父对象的位置，参见 2.2.1 节），这里设置为 0（Vector3.zero）代表它的位置等同于父对象的位置。

迫不及待地想看看效果吧？临时在 Shoot() 中调用 BeAttacked，让坦克自己打自己。打了 3 发炮弹后，坦克开始燃烧起来（如图 3-10 所示）。

图 3-9　SetParent 示例

```
public void Shoot()
{
    ……
    // 鼠标左键
    Vector3 pos = gun.position + gun.forward*5;
    Instantiate(bullet, pos, gun.rotation);
    lastShootTime = Time.time;
    BeAttacked(30);
}
```

图 3-10　坦克被摧毁的效果

3.2.5　炮弹的攻击处理

炮弹击中目标后，它的 OnCollisionEnter 会被调用（参见 3.1.3 节），本节将会在该方法中添加判断，如果击中了坦克，则调用 3.2.4 节实现的 BeAttacked 方法。使坦克受到伤害。先在 Bullet 类中添加 GetAtt 方法，以获取炮弹的攻击力。一般而言，目标距离越远，炮弹飞行时间越长越久，攻击力就越小。炮弹的攻击力与飞行时间成反比，代码如下。

```
// 计算攻击力
private float GetAtt()
{
    float att = 100 - (Time.time - instantiateTime) * 40;
    if (att < 1)
        att = 1;
    return att;
}
```

> instantiateTime 代表炮弹发射时的时间（参见 3.1.3 节），所以 Time.time – instantiateTime 代表炮弹的飞行时间

修改炮弹的 OnCollisionEnter 方法，使得其在击中坦克后，调用该坦克的 BeAttacked 方法，代码如下。

```
// 碰撞
void OnCollisionEnter(Collision collisionInfo)
{
    // 爆炸效果
    Instantiate(explode, transform.position, transform.rotation);
    // 摧毁自身
    Destroy(gameObject);
    // 击中坦克
    Tank tank = collisionInfo.gameObject.GetComponent<Tank>();
    if (tank != null)
    {
        float att = GetAtt();
        tank.BeAttacked(att);
    }
}
```

> Collision 对象描述了一次碰撞

上述代码所涉及的知识点如下。

- Collision：Collision 对象描述了一次碰撞，通过 collisionInfo.gameObject 可以获取炮弹所碰到的物体。
- GetComponent：获取组件的方法，这里是获取碰撞体的 Tank 组件。通过 if (tank != null) 即可判断碰到的物体是不是坦克。

修改炮弹的代码后，就可以测试摧毁敌人的功能了。下面复制一辆坦克作为攻击目标，在属性面板中将它的 Ctrl Type 设为 None。运行游戏后，玩家便可以驾驶坦克，极为艰难地瞄准（还没做准心，只能靠目测），然后击毁它（如图 3-11 所示）。

图 3-11　艰难地瞄准，然后击毁坦克

3.3　准心

3.3.1　概念和原理

尽管坦克能够顺利地开炮，但是炮弹打到哪里却难以预计，毕竟用肉眼估算炮管的角度不容易，所以很难打着。这时，就需要制作一套准心，让它来捕捉敌方的位置。本章所制作的准心由中心准心和坦克准心两部分组成。在制作准心之前，有必要先了解一下本节将要涉及的概念。

中心准心：指向屏幕中央，它指明了炮塔的旋转趋势，炮塔和炮管总是往屏幕中心点所对准的方位转动。中心准心的坐标是固定的，假设屏幕宽度为 Screen.width、屏幕高度为 Screen.Height、准心宽度为 centerSight.width，准心高度为 centerSight.height，那么准心的坐标为 (Screen.width / 2 - centerSight.width / 2, Screen.height / 2 - centerSight.height / 2)，如图 3-12 所示。

实际射击位置：指炮弹爆炸的位置。获取实际射击位置的方法如下：过炮管中心点，以炮管方向作一条足够长的射线来模拟炮弹的飞行路线，检测射线与场景中游戏物体的碰撞点。该碰撞点即为实际爆炸的位置，如图 3-13 所示。

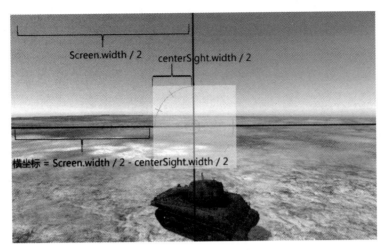

图 3-12 中心准心的坐标计算

图 3-13 实际射击位置示意图

目标射击位置：指中心准心所对应的三维坐标（如图 3-14 所示），获取该值的方法如下：过屏幕中心作一条沿着相机方向的射线，检测射线与场景中游戏物体的碰撞点。该碰撞点即为目标射击位置。随着炮塔和炮管的旋转，实际射击位置会慢慢向目标射击位置靠近，直到两者重合。Unity3D 中的 Camera.ScreenPointToRay 方法能够将屏幕位置转成一条射线，后续将用该方法生成射线并检测碰撞点。

坦克准心：指向"实际射击位置"转换成的屏幕坐标，如图 3-15 所示。Unity3D 的 Camera.main.WorldToScreenPoint 方法提供了三维坐标到屏幕坐标的转换，后续将使用该方法计算坦克准心的坐标。

图 3-14 目标射击位置示意图

图 3-15 坦克准心示意图

了解了概念和原理后,接着从下面这 5 个方面入手,一起来逐步完成准心功能。

1)计算"目标射击位置"。然后根据"目标射击位置",计算炮管和炮塔的目标角度,旋转炮管炮塔。

2)计算"实际射击角度",然后根据"实际射击角度"计算"坦克准心"的坐标。

3)在 OnGUI 方法中绘制准心。

3.3.2 计算目标射击位置

3.3.1 节讲到获取"目标射击位置"的过程是:过屏幕中心作一条沿着相机方向的射线,以炮管方向作一条足够长的射线来模拟炮弹的飞行路线,检测射线与场景中游戏物体的碰撞点。那么现在的首要问题便是如何作一条检测射线。

1. 射线检测

在三维坐标中，射线是指一个点向某一个方向发射的一条线，Unity3D 中可以使用 Ray 和 Physics.Raycast 来做射线检测。这里将涉及如下 3 个知识点。

- Ray：射线，它的一个构造函数是 Ray(起始点，方向)，例如 Ray(Vector3.zero,Vector3.up) 指代一条从原点出发，方向向上的射线。
- Physics.Raycast：检测射线，当射线射向碰撞器时（即撞到东西了），Raycast 返回 true，否则为 false。它的一个参数形式为 Physics.Raycast(射线，out raycastHit，最大检测距离)，第 1 个参数指明要检测的射线；第 2 个参数为 out 关键字引用的 RaycastHit 对象，该方法将会把碰撞信息保存在 RaycastHit 对象中；第 3 个参数指代检测的距离，由于检测的距离越长，所需的计算量越大，因此合理地设置该参数就显得尤为重要了。
- RaycastHit：从 raycast 函数中返回，包含射线的碰撞点等信息。其中 raycastHit.point (Vector3 类型) 代表碰撞的点，raycastHit.collider 代表碰撞到的碰撞器。

下面的图 3-16 和代码演示了射线检测的过程，首先是定义一条射线，然后调用 Physics.Raycast 检测。如果碰撞到物体，则给出物体的名称和碰撞点坐标。

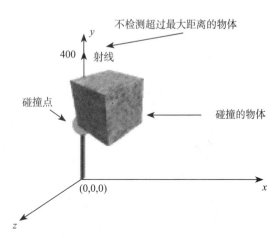

图 3-16　射线检测示意图

```
void RayTest()
{
    // 定义射线
    Ray ray = new Ray(Vector3.zero, Vector3.up);
    // 碰撞检测
    RaycastHit raycastHit;
    if (Physics.Raycast(ray, out raycastHit, 400.0f))
    {
        Debug.Log("碰撞的物体是 " + raycastHit.collider.gameObject.name);
```

```
            Debug.Log("碰撞点的坐标 x " + raycastHit.point.x);
            Debug.Log("碰撞点的坐标 y " + raycastHit.point.x);
            Debug.Log("碰撞点的坐标 z " + raycastHit.point.x);
        }
        else
        {
            Debug.Log("没有碰撞");
        }
    }
```

后续还会用到 ray.GetPoint(距离) 方法，该方法将获取射线上指定距离的坐标，例如对上述代码的射线（起始点为 Vector3.zero，方向为 Vector3.up）调用 ray. GetPoint(100)，得到的坐标将会是 (0,100,0)。

了解了如何发射射线后，还需要了解如何"过屏幕中心发射射线"。

2. 屏幕位置转射线

Camera 类的 ScreenPointToRay 方法从相机的近裁剪面开始并穿过指定的坐标发送一条射线（如图 3-17 所示）。参数为 ScreenPointToRay(Vector3 position)，只会用到 position.x 和 position.y 两个值，position.z 将被忽略。

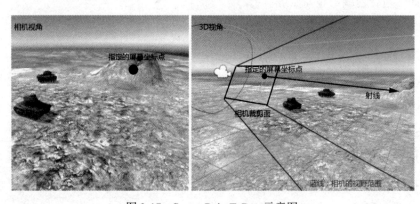

图 3-17　ScreenPointToRay 示意图

3. 炮塔炮管目标位置

回想 2.4.2 节中定义的 turretRotTarget 和 turretRollTarget，它们分别代表"炮管和炮塔的目标角度"。2.4 节中使用相机的旋转角度指代目标角度，这种方法只是临时的。现在需要根据"目标射击位置"重新计算目标角度，使炮塔炮管向目标位置转动。计算过程将涉及如下这个知识点。

❑ Quaternion.LookRotation：创建一个旋转角度，使该角度为指向参数所代表的方向。

下面的图 3-18 和代码演示了 Quaternion.LookRotation 的用法。其中 hitPoint 代表"目标射击位置"，turret.position 代表炮塔的位置，因此 dir 代表的是从 turret.position 到 hitPoint 的向量。LookRotation 的返回值代表该向量的旋转角度。

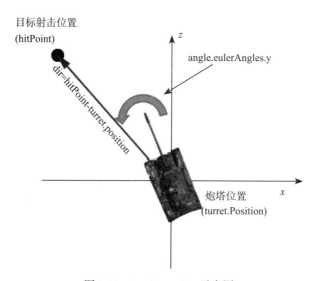

图 3-18　LookRotation 示意图

```
// 计算目标角度
Vector3 dir = hitPoint - turret.position;
Quaternion angle = Quaternion.LookRotation(dir);
turretRotTarget = angle.eulerAngles.y;
turretRollTarget = angle.eulerAngles.x;
```

4. 游戏逻辑

了解了上述知识点后，便可以着手开发游戏功能，实现该游戏功能可分为如下两个步骤。

1）计算"屏幕中心点"所对应的三维坐标，获取"目标射击位置"。

2）根据"目标射击位置"计算"炮管和炮塔的目标角度"。

由于射线不一定能够碰撞到场景中的物体（比如将炮管对准天空），因此有如下规定：如果射线与场景发生碰撞，则将碰撞点视为"目标射击位置"，否则取射线上距起点 400 米的位置作为"目标射击位置"（可使用 ray.GetPoint 方法获取该点）。

在 Tank 类中编写计算目标角度的方法 TargetSignPos，代码如下。

```csharp
// 计算目标角度
public void TargetSignPos()
{
    // 碰撞信息和碰撞点
    Vector3 hitPoint = Vector3.zero;
    RaycastHit raycastHit;
    // 屏幕中心位置
    Vector3 centerVec = new Vector3(Screen.width / 2, Screen.height / 2, 0);
    Ray ray = Camera.main.ScreenPointToRay(centerVec);
    // 射线检测，获取 hitPiont
    if (Physics.Raycast(ray, out raycastHit, 400.0f))
    {
        hitPoint = raycastHit.point;
    }
    else
    {
        hitPoint = ray.GetPoint(400);
    }
    // 计算目标角度
    Vector3 dir = hitPoint - turret.position;
    Quaternion angle = Quaternion.LookRotation(dir);
    turretRotTarget = angle.eulerAngles.y;
    turretRollTarget = angle.eulerAngles.x;
    // 调试用，稍后将删除
    Transform targetCube = GameObject.Find("TargetCube").transform;
    targetCube.position = hitPoint;
}
```

然后在 PlayerCtrl 中调用它，替换之前 turretRotTarget 和 turretRollTarget 的计算，代码如下。

```csharp
public void PlayerCtrl()
{
    ……
    // 炮塔炮管角度
    TargetSignPos();
}
```

为了方便调试，可在场景中建立名为 TargetCube 的方块（删去碰撞器），以便看到"目标射击位置"。运行游戏将会看到两个现象（如图 3-19 所示）。

1）方块 TargetCube 能够指向屏幕中心对应的三维坐标，即"目标射击位置"。

2）炮塔炮管向"目标射击位置"的方向转动。

图 3-19 炮塔炮管向"目标射击位置"的方向转动

3.3.3 计算实际射击位置

"实际射击位置"指炮弹爆炸的位置。过炮管中心点,以炮管方向作一条足够长的射线,沿着射线检测碰撞点,即可获取"实际射击位置"。在 Tank 类中编写获取"实际射击位置"的方法 CalExplodePoint,代码如下。

```
// 计算爆炸位置
public Vector3 CalExplodePoint()
{
    // 碰撞信息和碰撞点
    Vector3 hitPoint = Vector3.zero;
    RaycastHit hit;
    // 沿着炮管方向的射线
    Vector3 pos = gun.position + gun.forward * 5;
    Ray ray = new Ray(pos, gun.forward);
    // 射线检测
    if (Physics.Raycast(ray, out hit, 400.0f))
    {
        hitPoint = hit.point;
    }
    else
    {
        hitPoint = ray.GetPoint(400);
    }
    // 调试用,稍后将删除
    Transform explodeCube = GameObject.Find("ExplodeCube").transform;
    explodeCube.position = hitPoint;
    // 调试用结束
    return hitPoint;
}
```

为了方便调试，在场景中建立名为 ExplodeCube 的物体（删去碰撞器），以便看到"实际射击位置"。然后在 Update 中临时调用 CalExplodePoint（只是为了调试，稍后即删除）。运行游戏，即可看到"目标射击位置"和"实际射击位置"的指示标。由于炮塔的旋转，"实际射击位置"总是朝着"目标射击位置"的方向移动（如图 3-20 所示）。

图 3-20 目标位置和爆炸位置

获取了"实际射击位置"后，便需要了解如何将三维坐标转换成屏幕坐标。Camera 类的 WorldToScreenPoint(Vector3 position) 方法提供了转换算法，参数 position 代表三维坐标，返回值为 Vector3 类型，其中 x 和 y 坐标代表屏幕坐标，z 坐标代表点到相机的距离。需要特别注意的是，该方法返回的坐标以屏幕左下为原点，而 GUI 绘图中的屏幕坐标以屏幕左上为原点（如图 3-21 所示），因此在绘制准心时，需要使用 $y = h - y'$（y 代表 GUI 绘图的 y 坐标，h 代表屏幕高度，y' 代表 WorldToScreenPoint 返回的 y 坐标）来转换坐标。

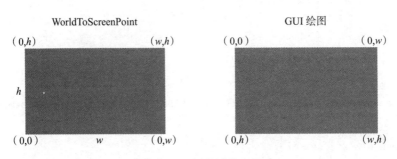

图 3-21 不同的屏幕坐标系

3.3.4 绘制准心

算出准心的位置，调用 GUI 绘制纹理的方法 GUI.DrawTexture（参见 1.8 节）绘制准心。在 Tank 类中定义贴图 centerSight 和 tankSight，代码如下。

```
// 中心准心
public Texture2D centerSight;
// 坦克准心
public Texture2D tankSight;
```

将准心的图片拉入游戏工程中，在坦克模型的属性面板中给上面的两个变量赋值，如图 3-22 所示。

图 3-22　准心的图片素材

以 GUI 绘图的形式将准心绘制在屏幕上，设置准心图片 TextureType 为 Editor GUI and Legacy GUI 可以得到更好的显示效果（如图 3-23 所示）。

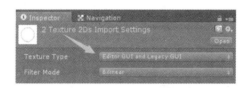

图 3-23　设置图片的 TextureType

在 Tank 类中添加绘制准心的方法 DrawSight，具体代码如下。

```
// 绘制准心
public void DrawSight()
{
    // 计算实际射击位置
    Vector3 explodePoint = CalExplodePoint();
    // 获取"坦克准心"的屏幕坐标
    Vector3 screenPoint = Camera.main.WorldToScreenPoint(explodePoint);

    // 绘制坦克准心
    Rect tankRect = new Rect(screenPoint.x - tankSight.width / 2,
                    Screen.height - screenPoint.y - tankSight.height / 2,
```

```
                    tankSight.width,
                    tankSight.height);
    GUI.DrawTexture(tankRect, tankSight);

    // 绘制中心准心
    Rect centerRect = new Rect(Screen.width / 2 - centerSight.width / 2,
                    Screen.height / 2 - centerSight.height / 2,
                    centerSight.width,
                    centerSight.height);
    GUI.DrawTexture(centerRect, centerSight);
}
```

然后编写 OnGUI 方法，调用 DrawSight，代码如下。

```
// 绘图
void OnGUI()
{
    if (ctrlType != CtrlType.player)
        return;
    DrawSight();
}
```

> 只有玩家控制的坦克会显示准心

运行游戏，玩家将看到如图 3-24 所示的准心，这样就能很方便地瞄准敌人了。

注意：别忘记删除之前用于临时调试的内容。

图 3-24 准心效果图

3.4 绘制生命条

本节将实现在屏幕的左下角绘制生命条的功能。生命条的样式如图 3-25 所示，由底框、指示条和文字 3 部分组成。

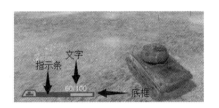

图 3-25　生命条样式

3.4.1　生命条素材

导入生命条所需要用到的两张图片素材如图 3-26 所示,左边的图片为底框;右边的小图片为指示条,根据生命值进行拉伸。

在 Tank 类中添加两个 Texture2D 类型的变量 hpBarBg 和 hpBar,用它指向生命条的图片素材,代码如下。

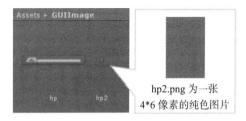

图 3-26　生命条底框和指示条素材

```
// 生命指示条素材
public Texture2D hpBarBg;
public Texture2D hpBar;
```

然后在属性面板中设置它们(如图 3-27 所示)。

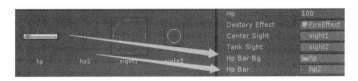

图 3-27　hpBarBg 和 hpBar 指向生命条素材

3.4.2　绘制生命条

编写 DrawHp 方法,在屏幕左下角绘制生命条。指示条的宽度与生命值成正比,宽度等于 hp * 102/maxHp,其中 102 是底框素材中生命槽的宽度。代码中的 102、-15、29、9、80 等参数都是依照图片的尺寸而定的。GUI 是原始的绘图方法,后面还将介绍使用 UGUI 制作界面的方法，相关代码如下。

```
    //绘制生命条
    public void DrawHp()
    {
        //底框
        Rect bgRect = new Rect(30, Screen.height - hpBarBg.height - 15,
                                hpBarBg.width, hpBarBg.height);
        GUI.DrawTexture(bgRect, hpBarBg);
        //指示条
        float width = hp * 102 / maxHp;
        Rect hpRect = new Rect(bgRect.x + 29,
bgRect.y + 9, width, hpBar.height);
        GUI.DrawTexture(hpRect, hpBar);
        //文字
        string text = Mathf.Ceil(hp).ToString()
+ "/" + Mathf.Ceil(maxHp).ToString();
        Rect textRect = new Rect(bgRect.x + 80,
bgRect.y -10, 50, 50);
        GUI.Label(textRect, text);
    }
```

> Mathf.Ceil 为向上取整，如 100.2 取整后将得到 101

在 OnGUI 方法中调用 DrawHp 方法，然后运行游戏，便可看到屏幕左下角的生命条（如图 3-28 所示），代码如下所示。

```
    //绘图
    void OnGUI()
    {
        if (ctrlType != CtrlType.player)
            return;
        DrawSight();
        DrawHp();
    }
```

图 3-28　显示在屏幕左下方的生命条

3.5 击杀提示

如果在玩家击杀敌人后,屏幕上能够弹出提示,那么玩家就能清楚地知道自己的战绩了。接下来要实现的功能就是:当炮弹摧毁目标后,攻击方的屏幕上弹出击杀图标。

3.5.1 谁发射了炮弹

坦克发射炮弹后,需要把自身的信息传递给炮弹,使炮弹知道是谁发射了自己。在 Bullet 类中添加 GameObject 类型的变量 attackTank,用于表示发射这颗炮弹的坦克,代码如下。

```
//攻击方
public GameObject attackTank;
```

然后修改 Tank 类的 Shoot 方法,将坦克赋予发射出来的炮弹,代码如下。

```
public void Shoot()
{
    ......
    //发射
    Vector3 pos = gun.position + gun.forward*5;
    GameObject bulletObj = (GameObject)Instantiate(bullet, pos, gun.rotation);
    Bullet bulletCmp = bulletObj.GetComponent<Bullet>();
    if (bulletCmp != null)
        bulletCmp.attackTank = this.gameObject;

    lastShootTime = Time.time;
}
```

3.5.2 谁被击中

坦克被击中时,需要知道它是被哪辆坦克击中的,以便进行后续处理。修改 Tank 类的 BeAttacked 方法,使它接受攻击者的参数 attackTank。最后调用攻击者的 StartDrawKill 方法弹出击中提示(稍后会实现),代码如下。

```
//被攻击
public void BeAttacked(float att, GameObject attackTank)
```

```
    {
        ......
        if (hp <= 0)
        {
            GameObject destoryObj = (GameObject)Instantiate(destoryEffect);
            destoryObj.transform.SetParent(transform, false);
            destoryObj.transform.localPosition = Vector3.zero;
            ctrlType = CtrlType.none;
            //显示击杀提示
            if(attackTank != null )
            {
                Tank tankCmp = attackTank.GetComponent<Tank>();
                if(tankCmp != null && tankCmp.ctrlType == CtrlType.player)
                    tankCmp.StartDrawKill();
            }
        }
    }
```

同时修改 Bullet 类的 OnCollisionEnter 方法，将 attackTank 赋值给 BeAttacked，代码如下。

```
//碰撞
void OnCollisionEnter(Collision collisionInfo)
{
    //打到自身
    if (collisionInfo.gameObject == attackTank)
        return;
    ......
    if (tank != null)
    {
        float att = GetAtt();
        tank.BeAttacked(att, attackTank);
    ......
```

经过上述几处修改后，坦克被击中时，它能够知道是被哪辆坦克发射的炮弹击中的。

3.5.3 显示击杀提示

下面实现的功能是在摧毁敌人后，屏幕上方弹出击杀图标，一小段时间之后，击杀图标会自动消失。击杀图标的素材如图 3-29 所示。

在 Tank 类中添加击杀图标素材 killUI 和击杀图标开始显示

图 3-29　击杀图标

的时间 killUIStartTime，定义 StartDrawKill 给击杀图标开始显示的时间赋值，代码如下。

```
// 击杀提示图标
public Texture2D killUI;
// 击杀图标开始显示的时间
private float killUIStartTime = float.MinValue;
// 显示击杀图标
public void StartDrawKill()
{
    killUIStartTime = Time.time;
}
```

> 记得在属性面板（Inspector）中给它赋值
>
> 用于实现"一小段时间之后自动消失"的功能

在 Tank 类中定义绘制击杀图标的方法 DrawKillUI。若"当前时间"距离"图标开始显示的时间"小于 1 秒（Time.time - killUIStartTime < 1f），则调用 GUI.DrawTexture 绘制它。最后在 OnGUI 方法中调用 DrawKillUI，代码如下。

```
// 绘制击杀图标
private void DrawKillUI()
{
    if (Time.time - killUIStartTime < 1f)
    {
        Rect rect = new Rect(Screen.width / 2 - killUI.width / 2, 30,
                            killUI.width, killUI.height);
        GUI.DrawTexture(rect, killUI);
    }
}
```

完成后运行游戏，击杀敌人，即可看到显示在屏幕上方的击杀图标（如图 3-30 所示）。

图 3-30　击杀图标

3.6 炮弹的音效

通常，坦克发射炮弹时会发出声音，炮弹爆炸时也会发出声音。那么，这些音效又是如何制作的呢，下面一起来看看。

3.6.1 发射音效

在 Tank 类中添加发射炮弹的音源 shootAudioSource 和发射音效 shootClip，音效的相关知识点请参见 1.7 节和 2.7 节，这里不再叙述，代码如下。

```
//发射炮弹音源
public AudioSource shootAudioSource;
//发射音效
public AudioClip shootClip;
```

然后，在 Start 中初始化音源，代码如下。

```
public void Start()
{
    ……
    //发射音源
    shootAudioSource = gameObject.AddComponent<AudioSource>();
    shootAudioSource.spatialBlend = 1;
}
```

导入音效素材（如图 3-31 所示），在 Inspector 面板中给 shootClip 赋值。

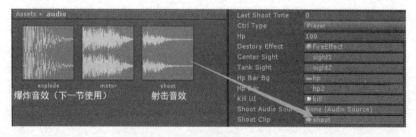

图 3-31　导入素材并给变量赋值

接着修改 Tank 类的 Shoot 方法，使得游戏在发射炮弹时播放音效。运行游戏，即可听到发射炮弹的声音，代码如下。

```
public void Shoot()
```

```
{
    ……// 发射间隔
    ……// 子弹
    ……// 发射
    shootAudioSource.PlayOneShot(shootClip);
}
```

运行游戏，在发射炮弹时即可听到音效。

3.6.2 爆炸音效

在 Bullet 类中添加爆炸音效 explodeClip，并在 Inspector 面板中给它赋值（如图 3-32 所示），代码如下。

```
// 爆炸音效
public AudioClip explodeClip;
```

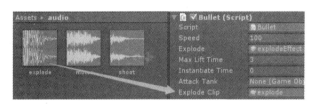

图 3-32　给 explodeClip 赋值

由于炮弹爆炸后会调用 Destroy 销毁自身，而如果音源在炮弹身上，销毁炮弹的同时也会销毁音源，致使声音停止，因此改在爆炸效果上添加 AudioSource 组件。对 Bullet 类 OnCollisionEnter 方法的修改代码如下所示。

```
// 碰撞
void OnCollisionEnter(Collision collisionInfo)
{
    ……// 打到自身
    // 爆炸效果
    GameObject explodeObj = (GameObject)Instantiate(explode, transform.position, transform.rotation);
    // 爆炸音效
    AudioSource audioSource = explodeObj.AddComponent<AudioSource>();
    audioSource.spatialBlend = 1;
    audioSource.PlayOneShot(explodeClip);
    ……// 摧毁自身
    ……// 击中坦克
}
```

运行游戏，即可听到爆炸音效（音源的位置如图 3-33 所示）。

图 3-33　音源的位置

本章让坦克不仅仅能够正常行驶，还能开炮攻击敌人。然而敌人怎么可能傻傻地P、被你打，它也会主动出击。请学习第 4 章——人工智能。

第 4 章

人工智能

游戏中除了有玩家操控的坦克,还有电脑操控的坦克,这便涉及了人工智能。有人认为人工智能是高深莫测的领域,因为涉及的技术非常多,常用的算法就有好多种,包括有限状态机、模糊逻辑、决策树、专家系统、神经网络和遗传等,更涉及大数据、机器学习等领域。这技术虽然高深但也并非遥不可及,游戏中的人工智能设计其实遵循着一定的规律。

4.1 基于有限状态机的人工智能

分层有限状态机是决策领域的常用技术,也是游戏业界实现人工智能的传统方法。本节将先介绍状态机的概念,再以坦克游戏为例,介绍状态机与人工智能的关系。

4.1.1 有限状态机

有限状态机是指有限个状态以及在这些状态之间转移和动作的数学模型,现在以我们熟悉的情景为例来说明它,假定由电脑操控的坦克会有如下行为。

1）坦克会在场景中巡逻。

2）若坦克发现敌人，则靠近敌人并向敌人射击。

3）若 hp 降低到一定程度，则设法逃跑。

根据上述行为，可以设计如图 4-1 所示的状态转换图。坦克有巡逻、进攻和逃跑三种状态，巡逻状态下，如果发现了敌人（敌人出现在坦克的视角范围内）则会变成进攻状态；在进攻状态下，如果丢失了目标（目标被摧毁或离开视角范围）则会回到巡逻状态；交战过程中，如果坦克的 hp 值小于指定值，则逃跑，直到远离目标继续巡逻。

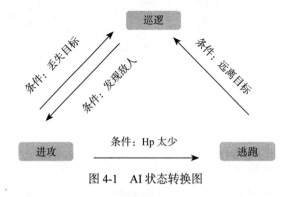

图 4-1　AI 状态转换图

如果不考虑设计模式，状态机可以简单地用 ifelse 语句来实现。有限状态机的特点是输出（转换的状态）只由当前状态和输入（满足的条件）来确定，有着很明确的逻辑关系。代码结构如下所示。

```
void Update()
{
    target = 搜寻目标();

    if( 坦克状态 == 巡逻 )
    {
        if(target != null) 坦克状态 = 进攻;
        else 处理巡逻状态();
    }
    else if( 坦克状态 == 进攻 )
    {
        if(target == null) 坦克状态 = 巡逻;
        else if(tank.hp < 30) 坦克状态 = 逃跑;
        else 处理进攻状态();
    }
    else if( 坦克状态 == 逃跑 )
    {
```

```
            if(target == null || 远离(target)) 坦克
状态 = 巡逻;
            else 处理逃跑状态();
    }
}
```

4.1.2 分层有限状态机

上述状态机定义了坦克巡逻、进攻和逃跑三项策略，并规定了切换策略的条件。然而状态机并没有告诉坦克在各种状态下应该做什么事情，比如：巡逻状态下怎样走到指定的位置，进攻状态下又该怎样靠近敌人，炮塔如何瞄准对手等，这便涉及了第二层状态机。以进攻状态为例，坦克要处理移动和开炮两件事情。

1）移动到敌人面前。

2）炮塔对准敌人并适时开炮。

单看"移动"这一项，至少会涉及"未到达目的地"和"到达目的地"两种状态。若坦克处于"未到达"状态，它将继续前行，直到靠近目的地切换为"到达目的地"状态为止。"开炮"一项也至少会涉及"未对准"和"对准"两种状态，如果坦克处于"未对准"状态，炮塔将朝着敌人方向旋转，直到对准敌人切换为"对准"状态为止；若坦克处于"对准"状态，它将不断发射炮弹。当敌人的位置发生变化时，坦克将再次切换成"未对准"状态。图4-2展现了进攻状态下的第二层状态机。

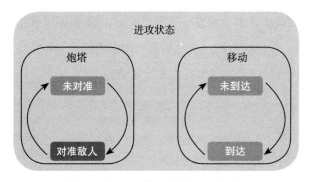

图 4-2 进攻状态下的第二层状态机

如同进攻状态，巡逻和逃跑也对应着"炮塔状态机"和"移动状态机"两种情形（如图4-3所示）。每一层状态机相互独立，负责自己的功能。例如，当坦克处于进攻状态时,"处理进攻状态的方法"只需告知"移动状态机"目的地的坐标即可,至于怎样移动到目的地则由"移动状态机"全权负责。

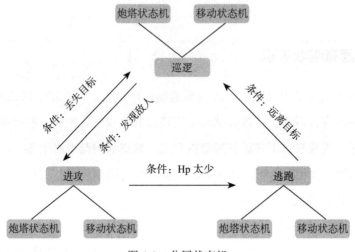

图 4-3 分层状态机

基于上述的两层状态机,就可以实现简单的敌人 AI 了。接下来逐步攻克各种关键问题,实现敌人的自动控制。

4.2 程序结构

坦克的人工智能会涉及多个状态(巡逻、攻击),需要编写程序管理它们。本节实现 AI 类的基本框架,包括状态的定义、状态处理方法的定义和状态的转换接口。后续只需在框架中填入代码,即可实现坦克的人工智能。

4.2.1 AI 类的结构

依据 4.1 节的说明,可建立名为 AI.cs 的文件编写 AI 类,代码如下所示。

```
using UnityEngine;
using System.Collections;

public class AI : MonoBehaviour
{
```

```
        // 所控制的坦克
    public Tank tank;

        // 状态枚举
    public enum Status
    {
        Patrol,
        Attack,
    }
    private Status status = Status.Patrol;
    // 更改状态
    public void ChangeStatus(Status status)
    {
        if (status == Status.Patrol)
            PatrolStart();
        else if (status == Status.Attack)
            AttackStart();
    }

        // 状态处理
    void Update ()
    {
        if (tank.ctrlType != Tank.CtrlType.computer)
            return;

        if (status == Status.Patrol)
            PatrolUpdate();
        else if (status == Status.Attack)
            AttackUpdate();
    }
}
```

状态机的两种状态。由于篇幅关系，这里只使用巡逻和攻击两种状态

定义当前状态，默认为巡逻

更改状态的方法，更改状态时会调用相应状态的 Start 方法（PatrolStart、AttackStart），做一些初始化工作

状态处理，每帧执行一次，调用相关状态的 Update 方法（PatrolUpdate、AttackUpdate）

PatrolStart 和 AttackStart 是初始化状态的方法，PatrolUpdate 和 AttackUpdate 是处理状态的方法。这里先定义它们，后续再编写各个方法的内容，代码如下。

```
// 巡逻开始
void PatrolStart()
{
}

// 攻击开始
void AttackStart()
{
}

// 巡逻中
void PatrolUpdate()
```

```
{
}

// 攻击中
void AttackUpdate()
{
}
```

4.2.2 在 Tank 中调用

有了 AI 类后,还要让它和坦克产生联系。在 Tank 类中添加刚刚创建的 AI 类型变量 ai,并在 Start() 中给坦克添加 AI 组件,代码如下。

```
// 人工智能
private AI ai;

void Start()
{
    ......
        // 人工智能
        if (ctrlType == CtrlType.computer)
        {
            ai = gameObject.AddComponent<AI>();
            ai.tank = this;
        }
}
```

游戏运行后,便能够在坦克模型的属性面板上看到如图 4-4 所示的 AI 组件。

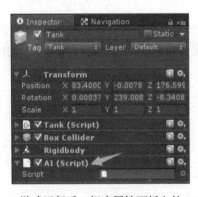

图 4-4　游戏运行后,坦克属性面板上的 AI 组件

后续便可以在 Tank 类中调用 ai.XXX,实现坦克的电脑操控。

4.3 搜寻目标

4.3.1 搜寻规则

搜寻目标指的是寻找视野范围内的敌方坦克，又分为主动搜寻和被动搜寻。该过程遵循如下的规则。

1. 主动搜寻

1）若坦克尚未锁定目标，每隔一段固定的时间便会执行一次搜寻任务。设置间隔时间是为了减少 AI 的计算量，也模拟了驾驶员的反应时间。

2）坦克会选择视野范围内 hp 最少的敌人作为攻击目标。

2. 被动搜寻

若坦克受到攻击，那么它会将攻击方作为目标。

3. 放弃目标

若坦克锁定了目标，当目标被摧毁或逃离坦克视野范围的时候，就会放弃目标。

4.3.2 坦克标签

为了快速遍历场景中的坦克，可将场景中所有坦克的 Tag 设置为 Tank（点击菜单栏的 Edit → Project Settings → Tags & Layers，在 Tags 项中新建名为 Tank 的标记，然后修改坦克模型的 Tag 属性，如图 4-5 所示）。用 Tag 区分游戏对象后，即可使用 GameObject.FindGameObjectsWithTag（标签名）遍历指定标签的游戏对象。

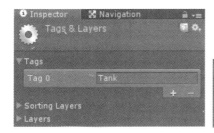
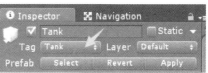

图 4-5　添加 Tank 标签，并设置坦克标签

表 4-1 总结了查找、遍历游戏物体的常用方法，这些方法在后续都将会用到。

表 4-1 查找、遍历游戏物体的常用方法及说明

方法	说明
GameObject.Find（名字）	根据名字查找场景中的物体，例如： GameObject obj = GameObject.Find("TheTank");
GameObject.FindGameObjectWithTag（标签）	根据标签查找场景中的物体，例如： GameObject obj; obj = GameObject.FindGameObjectWithTag("Tank");
GameObject.FindGameObjectsWithTag（标签）	获取场景中所有指定标签的物体，例如： GameObject[] objs; objs = GameObject.FindGameObjectsWithTag("Tank");
transform.Find（子物体名）	查找子物体 Transform trans = transform.Find("Wheels");
transform.FindChild（子物体名）	查找子物体。transform.Find 的老版本，功能相同。Unity3D 官方已经用 Transform.Find 取代了它，Transform.FindChid 属于即将被淘汰的用法。例如： Transform trans = transform.FindChild(子物体名);
transform.GetChild（索引）	根据索引查找子物体，例如： Transform trans = transform.GetChild(0);

4.3.3 主动搜寻算法

主动搜寻是指自动搜索视野范围内的敌人，首先要定义视野范围大小、搜寻时间间隔等参数。然后判断搜寻任务的执行条件，最后编写搜索逻辑。

1．参数定义

在 AI 类中添加 4 个变量处理搜寻目标的功能。其中 target 代表锁定的敌人，如果 target 为 null，即代表尚未锁定敌人，需要执行搜寻任务。sightDistance 代表坦克的视野范围，只有在视野范围内的坦克才能被"看见"，lastSearchTargetTime 和 searchTargetInterval 控制搜寻频率。下面的代码将会使用 if(Time.time-lastSearchTargetTime > searchTargetInterval) 来判断是否开启搜寻。

```
// 锁定的坦克
private GameObject target;
// 视野范围
private float sightDistance = 30;
// 上一次搜寻时间
private float lastSearchTargetTime = 0;
// 搜寻间隔
private float searchTargetInterval = 3;
```

2. 执行条件

在 AI 类中编写 TargetUpdate 方法，它会根据搜寻的间隔时间判断是否要进行一次搜寻，每次搜寻又分为两种情况，如果此时已经有目标，则需要判断目标是否丢失；如果此时没有目标，则调用 NoTarget() 搜寻目标，代码如下。

```
//搜寻目标
void TargetUpdate()
{
    //cd 时间
    float interval = Time.time - lastSearchTargetTime;
    if (interval < searchTargetInterval)
        return;
    lastSearchTargetTime = Time.time;

    // 已有目标的情况，判断是否丢失目标
    if (target != null)
        HasTarget();
    else
        NoTarget();
}
```

然后在 Update 方法中调用它，使 TargetUpdate 每帧执行一次。

3. 搜索逻辑

已有目标的情况下，判断目标是否死亡，或者是否距离过远。如果条件满足，则设置 target 为空。HasTarget 方法的代码如下。

```
// 已有目标的情况，判断是否丢失目标
void HasTarget()
{
    Tank targetTank = target.GetComponent<Tank>();
    Vector3 pos = transform.position;
    Vector3 targetPos = target.transform.position;

    if (targetTank.ctrlType == Tank.CtrlType.none)
    {
        Debug.Log(" 目标死亡，丢失目标 ");
        target = null;
    }
    else if (Vector3.Distance(pos, targetPos)
> sightDistance)
    {
        Debug.Log(" 距离过远，丢失目标 ");
        target = null;
    }
}
```

> Vector3.Distance 是计算两个点之间的距离

没有目标的情况，使用 FindGameObjectsWithTag 获取场景中的所有坦克。然后根据坦克的状态（是否死亡）、距离、生命值等条件选取合适的目标。NoTarget 方法将会寻找视野范围内生命值最小的敌人，代码如下。

```csharp
// 没有目标的情况，搜索视野中的坦克
void NoTarget()
{
    // 最小生命值
    float minHp = float.MaxValue;
    // 遍历所有坦克
    GameObject[] targets = GameObject.FindGameObjectsWithTag("Tank");
    for (int i = 0; i < targets.Length; i++)
    {
        //Tank 组件
        Tank tank = targets[i].GetComponent<Tank>();
        if (tank == null)
            continue;
        // 自己
        if (targets[i] == gameObject)
            continue;
        // 死亡
        if (tank.ctrlType == Tank.CtrlType.none)
            continue;
        // 判断距离
        Vector3 pos = transform.position;
        Vector3 targetPos = targets[i].transform.position;
        if (Vector3.Distance(pos, targetPos) > sightDistance)
            continue;
        // 判断生命值
        if (minHp > tank.hp)
        {
            target = tank.gameObject;
            minHp = tank.hp;
        }
    }
    // 调试
    if(target != null)
        Debug.Log(" 获取目标 " + target.name);
}
```

4.3.4 被动搜寻算法

当坦克被攻击之时，它会将攻击者作为目标，这种做法源于大部分游戏都有的仇恨值设计。在 AI 类中添加 OnAttecked 方法，代码如下。

```csharp
// 被攻击
public void OnAttecked(GameObject attackTank)
{
```

```
        target = attackTank;
}
```

在 Tank 类的 BeAttacked 方法中调用 AI 对象的 OnAttecked 方法。当坦克受到攻击时，OnAttecked 方法将被调用，以处理"仇恨"，代码如下：

```
// 被攻击
public void BeAttacked(float att, GameObject attackTank)
{
    ......
    if (hp > 0)
    {
        ......
        //AI 处理
        if (ai != null)
        {
            ai.OnAttecked(attackTank);
        }
    }
}
```

4.3.5 调试

将场景中另一辆坦克的 ctrlType 设置为 Computer，然后运行游戏。当靠近敌人时，Console 面板将显示获取目标的信息；远离敌人时，Console 面板将显示丢失目标的信息（如图 4-6 所示）。

图 4-6 获取目标与丢失目标

4.4 向敌人开炮

锁定目标后，炮塔会往敌人的方向转动，在对准敌人之后就会开炮。AI 坦克开炮的首要问题便是：坦克通过什么方式获取 AI 的操作。

4.4.1 电脑控制的方式

回想 Tank 类的 PlayerCtrl 方法，它负责处理玩家的操作，AI 操作也能用类似的方法来实现。我们可以模仿 PlayerCtrl 编写电脑操控坦克的 CombuterCtrl 和无人操控的 NoneCtrl 两个方法。首先是 CombuterCtrl 方法，代码如下。

```
//电脑控制
public void CombuterCtrl()
{
    if (ctrlType != CtrlType.computer)
        return;

    //炮塔目标角度
    Vector3 rot = ai.GetTurretTarget();
    turretRotTarget = rot.y;
    turretRollTarget = rot.x;
}
```

> 由 AI 获取炮塔和炮管的目标角度，稍后将在 AI 类中实现

以下是 NoneCtrl 方法。

```
//无人控制
public void NoneCtrl()
{
    if (ctrlType != CtrlType.none)
        return;
    motor = 0;
    steering = 0;
    brakeTorque = maxBrakeTorque / 2;
}
```

> 无人控制（对应于坦克被摧毁），马力和旋转角为 0，有一定的制动，炮塔维持原来的状态

然后在 Tank 类的 Update 方法中调用它们，代码如下。

```
void Update()
{
    //操控
    PlayerCtrl();
    CombuterCtrl();
```

```
    NoneCtrl();
......
```

4.4.2 炮塔炮管的目标角度

在 AI 类中编写指定炮塔目标角度的方法 GetTurretTarget，如果坦克尚未锁定目标，那么炮塔将朝着坦克的正方向转去；如果锁定了目标，那么炮塔将朝着目标的方向转去，代码如下。

```
// 获取炮管和炮塔的目标角度
public Vector3 GetTurretTarget()
{
    // 没有目标，朝着则炮塔坦克前方
    if (target == null)
    {
        float y = transform.eulerAngles.y;
        Vector3 rot = new Vector3(0, y, 0);
        return rot;
    }
    // 有目标，则对准目标
    else
    {
        Vector3 pos = transform.position;
        Vector3 targetPos = target.transform.position;
        Vector3 vec = targetPos - pos;
        return Quaternion.LookRotation(vec).eulerAngles;
    }
}
```

- 坦克的正方向
- 炮塔角度为 y，炮管角度为 0
- Quaternion.LookRotation 方法参见 3.3.2 节

4.4.3 调试程序

在场景中添加另一辆坦克，将 CtrlType 设为 computer。为了能够更好地区分不同阵营中的坦克，可以新建（或复制）几个材质，然后给它们设置不同于之前的贴图，再替换坦克各个部件的材质（如图 4-7 所示，配套资源提供了两套贴图，可以直接使用）。

运行游戏，在玩家坦克进入 AI 坦克的视野范围后，AI 坦克的炮塔朝着玩家坦克转动；当玩家坦克远离 AI 坦克，AI 坦克的炮塔回到正方向（如图 4-8 所示）。

图 4-7　使用不同材质的坦克

图 4-8　AI 坦克的炮塔朝着玩家坦克转动，注意炮管的方向

4.4.4　开炮

在 AI 类中定义 IsShoot 方法，它将指示 AI 坦克此时该不该开炮。如果炮管瞄准了玩家（方向相差在 30° 以内），那么该方法返回 true，代码如下。

```
// 是否发射炮弹
public bool IsShoot()
{
    if (target == null)
```

```
        return false;

    // 目标角度差
    float turretRoll = tank.turret.
eulerAngles.y;
    float angle = turretRoll -
GetTurretTarget().y;
    if (angle < 0) angle += 360;
    //30 度以内发射炮弹
    if (angle < 30 || angle > 330)
        return true;
    else
        return false;
}
```

— 获取炮塔旋转的角度与目标角度之间的差值

— 如果炮管瞄准了玩家,那么自然应该开炮了

在 Tank 类的 CombuterCtrl 方法中调用 IsShoot,根据 IsShoot 的返回值判断 AI 坦克是否应该开炮,如果 IsShoot 返回 true,则调用 Shoot 方法发射一颗炮弹,代码如下。

```
// 电脑控制
public void CombuterCtrl()
{
    ......
    // 发射炮弹
    if (ai.IsShoot())
        Shoot();
}
```

现在可要小心了,敌人可是很厉害的,因为它瞄得很准,图 4-9 便是作者的坦克被击毁的惨状。读者可以尝试给 GetTurretTarget 添加随机误差来降低 AI 的强度。

图 4-9 玩家坦克被 AI 坦克摧毁

4.5 走向目的地

完成炮塔状态机（尽管代码中没有明确指出状态的转换流程），接下来便是本章的重点部分——移动状态机。本节将实现手动设置一条路径，让坦克沿着该路径移动的功能。为帮助坦克寻路，需要定义路点（Waypoint）和路径（Path）两个类。

4.5.1 路点

如图 4-10 所示，坦克要从 A 点走到 C 点，因为中间隔着障碍物，它必须折线行驶，即坦克先从 A 点走到 B 点再走到 C 点。我们把诸如 A 点、B 点、C 点这样的指示位置的点称为路点，把多个路点的有序集合称为路径。路点指代一个三维坐标，可以使用 Vector3 类型的变量表示。

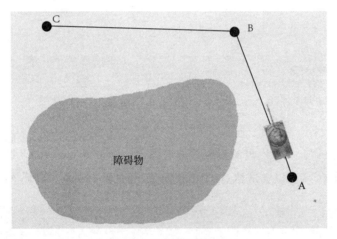

图 4-10　路点和路径

4.5.2 路径

路径是路点的有序集合，新建文件 Path.cs，定义路径类 Path，代码如下所示。

```
using UnityEngine;
using System.Collections;
```

```csharp
public class Path
{
    // 所有路点
    public Vector3[] waypoints;        // （1）路点的有序集合
    // 当前路点索引
    public int index = -1;             // （2）坦克的下一个目标点
    // 当前的路点
    public Vector3 waypoint;
    // 是否循环
    bool isLoop = false;               // （3）是否是循环路径
    // 到达误差
    public float deviation = 5;        // （4）用于判断坦克是否到达目的地
    // 是否完成
    public bool isFinish = false;      // （5）是否走完了整条路径

    // 是否到达目的地
    public bool IsReach(Transform trans)   // （4）根据坦克与路点的距离，判断坦克是否到达了路点
    {
        Vector3 pos = trans.position;
        float distance = Vector3.Distance(waypoint, pos);
        return distance < deviation;
    }

    // 下一个路点
    public void NextWaypoint()
    {
        if (index < 0)
            return;

        if (index < waypoints.Length - 1)
        {
            index++;
        }
        else
        {
            if (isLoop)
                index = 0;
            else
                isFinish = true;
        }
        waypoint = waypoints[index];
    }
}
```

坦克到达路点后，它要往下一个路点走去。若坦克到达最后一个路点，需要判断 isLoop，如果是循环路径，下一个路点就是第一个路点；如果不是，则标记 isFinish

代码右边的序号对应的解释如下。

1）Path 包含 Vector3[] 类型的数组 waypoints，表示它所包含的所有路点。

2）坦克"沿着"路径移动，它需要知道当前要移动到哪一个路点。定义 index 和

waypoint 表示当前的路点索引和路点，比如 index 等于 0 时，坦克要朝着第一个路点行进。

3）路径分为循环路径和非循环路径，定义 isLoop 判断该路径是否循环（如图 4-11 所示）。

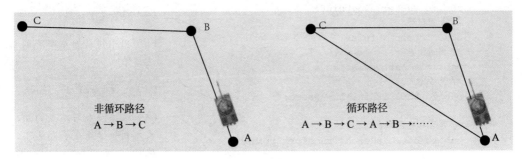

图 4-11　循环路径和非循环路径

4）坦克的旋转半径不为 0，有时难以压住路点。定义 deviation 表示可以接受的误差，只要坦克开到路点附近，就算到达目标位置（如图 4-12 所示）。

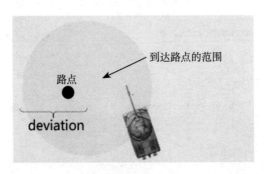

图 4-12　到达路点

5）定义 isFinish 判断坦克是否走完了整条路径，该变量只对非循环路径有效。如图 4-11 的 A→B→C 路径中，坦克经过 B 点不需要减速（因为它还要继续前行），坦克到达 C 点后，它需要刹车停下。坦克可以通过 isFinish 来判断是否应该刹车。

4.5.3　根据场景标志物生成路径

这里先给出一种"根据场景标识物生成路径"的方法，然后完成"坦克沿着路径行进"的功能，4.5.4 节再探讨如何自动生成一条能够避开障碍物的路径。

本节介绍的这种方法将遍历指定物体的子物体，将子物体的坐标视为路点坐标。在 Path 类中定义如下的 InitByObj 方法，它接收两个参数，第一个参数 obj 是路点容器（父物体），第二个参数 isLoop 指明是否生成循环路径，代码如下。

```
// 根据场景标识物生成路点
    public void InitByObj(GameObject obj, bool isLoop = false)
    {
        int length = obj.transform.childCount;
        // 没有子物体
        if(length == 0)
        {
            waypoints = null;
            index = -1;
            Debug.LogWarning("Path.InitByObj length == 0");
            return;
        }
        // 遍历子物体生成路点
        waypoints = new Vector3[length];
        for (int i=0; i< length; i++)
        {
            Transform trans = obj.transform.GetChild(i);
            waypoints[i] = trans.position;
        }
        // 设置一些参数
        index = 0;
        waypoint = waypoints[index];
        this.isLoop = isLoop;
        isFinish = false;
    }
```

- 如果没有子物体，那便不存在构建路径这回事了
- 定义路点数组
- 遍历子物体，给路点赋值
- 将第一个路点设置为"当前路点"
- 循环路径的标识

4.5.4 给 AI 指定路径

为了创建路径，在场景中新建名为 WaypointContainer 的空物体。WaypointContainer 包含 wp1、wp2 和 wp3 三个路点标识物（以方块作为标识物，为避免坦克撞上方块，需要删去方块的 collider 组件），如图 4-13 所示。

在 AI 类中添加名为 path 的路径，编写初始化路径的方法 InitWaypoint，并在 AI 类的 Start() 中调用它，代码如下。

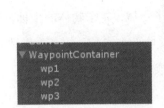 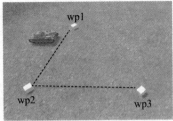

图 4-13 路点标识物

```
// 路径
private Path path = new Path();

// 初始化路点
void InitWaypoint()
{
    GameObject obj = GameObject.Find("WaypointContainer");
    if (obj)
        path.InitByObj(obj);
}

void Start()
{
    InitWaypoint();
}
```

接着在 AI 类的 Update 方法中判断坦克是否到达目的地，若达到目的地则设置下一个路点，代码如下。

```
void Update ()
{
    ......
    // 行走
    if (path.IsReach(transform))
    {
        path.NextWaypoint();
    }
    ......
}
```

4.5.5 操控坦克

现在只要适当地调整发动机的马力和轮子的转向角，坦克便能向着指定的地点走去了。

Transform.TransformPoint 是变换坐标的方法，它可以把世界坐标系的坐标转换成自身坐标系的坐标，Transform.InverseTransformPoint 是获取 Transform.TransformPoint 相反方向的向量。在图 4-14 中，坦克的坐标是（100，0，50），路点的坐标是（80，0，60），那么通过 InverseTransformPoint 将会获得（-20，0，10）的向量。

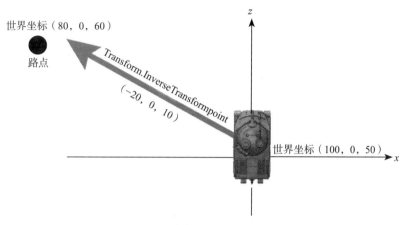

图 4-14 自身坐标系的坐标变换

如果坦克有一定的旋转角度，那么转换后的坐标系也是以坦克正方向为 z 轴。在图 4-15 中，坦克坐标是（100，10，100），绕 y 轴旋转 135 度，路点坐标是（114，8，114），通过 InverseTransformPoint 方法将得到约等于（0，-2，10）的向量。

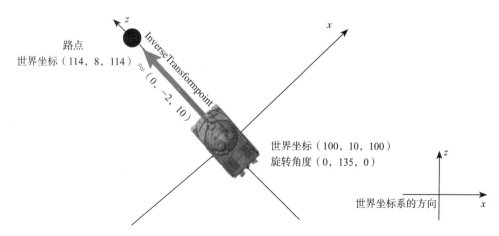

图 4-15 有旋转角度的自身坐标系变换

如果目标点在坦克的左边，那么坦克会向左转向，在右边则向右转向。在 AI 类中编写操控转向角的 GetSteering 方法，它通过 InverseTransformPoint.x 判断坦克应该向左转还是向右转，或者直行，如图 4-16 所示。

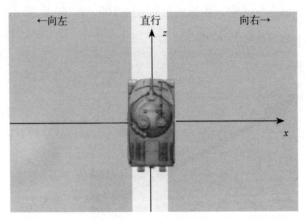

图 4-16 根据 InverseTransformPoint.x 判断坦克应该向左转、向右转或直行

相关代码如下。

```
// 获取转向角
public float GetSteering()
{
    if (tank == null)
        return 0;

    Vector3 itp = transform.InverseTransformPoint(path.waypoint);
    if (itp.x > path.deviation / 5)
        return tank.maxSteeringAngle;
    else if (itp.x < -path.deviation / 5)
        return -tank.maxSteeringAngle;
    else
        return 0;
}
```

路点相对于坦克的坐标

右转，path.deviation / 5 为粗略取值，读者可以自行修改←左转

左转

直行

如果目标点在坦克的前面，那么坦克应该前进；如果目标点在坦克后面，那么坦克应该后退。但如果仅仅把 z=0 作为分界线，当目标点靠近 x 轴时，坦克将会前后徘徊，无法到达目标点。因此要定义一个后退区域，目标点在坦克的正后方时，坦克才会后退（如图 4-17 所示）。

相关代码如下。

// 获取马力

```
public float GetMotor()
{
    if (tank == null)
        return 0;

    Vector3 itp = transform.InverseTransformPoint(path.waypoint);
    float x = itp.x;
    float z = itp.z;
    float r = 6;                                          // r为后退区域的宽度

    if (z < 0 && Mathf.Abs(x) < -z && Mathf.Abs(x) < r)   // 计算后退区域
        return -tank.maxMotorTorque;                      // 后退
    else
        return tank.maxMotorTorque;                       // 前进
}
```

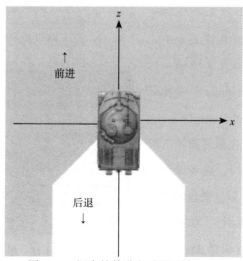

图 4-17 坦克的前进和后退区域

如果坦克到达目的地（即走完一条路径），那么它需要刹车停，代码如下。

```
// 获取刹车
public float GetBrakeTorque()
{
    if (path.isFinish)
        return tank.maxMotorTorque;    // 走完路径，刹车
    else
        return 0;                       // 未走完，不刹车
}
```

完成 GetSteering、GetMotor 和 GetBrakeTorque 方法后，在 Tank 类 CombuterCtrl

方法中调用它们。现在 CombuterCtrl 方法和 PlayerCtrl 方法很相似，都是通过"输入"改变 steering、motor、brakeTorque、turretRotTarget 和 turretRollTarget 这 5 个参数，代码如下。

```
public void CombuterCtrl()
{
    ......
    // 移动
    steering = ai.GetSteering();
    motor = ai.GetMotor();
    brakeTorque = ai.GetBrakeTorque();
}
```

4.5.6 调试程序

前面已经在场景中创建了 wp1、wp2 和 wp3 三个路点标志物，运行游戏，便能够看到坦克寻路的过程（如图 4-18 所示）。还可以尝试将 InitWaypoint 中的 path.InitByObj(obj) 改成 path.InitByObj(obj, true)，看看坦克行走在循环路径上的效果（如图 4-19 所示）。或者设置一些复杂的路径，看看坦克绕过障碍物的效果（如图 4-20 所示）。如果移动效果不满意，可通过调整 deviation、GetMotor.r 等数值，来达到满意的行走效果。

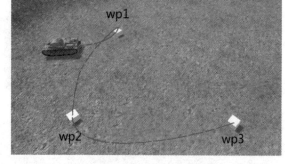

图 4-18　坦克依次经过路点

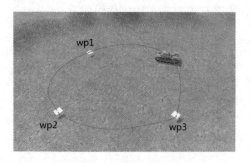

图 4-19　坦克经过循环路径

图 4-20　设置路点使坦克绕过障碍物

4.6 使用 NavMesh 计算路径

现在坦克能够沿着路径行驶了，那么如何自动生成一条绕过障碍物的路径呢？Unity3D 内置了寻路插件 Navmesh，它采用的是现行 3D 游戏主流 Nav 寻路方式。

4.6.1 NavMesh 的原理

设想在图 4-21 所示的地形中，坦克要从 A 点走到 B 点。

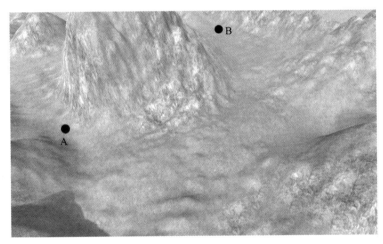

图 4-21 在如图所示的地形中，坦克要从 A 点走到 B 点

如果能够自动生成如图 4-22 所示的导航图，且导航图中每个面的任意两点都能直线连通，便可以计算出一条路径。在图 4-22 中点 A 在 p0、p1、p17 和 p18 组成的面中，坦克从 A 点走到这个面的任意一点都不受阻碍。使用 A* 等算法可以得到一条诸如 A → p17 → p2 → p3 → p4 → p5 → p6 → p7 → B 的路径。产生导航图和计算路径这两项是 NavMesh 插件的主要功能。

4.6.2 生成导航图

点击 Window → Navigation 打开寻路面板，寻路面板上有 Object、Bake 和 Areas 这 3 个选项（如图 4-23 所示），可用来生成导航图。

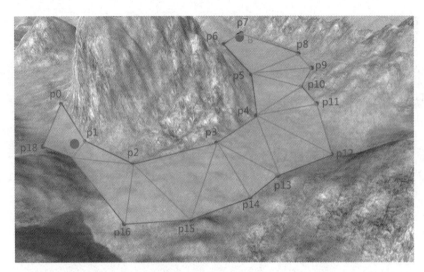

图 4-22 导航图示例

首先在 Object 选项中设置场景中每个对象的烘焙属性。Scene Filter 是过滤器，它会根据所选择的项在层次面板中隐藏一部分物体。All 是全部显示；Mesh Renderers 是只显示可渲染的网格物体；Terrains 只显示地形。Navigation Static 指明物体是静态的还是动态的，只有勾选了这个选项的物体才会被导航图所考虑。Generate OffMeshLinks 指明物体是否根据高度、可跳跃宽带等信息自动生成 OffMeshLink。Navigation Area 指明物体对应于导航图的什么区域，默认有三个选项，可行走的（Walkable）、不可行走的（Not Walkable）和可跳跃的（Jump）。在坦克游戏中，选择地形，然后设置为静态（Navigation Static）形式。

图 4-24 所示的 Bake 选项卡所对应的参数见表 4-2。

图 4-23 寻路面板

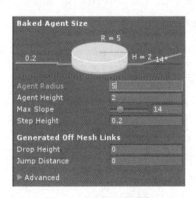

图 4-24 Bake 选项卡

表 4-2 Bake 选项卡的参数及说明

参数	说明
Radius 半径	Npc 的半径
Height 高度	Npc 的高度
Max Slope 最大坡度	把斜坡过大的区域设为不可行走
Step height 台阶高度	高度差低于台阶高度，可以跨过去
Drop height 下落高度	如果相邻导航网格表面的高度差低于此值，则可以跳上/跳下去
Jump distance 跳跃距离	如果相邻导航网格表面的水平距离低于此值，则可以跳过去

对比图 4-25 中的左图（Radius=0.5、Max Slope = 45）和右图（Radius=1、Max Slope = 0），可以清楚地看出 Radius 影响网格与障碍物的距离，Max Slope 影响坡度的判定。

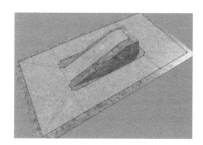 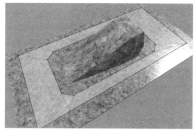

图 4-25 不同参数的导航图对比

设置属性后，点击面板下方的 Bake 按钮即可生成导航图（如图 4-26 所示），如若不满意生成的导航图，则可以重新设置参数或点击 Clear 清除它。

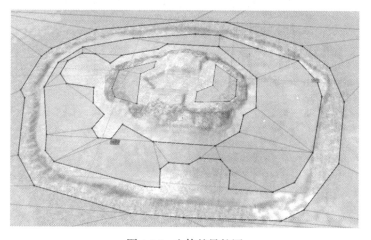

图 4-26 山体的导航图

如果生成的导航图不能让人满意，则可以尝试用立方体、球体等形状拼接成一个如图 4-27 所示的辅助形状，代表地图的可行走区域。然后用这个形状生成导航图。这种做法可以较好地控制导航图的形状，以达到更好的寻路效果。

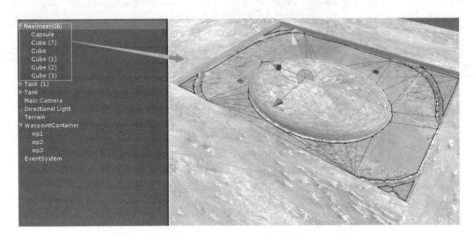

图 4-27　拼接成的辅助形状

4.6.3　生成路径

1. NavMesh.CalculatePath

在拥有导航图的场景中，可以通过 NavMesh.CalculatePath 获取一条路径，该方法带有表 4-3 中所示的 4 个参数，如果成功找到路径，则该方法返回 true，否则返回 false。

表 4-3　CalculatePath 的参数

序号	参数	说明
参数 1	sourcePosition	起始位置
参数 2	targetPosition	目标位置
参数 3	passableMask	只计算某些层
参数 4	path	获取的路径

使用 CalculatePath 方法的示例代码如下。

```
NavMeshPath navPath = new NavMeshPath();
bool hasFoundPath = NavMesh.CalculatePath(pos, targetPos, NavMesh.AllAreas, navPath);
if (!hasFoundPath)
    return;
// 使用路径
int length = navPath.corners.Length;
```

上述代码中的 pos（Vector3 类型）代表起始点；targetPos（Vector3 类型）代表目的

地；NavMesh.AllAreas 代表使用整张导航图；NavMeshPath 是寻路组件的路径类，与 4.5.2 节实现的 Path 类相似。NavMeshPath 类型的 navPath 作为 NavMesh.CalculatePath 的第 4 个参数，计算路径后，这条路径便会保存到 navPath 里面。navPath.corners 是一个 Vector3 类型的数组，保存着路径中的路点，这与 Path 类的 waypoints 是一样的。

如果能够找到一条可行的路径，NavMesh.CalculatePath 将返回 true，否则（比如起始点与目的地之间隔着一条河）返回 false。上述代码将返回值存入 hasFoundPath，如果 hasFoundPath 为 false，则使用 return 退出；如果找到路径，则获取路点的数量。

2．InitByNavMeshPath

在 Path 类中添加名为 InitByNavMeshPath 的方法来实现"基于 NavMesh"的路径初始化。它接收坦克坐标和目的地坐标两个参数，调用 NavMesh.CalculatePath 来生成路径。

```
// 根据导航图初始化路径
public void InitByNavMeshPath(Vector3 pos, Vector3 targetPos)
{
    // 重置
    waypoints = null;
    index = -1;
    // 计算路径
    NavMeshPath navPath = new NavMeshPath();
    bool hasFoundPath = NavMesh.CalculatePath(pos, targetPos, NavMesh.AllAreas, navPath);
    if (!hasFoundPath)
        return;
    // 生成路径
    int length = navPath.corners.Length;
    waypoints = new Vector3[length];
    for (int i = 0; i < length; i++)
        waypoints[i] = navPath.corners[i];

    index = 0;
    waypoint = waypoints[index];
    isFinish = false;
}
```

注释：计算路径；填充自身数据结构；第一个路点

3．调试路径

修改 AI 类的 InitWaypoint 方法，将第一个路点指示物作为目的地，然后调用 InitByNavMeshPath 生成一条从坦克当前位置到目的地的路径，代码如下：

```
// 初始化路点
void InitWaypoint()
{
    GameObject obj = GameObject.Find("WaypointContainer");
    if (obj && obj.transform.GetChild(0) != null)
    {
        Vector3 targetPos = obj.transform.GetChild(0).position;
        path.InitByNavMeshPath(transform.position, targetPos);
    }
}
```

为了便于看清路点的位置，还可以在 Path 类中添加绘制辅助标记的 DrawWaypoints 方法，它将遍历所有路点，然后调用 Gizmos.DrawSphere（绘制球体标记）和 Gizmos.DrawCube（绘制方块标记）绘制标记。

```
// 调试路径
public void DrawWaypoints()
{
    if (waypoints == null)
        return;
    int length = waypoints.Length;
    for (int i = 0; i < length; i++)
    {
        if(i == index)
            Gizmos.DrawSphere (waypoints[i], 1);
        else
            Gizmos.DrawCube(waypoints[i], Vector3.one);
    }
}
```

然后在 AI 类添加的 OnDrawGizmos 方法（和 OnGUI 一样，都是 MonoBehaviour 定义的方法，Gizmos.DrawXXX 必须在 OnDrawGizmos 中才能生效）中调用它，代码如下。

```
void OnDrawGizmos()
{
    path.DrawWaypoints();
}
```

运行游戏，如果起始点和目标点之间隔着障碍物，AI 将会产生一条绕过障碍物的路径（如图 4-28 和图 4-29 所示）。

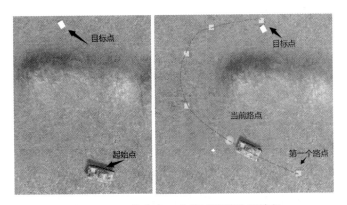

图 4-28　AI 将产生一条绕过障碍物的路径

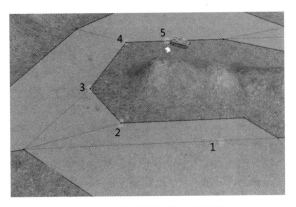

图 4-29　导航图与路点的关系

> **注意**：寻路组件功能很强大，这里仅仅介绍了坦克游戏所涉及的知识。如果想要进一步了解导航组件，请参阅 Unity3D 的官方手册。

http://docs.unity3d.com/Manual/nav-BuildingNavMesh.html

4.7　行为决策

为简单起见，4.2 节只定义了坦克的两种状态。巡逻状态下坦克会随机走向场景中的指定点，进攻状态下坦克会朝着敌人走去。状态转换图如图 4-30 所示。那么在每一种状态下的逻辑是什么？什么时候需要切换状态呢？

图 4-30　坦克的巡逻和进攻两种策略

4.7.1 巡逻状态

巡逻状态下坦克会随机走向场景中指定的点。首要之事便是定义巡逻点，然后编写程序让坦克随机选取一个点，坦克行走过程中还会判断是否到达了巡逻点，到达后重新选取。

1. 定义巡逻点

在 WaypointContainer（4.5.4 节中创建的空物体）中添加多个方块，以这些方块作为巡逻点标识物（如图 4-31 所示）。由于程序只需要读取标志物的坐标，因此需要关闭它们的 Collider 组件，为的是使它们不会影响坦克的物体系统；也可以关闭它们的 MeshRenderer 组件，不让它们显示出来。

图 4-31　指定巡逻点

2. AI 逻辑

在 AI 类中添加两个变量控制路径的更新时间，lastUpdateWaypointTime 代表上一次更新路径的时间，updateWaypointtInterval 代表两次更新路径的时间间隔，代码如下。

```
// 上次更新路径时间
private float lastUpdateWaypointTime = float.MinValue;
// 更新路径 cd
private float updateWaypointtInterval = 10;
```

> 这两个变量控制规划路径的时间间隔

编写如下代码所示的状态机的逻辑。在巡逻状态下，随机选择巡逻点作为目的地。如果到达目的地，再重新选取巡逻点。

```
// 巡逻中
void PatrolUpdate()
{
```

> PatrolUpdate 等方法的含义参见 4.2 节

```
            // 发现敌人
            if (target != null)
                ChangeStatus(Status.Attack);
            // 时间间隔
            float interval = Time.time - 
lastUpdateWaypointTime;
            if (interval < updateWaypointtInterval)
                return;
            lastUpdateWaypointTime = Time.time;
            // 处理巡逻点
            if (path.waypoints == null || path.isFinish)
            {
                GameObject obj = GameObject.
Find("WaypointContainer");
                {
                    int count = obj.transform.childCount;
                    if (count == 0) return;
                    int index = Random.Range(0, count);
                    Vector3 targetPos = obj.transform.
GetChild(index).position;
                    path.InitByNavMeshPath(transform.
position, targetPos);
                }
            }
        }
```

> 切换状态的条件，发现敌人后切换到攻击状态

> 更新巡逻点的算法：
> 1）获取场景中的所有巡逻点（WaypointContainer 的子物体）
> 2）使用 Random.Range 随机选择一个子物体的坐标
> 3）调用 path.InitByNavMeshPath 生成路径

上述代码首先判断状态切换的条件，如果发现了敌人即调用 ChangeStatus（参见 4.2 节）切换成进攻状态。随后使用 if (interval < updateWaypointtInterval) 判断两次"处理巡逻点"的时间间隔，这一步主要是控制计算频率，提高性能。接着使用 if (path.waypoints == null || path.isFinish) 判断是否走完了一条路径（即判断是否到达了巡逻点）。如果走完，则使用 Random.Range 随机选择一个巡逻点，然后调用 path.InitByNavMeshPath 生成一条从"坦克当前位置"到巡逻点的路径。

4.7.2 进攻状态

进攻状态下，坦克直接向敌人驶去，代码如下。

```
        // 攻击开始
        void AttackStart()
        {
            Vector3 targetPos = target.transform.
position;
            path.InitByNavMeshPath(transform.position, 
targetPos);
        }
```

> AttackStart 为切换成进攻状态时所执行的方法，具体参见 4.2 节

进攻过程中，首先要判断切换状态的条件，即如果丢失了目标，则需要切换成巡逻状态。由于目的地随着敌方坦克的移动而变化，因此 AI 程序需要定时更新路径。

```
// 攻击中
void AttackUpdate()
{
    // 目标丢失
    if (target == null)
        ChangeStatus(Status.Patrol);
    // 时间间隔
    float interval = Time.time - lastUpdateWaypointTime;
    if (interval < updateWaypointtInterval)
        return;
    lastUpdateWaypointTime = Time.time;
    // 更新路径
    Vector3 targetPos = target.transform.position;
    path.InitByNavMeshPath(transform.position, targetPos);
}
```

AttackUpdate 为进攻状态的逻辑，具体参见 4.2 节

切换状态的条件，目标丢失时切换到巡逻状态

4.7.3 调试

运行游戏，AI 坦克将会巡逻场景，发现敌人后便发起进攻（如图 4-32 所示）。

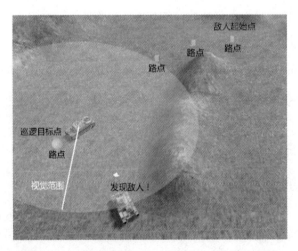

图 4-32　AI 坦克巡逻场景，发现敌人后便发起进攻

还可以添加多辆由电脑控制的坦克，这些坦克将把其他坦克都视为敌人。试试坦克大乱战，看看谁能生存到最后（如图 4-33 所示）。如果 AI 难度太高（或太低），还可

以试图调整视觉范围、寻路 cd 时间、搜寻 cd 时间等参数，找到一套合适的 AI。

图 4-33 多辆坦克的战斗

4.8 战场系统

战场上分有两个阵营，两军对峙，胜者为王。战场系统整合了本章及前面几章的内容，有了战场，这款游戏便可以开始玩了。

4.8.1 单例模式

战场类使用了单例模式，本书也有多个类使用单例模式，那首先来了解一下单例模式是什么。

单例模式的结构如下所示，先定义一个本类的公共静态变量 instance，然后在 Start（或 Awake）方法中将自身对象（this）赋予 instance。只要创建一个实例，后续便可以通过 Battle.instance.XXX() 的形式调用该实例的方法，代码如下。

```
public class Battle : MonoBehaviour
{
    // 单例
    public static Battle instance;

    // 开始
    void Start()
    {
        // 单例
```

```
        instance = this;
    }

    // 一些方法
    public void XXX() { }
}
```

使用单例模式只是为了调用的方便。当然，也可以使用静态方法、静态类的方法来实现相同的功能。下面的代码定义了一个静态方法 XXX()，后续可以通过 Battle.XXX() 调用它。

```
public class Battle : MonoBehaviour
{
    // 一些方法
    public static void XXX() { }
}
```

4.8.2　BattleTank

定义 BattleTank 类用来代表在战场中的坦克。它有两个成员，一个是指向坦克 Tank 组件，另一个是指明坦克阵营的号码。阵营使用 int 数值表示，同一阵营的坦克拥有相同的阵营号码，代码如下。

```
public class BattleTank
{
    public Tank tank;          // 坦克组件
    public int camp;           // 阵营
}
```

新建名为 BattleTank.cs 的文件，编写 BattleTank 类

4.8.3　战场逻辑

定义战场类 Battle 来处理战场事务，Battle 类使用单例模式，数组 battleTanks 指向场景中的所有坦克，代码如下。

```
using UnityEngine;
using System.Collections;

public class Battle : MonoBehaviour
{
```

新建名为 Battle.cs 的文件，编写 Battle 类

```csharp
// 单例
public static Battle instance;
// 战场中的所有坦克
public BattleTank[] battleTanks;

// 开始
void Start()
{
    // 单例
    instance = this;
    // 开始战斗
    StartTwoCampBattle(2, 1);
}
```

> 开启一场两军对峙的游戏，该方法将在后文中实现

下面编写一些战场系统所需的辅助函数，之后会使用到这些函数。GetCamp 是获取某个坦克（游戏物体）所在阵营的方法，它会遍历 battleTanks，然后找到该坦克的阵营，代码如下。

```csharp
// 获取阵营 0表示错误
public int GetCamp(GameObject tankObj)
{
    for (int i = 0; i < battleTanks.Length; i++)
    {
        BattleTank battleTank = battleTanks[i];
        if (battleTanks == null)
            return 0;
        if (battleTank.tank.gameObject == tankObj)
            return battleTank.camp;
    }
    return 0;
}
```

IsSameCamp 方法用于判断两辆坦克（游戏物体）是否在同一阵营，该方法将会帮助坦克区分敌我，而不至于杀死队友，代码如下。

```csharp
// 是否同一阵营
public bool IsSameCamp(GameObject tank1, GameObject tank2)
{
    return GetCamp(tank1) == GetCamp(tank2);
}
```

IsWin(int camp) 方法用于判断参数中的阵营是否取得胜利，它会遍历敌方坦克，看看其他阵营的坦克是否被歼灭。IsWin(GameObject attTank) 方法用于判断某辆坦克所在的阵营是否取得胜利。这两个方法将在战场结算时用到，代码如下。

```csharp
// 胜负判断
public bool IsWin(int camp)
{
    for (int i = 0; i < battleTanks.Length; i++)
    {
        Tank tank = battleTanks[i].tank;
        if (battleTanks[i].camp != camp)
            if (tank.hp > 0)
                return false;
    }
    Debug.Log("阵营" + camp + "获胜");
    return true;
}

// 胜负判断
public bool IsWin(GameObject attTank)
{
    int camp = GetCamp(attTank);
    return IsWin(camp);
}
```

ClearBattle 方法用于清理场景中的所有坦克，以便开启一场新的战斗，代码如下。

```csharp
// 清理场景
public void ClearBattle()
{
    GameObject[] tanks = GameObject.FindGameObjectsWithTag("Tank");
    for (int i = 0; i < tanks.Length; i++)
        Destroy(tanks[i]);
}
```

4.8.4 敌我区分

AI 坦克理应只将敌方阵营的坦克视为攻击目标，因此需要修改 AI 类搜寻敌人的 NoTarget 方法（没有目标的情况下，搜寻敌人的逻辑，参见 4.3 节），代码如下。

```csharp
// 没有目标的情况下，搜索视野中的坦克
void NoTarget()
{
    ……
        // 自身 continue
        // 队友
        if (Battle.instance.IsSameCamp(gameObject, targets[i]))
            continue;
```

```
    ......
}
```

修改 AI 类的 OnAttecked 方法，使其在不幸被友军误伤时，也不会记仇，代码如下。

```
// 被攻击
public void OnAttecked(GameObject attackTank)
{
    // 队友
    if (Battle.instance.IsSameCamp(gameObject, attackTank))
        return;
    target = attackTank;
}
```

4.8.5 出生点

在场景中添加多个出生点，随后将在这些点上创建战场中的坦克（如图 4-34 所示），步骤如下所示。

1）创建一个名为 SwopPoints 的空物体。

2）在 SwopPoints 下创建名为 camp1 和 camp2 的空物体，它们代表第一阵营和第二阵营的出生点集合。

3）在 camp1 下创建 p1、p2 和 p3 三个方块作为第一阵营的 3 个出生点（暂定每个阵营最多支持 3 名玩家）。为避免坦克撞上方块，需要删去方块的 collider 组件。

4）在 camp2 下创建 p1、p2 和 p3 三个方块作为第二阵营的 3 个出生点。

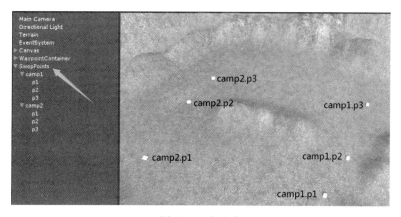

图 4-34 出生点

4.8.6 坦克预设

开启战斗时，程序会创建坦克模型（Instantiate），然后将它们放置到出生点上，因此需要将坦克模型做成预设。为了更好地区分不同的阵营，不同的阵营将使用不同的坦克预设。将敌我双方的坦克模型做成预设（如图 4-35 所示），然后重命名为 TankCamp1 和 TankCamp2。

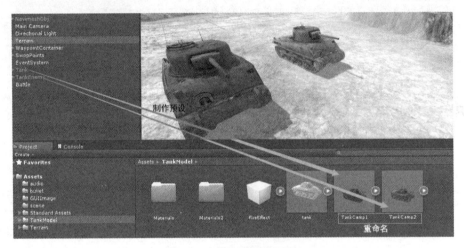

图 4-35　将坦克做成预设

在 Battle 类中添加一个 GameObject 类型的数组 tankPrefabs，用它来指代坦克预设。后续会使用类似 Instantiate(tankPrefabs[i], pos, rot) 的语句创建坦克。

```
// 坦克预设
public GameObject[] tankPrefabs;
```

Battle 使用了单例模式，它必须有一个实例。在场景中添加一个空物体，然后附上 Battle 组件，并将该组件的 TankPrefabs 的长度（Size）设置为 2，将坦克预设拖曳到对应的栏位中（Element），如图 4-36 所示。

图 4-36　Battle 及其参数

4.8.7 开启一场两军对峙的战斗

在 Battle 类中编写开启对战的方法 StartTwoCampBattle，它接收 n1 和 n2 两个参数，分别代表第一个阵营和第二个阵营的坦克数量。StartTwoCampBattle 会调用 GenerateTank 实例化每一辆坦克，然后设置玩家的坦克属性，设置相机对准的目标（必要时应将之前 CameraFollow.Start 中设置相机对准目标的语句去掉），代码如下。

```
// 开始战斗
public void StartTwoCampBattle(int n1, int n2)
{
    // 获取出生点容器
    Transform sp = GameObject.Find("SwopPoints").transform;
    Transform spCamp1 = sp.GetChild(0);
    Transform spCamp2 = sp.GetChild(1);
    // 判断
    if (spCamp1.childCount < n1 || spCamp2.childCount < n2)
    {
        Debug.LogError("出生点数量不够");
        return;
    }
    if (tankPrefabs.Length < 2)
    {
        Debug.LogError("坦克预设数量不够");
        return;
    }
    // 清理场景
    ClearBattle();
    // 产生坦克
    battleTanks = new BattleTank[n1 + n2];          // 战场中坦克的数量为 n1+n2
    for (int i = 0; i < n1; i++)   // 产生第一个阵营的坦克
    {
        GenerateTank(1, i, spCamp1, i);
    }
    for (int i = 0; i < n2; i++)   // 产生第二个阵营的坦克
    {
        GenerateTank(2, i, spCamp2, n1+i);          // GenerateTank 稍后会实现，它的 4 个参数分别是：阵营、阵营里的编号、出生点容器、战场中的编号
    }
    // 把第一辆坦克设为玩家操控
    Tank tankCmp = battleTanks[0].tank;
    tankCmp.ctrlType = Tank.CtrlType.player;
    // 设置相机
    CameraFollow cf = Camera.main.gameObject.GetComponent<CameraFollow>();
    GameObject target = tankCmp.gameObject;
    cf.SetTarget(target);
}
```

GenerateTank 是创建一辆坦克的方法，它的参数 camp 代表该坦克所在的阵营；num 代表它在该阵营中的编号；spCamp 是该阵营的出生点容器，结合 num 和 spCamp 便可得出坦克的出生点坐标；index 是它在战场中的编号，即对应 battleTanks 的索引。GenerateTank 将完成以下 4 件事情。

1）获取出生点、预设等元素。

2）调用 Instantiate 产生坦克。

3）设置坦克属性（ctrlType）。

4）给 battleTanks 赋值。

相关代码如下所示：

```
// 生成一辆坦克
    public void GenerateTank(int camp, int num, 
Transform spCamp, int index)
    {
        // 获取出生点和预设
        Transform trans = spCamp.GetChild(num);
        Vector3 pos = trans.position;
        Quaternion rot = trans.rotation;
        GameObject prefab = tankPrefabs[camp-1];
        // 产生坦克
        GameObject tankObj = (GameObject)
Instantiate(prefab, pos, rot);
        // 设置属性
        Tank tankCmp = tankObj.GetComponent<Tank>();
        tankCmp.ctrlType = Tank.CtrlType.computer;
        //battleTanks
        battleTanks[index] = new BattleTank();
        battleTanks[index].tank = tankCmp;
        battleTanks[index].camp = camp;
    }
```

> camp 的取值为 1 和 2, tankPrefabs 的索引为 0 和 1，因此需要取用 camp-1

> 设置 battleTanks 数组，使战场可以获取坦克的信息

4.8.8 战场结算

修改 Tank 类的 BeAttacked 方法，若坦克被摧毁，则判断攻击它的一方是否获得胜利，代码如下。

```
// 被攻击
    public void BeAttacked(float att, GameObject attackTank)
    {
```

```
......
if (hp <= 0)
{
    ......
    // 战场结算
    Battle.instance.IsWin(attackTank);
}
}
```

> IsWin 方法请参见 4.8.3 节，若某阵营胜利，Console 面板中会有提示

4.8.9 开始战斗

4.8.3 节的 Start 方法已经调用了 StartTwoCampBattle 方法，直接运行游戏即可开启一场人机对战（如图 4-37 所示）。

图 4-37　两军对峙，硝烟四起

还可以修改 StartTwoCampBattle 方法，让电脑控制所有坦克。然后拿起一杯茶，笑看烽烟战场！此外，还可以布置战场，添加任务系统制作一款坦克版的使命召唤（如图 4-38 和图 4-39 所示）。

图 4-38　自动战斗

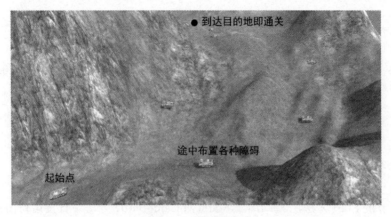

图 4-39　闯关游戏

这是一套最基础的 AI 系统，笔者的电脑不够强大，读者试图去完善它吧！比如因为寻路算法并没有避开其他坦克的功能，有时候坦克会撞在一起而不能动弹，读者可以尝试使用 Unity3D 的动态寻路组件 NavMeshObstacle 来解决这个问题。

至此，坦克大战游戏的雏形已经形成。如果再添加标题界面、可以设置坦克数量的战场设置界面、胜负提示界面，那它便成了一款完整的单机游戏了。前面讲过 GUI 绘图是一种原始的绘图方法，那么还有没有其他方法来制作游戏界面呢？后文会继续介绍。

第 5 章

代码分离的界面系统

界面系统在游戏中占据了重要的地位。游戏界面是否友好，在很大程度上决定着玩家的用户体验；界面开发是否便利，也影响着游戏的开发进度。第 3 章提到过 Unity3D 内置的原始 GUI，并基于 GUI 绘制了准心和生命条。对于简单的界面，使用原始 GUI 倒也没什么问题，但游戏往往需要呈现复杂的界面，原始 GUI 代码混乱难懂、开发效率不高的缺点便会暴露出来。为了解决这一缺陷，Unity3D 4.6 版本推出了 UGUI 系统，使用户可以"可视化地"开发界面。本章将分为三个部分，首先介绍 UGUI 系统的基本知识，随后实现一套基于代码分离的界面系统，最后为坦克游戏添加一些界面。

5.1 Unity UI 系统

Unity UI 系统（UGUI）包含 Canvas（画布）、EventSystem（事件系统）、Text（文本）、Image（图像）、Button（按钮）、Panel（面板）等多种元素。点击 GameObject → UI，弹出的菜单就会列出 UGUI 的常用元素，如图 5-1 所示。读者可以依次添加各种元素，以便了解它们的用途。

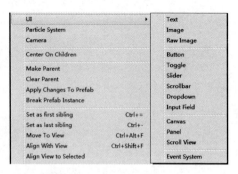

图 5-1　UGUI 的常用元素

5.1.1　创建 UI 部件

以创建面板为例，点击 GameObject → UI → Panel 创建一块面板，之后便能看到如图 5-2 所示的界面，在该界面中包含如下内容：

1）如图 5-2 中的 1 所示，系统会自动创建 Canvas（画布）和 EventSystem（事件系统），这两项是 UGUI 中不可缺少的元素。

2）图 5-2 中的 2 是 2D/3D 模式切换按钮，切换到 2D 模式后编辑界面会方便一些。

3）图 5-2 中的 3 显示了刚刚创建的面板，读者可以使用工具栏的最后一个工具（）调整面板的大小和位置。

4）图 5-2 中 4 是 UI 组件所特有的 RectTransform 组件，可用它实现基本的布局和层次控制。

5）图 5-2 中 5 是面板的背景图，可以设置图像或颜色。

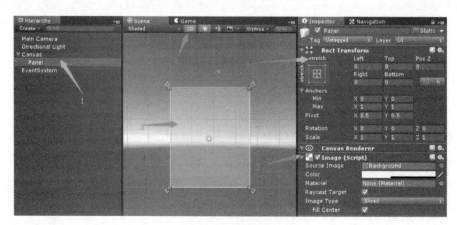

图 5-2　创建面板

5.1.2 Canvas 画布

Canvas 是所有 UI 组件的容器，所有 UI 组件都必须是画布的子物体。Canvas 对应了 3 种 Render Mode（渲染模式），具体如表 5-1 所示。

表 5-1　Canvas 对应的 3 种渲染模式

渲染模式	说明
Screen Space - Overlay	UI 元素相对于屏幕空间，以 2D 方式显示在任何相机画面的上面。这就是标准的 UI 模式。下图为 Overlay 模式下，界面覆盖 3D 物体的图片
Screen Space - Camera	UI 元素相对于屏幕空间，由指定的相机负责显示，相机的参数会影响显示的结果，可以把 Canvas 理解为相机的子物体。下图为在 Camera 模式下的界面，它相当于相机的子物体，并且可以通过 Plane Distance 属性调整它与场景物体的层级 
World Space	UI 元素相对于世界空间，和其他场景里的物体一样，也有世界位置、遮挡关系，可以把界面当做 3D 空间中的面片。下图为 Space 模式下的画布 

不同型号的手机，屏幕分辨率和宽高比相差甚大。为了使界面能够适用于不同的屏幕，需要适当地缩放。Canvas 默认带有 CanvasScaler 组件，如图 5-3 所示，它提供了 3 种适配方法让界面适配不同的分辨率、宽高比和 DPI 的屏幕，具体如表 5-2 所示。

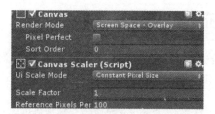

图 5-3　Canvas 上的组件

表 5-2　CanvasScaler 的适配方法

适配方法	说明
Constant Pixel Size	调节 Canvas 像素大小，维持缩放不变。下图为不同分辨率下 Constant Pixel Size 模式的对比，如图所示，两个按钮的锚点分别为左上和右下（将在 RectTransform 的介绍中说明），画布布满屏幕。对应不同分辨率的屏幕，两个按钮的大小不变，但位置发生了变化。
Scale With Screen Size	根据屏幕分辨率进行缩放，这是最常使用的适配方法。在这种模式下，读者需要指定参考分辨率，然后指定匹配宽高、扩展或收缩这 3 种算法的一种。 **匹配宽高**：匹配宽高是指同时调节 Canvas 的宽和高，使得 Canvas 的宽高比与屏幕一致。其中 match 参数以滑条形式呈现，拉在最左时是 Width，最右时是 Height，中间则是按比例混合。比如当处于最左边时，屏幕高度对于 UI 的大小完全没有影响，只有宽度会对 UI 的大小产生影响。下图为匹配宽高的属性图。 假设 match 为 0（最左边），屏幕宽度为 Reference Resolution 宽度的 x 倍，那么 UI 的整体缩放为 Reference Resolution 状态下的 x 倍。换句话说，如果屏幕宽度不等于 Reference Resolution 的宽度，将会发生拉伸。下图为匹配宽高的对比图。

（续）

适配方法	说明
Scale With Screen Size	**扩展**：扩展是指用宽高比上变化较少的一边，使得 Canvas 宽高比与屏幕一致。下图为扩展算计的对比图。可以看到，三个图的屏幕宽度不变，高度却在不断变大。 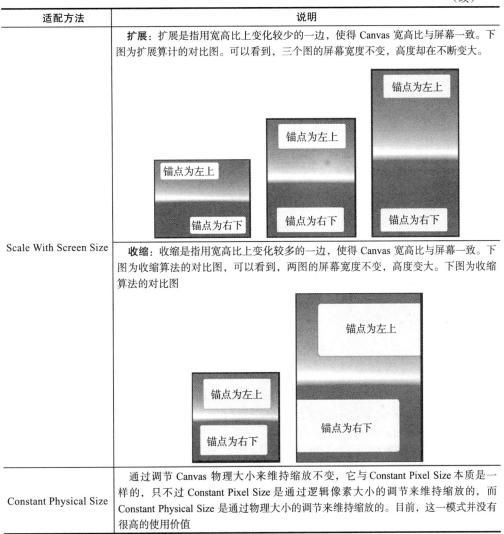 **收缩**：收缩是指用宽高比上变化较多的一边，使得 Canvas 宽高比与屏幕一致。下图为收缩算法的对比图，可以看到，两图的屏幕宽度不变，高度变大。下图为收缩算法的对比图
Constant Physical Size	通过调节 Canvas 物理大小来维持缩放不变，它与 Constant Pixel Size 本质是一样的，只不过 Constant Pixel Size 是通过逻辑像素大小的调节来维持缩放的，而 Constant Physical Size 是通过物理大小的调节来维持缩放的。目前，这一模式并没有很高的使用价值

5.1.3 EventSystem

创建 Panel 后，Canvas 和 EventSystem 都会被自动创建。EventSystem 负责监听用户的输入，监听的内容包括键盘、鼠标和触摸屏幕。当需要屏蔽用户输入时，只要将 EventSystem 关闭即可。

5.1.4 RectTransform

RectTransform 是 UGUI 元素所特有的组件，它继承自 Transform，用于实现界面的布局和层次控制。相比于 Transform，RectTransform 增加了一些元素，具体如表 5-3 所示。

表 5-3 RectTransform 的一些属性及说明

属性	说明
pivot 轴心	表示 UI 元素的中心，使用相对于自身矩形范围百分比表示的点位置，如默认的 (0.5，0.5) 表示正中心。下图为轴心为 (0.5，0.5) 和 (0，0) 的对比图 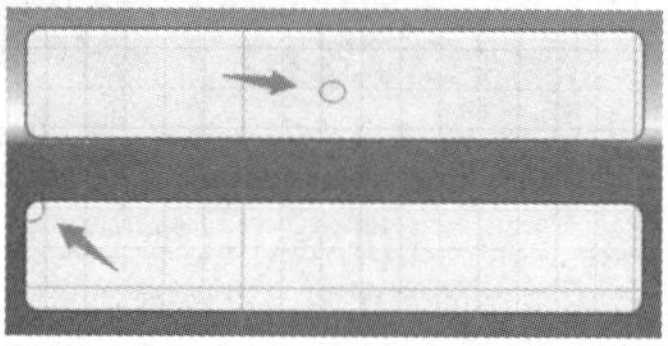
锚点： anchors.Min anchors.Max	锚点是 UI 对象相对于父矩阵中固定的量，在属性面板中用 anchors.Min 和 anchors.Max 表示 UI 对象各个边界的百分比位置。下图所示的是锚点为左上的按钮，无论屏幕分辨率如何变化，这里 UI 对象的横坐标和纵坐标都不会发生变化。 
尺寸变化量 sizeDelta	尺寸变化量 sizeDelta 是 UI 对象的尺寸变化量，可以将其理解为锚点固定 UI 对象的位置，sizeDelta 将控制 UI 对象的尺寸。 属性面板提供了如下图所示的 Anchor Presets 选择框，提供了锚点和 sizeDelta 的 16 种组合。 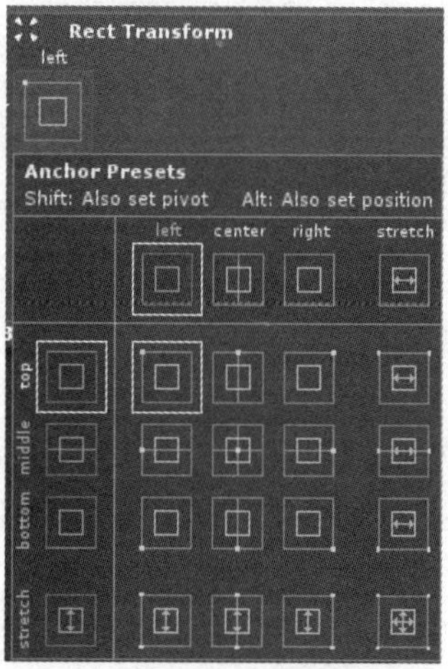 比如 left-top 指的是左上锚点，left-stretch 指以左边为锚点，垂直方向可伸缩。

（续）

属性	说明
	下图为不同屏幕分辨率下的 left-stretch 对比图。 下图为不同屏幕分辨率下的 right-top 对比图。

RectTransform 组件还负责组织 UI 对象的层级关系，子级 UI 对象总是会覆盖父级 UI 对象；在层级相同的情况下，下方的 UI 对象将覆盖上方的 UI 对象，如图 5-4 所示。

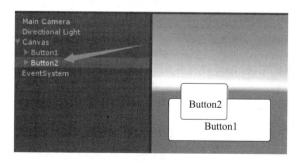

图 5-4　层级面板中 Button2 在 Button1 下面，因此它覆盖 Button1

5.1.5 其他 UGUI 组件

图 5-5 展示了 UGUI 的所有组件，但因篇幅限制，本书将不会逐一介绍，读者只需尝试 UI 对象的各种属性进行设置，便能了解调整 UI 对象的方法。需要注意的是，必须将图片素材的 Texture Type 设为 Sprite(2D and UI)，方可用于 UGUI 对象上。

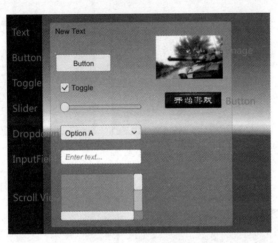

图 5-5　UGUI 组件

GUI 组件的一些常用属性如表 5-4 所示。

表 5-4　GUI 组件的常用属性

属性	说明
Color	颜色，下图展示了两张不同颜色的图片
Source Image	源图片，下图展示的是不同的图片 这些图片的 TextureType 需要设置成 Sprite(2D and UI) 方可使用
Text	文本，下图展示的是显示不同文本的文本框

5.1.6 事件触发

如果界面上有按钮，一般点击按钮理应发生某种事情，这便会涉及 UGUI 的事件触发。触发事件可以有多种方法，下面先介绍一种"用 Unity3D 编辑器操作"的方法。以 Button 为例，属性面板中有 OnClick() 一栏，代表按钮被按下的事件，只要编写该按钮事件，然后设置 OnClick() 属性即可实现触发事件。来看个示例。

1）创建 C# 脚本，编写按钮事件，代码如下。

```
public class Test : MonoBehaviour
{
    public void OnButtonClick()
    {
        Debug.Log("Button Click");
    }
}
```

2）创建空对象，用于添加 OnButtonClick 方法所在的组件。

3）创建 Button，点击 OnClick() 属性下方的 ![] 添加一项事件，如图 5-6 所示。随后将空对象拉入图 5-6 所示 1 的位置，并在 2 中选择刚刚编写的 OnButtonClick 方法。

图 5-6　按钮属性中的 OnClick()

完成后运行游戏，便可点击按钮，触发事件。

5.1.7 简单的面板调用

假设游戏中有两个面板，每个面板中都有一个按钮，点击第一个面板的按钮后将弹出第二个面板，点击第二个面板的按钮后将会关闭该面板。这两个面板如图 5-7 所示。

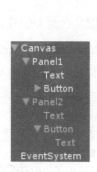

图 5-7　面板示意图

　　编写 PanelMgr 类可实现面板调用的功能，其中 panel1 指向面板 1，panel2 指向面板 2。OnPanel1BtnClick 是面板 1 的按钮事件，OnPanel2BtnClick 是面板 2 的按钮事件。编写完 PanelMgr 后，将它拖到场景中的某一个物体上，然后在 PanelMgr 的属性面板（Inspector）上设置 panel1 和 panel2 的值，再在按钮的属性面板上设置 OnClick() 属性，即可完成这一简单的面板管理，代码如下。

```
using UnityEngine;
using System.Collections;

public class PanelMgr : MonoBehaviour
{
    public GameObject panel1;
    public GameObject panel2;

    // 面板 1 按钮
    public void OnPanel1BtnClick()
    {
        panel1.gameObject.SetActive(false);    // 通过 SetActive 实现面板的
        panel2.gameObject.SetActive(true);     // 显示和隐藏
    }

    // 面板 2 按钮
    public void OnPanel2BtnClick()
    {
        panel2.gameObject.SetActive(false);
    }
}
```

5.2 制作界面素材

5.2.1 标题面板和信息面板

了解 UGUI 后便可以着手制作坦克游戏的面板了。面板由多个面板构成，为了演示这套"代码与面板分离"的界面系统，设计如下的两个面板，标题面板由背景图和"开始游戏""游戏介绍"两个按钮组成（如图 5-8 所示）；信息面板由背景图、文本介绍和关闭按钮组成（如图 5-9 所示）。

图 5-8 标题面板

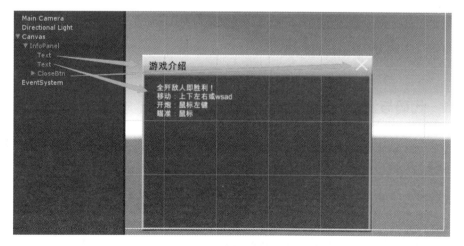

图 5-9 信息面板

信息面板使用图 5-10 中的图片素材，为使素材拥有九宫格拉伸效果，可点击图片素材属性面板中的 `Sprite Editor` 设置切割方式。然后将背景图片的 Image Type 设置成 Sliced。

图 5-10　信息面板背景图素材及其九宫格设置

5.2.2　制作预设

根据前面的 UGUI 介绍，相信读者可以自行完成这两个面板，具体的制作方法不再赘述。完成后将面板做成预设，存放到 Resources 文件夹下，如图 5-11 所示。

图 5-11　Resources 下的面板预设

5.3　面板基类 PanelBase

5.3.1　代码与资源分离的优势

代码与资源分离是游戏程序设计的核心思想之一，被广大游戏公司所采用，相比于乱成一团的编码方式，它至少有以下几点优势。

❑ 游戏公司里，美术人员负责界面的设计和制作，程序人员负责界面功能的实现。代码分离有利于美术人员和程序人员的分工合作，两者相互配合，又互不干扰。

❑ 有利于代码的重复使用，功能相同但外观不同的界面只需要一套代码即可。

❏ 为游戏的热更新提供可能性，若游戏需要更新界面图案，只需要下载新的界面资源即可。

5.3.2 面板系统的设计

这套界面系统由面板基类（PanelBase）、面板管理器（PanelMgr）和多个具体的面板（如TitlePanel、InfoPanel）组成，如图5-12所示。所有面板都继承自PanelBase，而PanelMgr提供打开某个面板、关闭某个面板的方法。

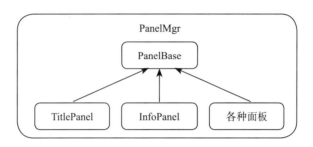

图5-12　界面系统示意图

5.3.3 面板基类的设计要点

PanelBase是一个面板基类，所有的面板逻辑都要继承它，一些设计要点如下。

1）面板的资源（如5.2节中所做的预设）称为皮肤（skin，为GameObject类型），皮肤的路径称为skinPath。面板管理器将会根据skinPath去实例化skin。

2）某些面板有层级关系，比如提示框总要覆盖普通面板。可定义PanelLayer类型的枚举，来指定面板的层级。

3）某些面板需要通过参数来确定它的表现形式。比如提示框，显示的内容由调用它的语句来指定。定义object类型的变量args可用于接收PanelMgr传来的参数。

4）面板有着如表5-5所示的生命周期。为了简化代码，本章将不会实现OnShowing和OnShowed之间、OnClosing和OnClosed之间所设计的面板动画，但保留了相关的接口，读者可以自己实现。

表 5-5　面板的生命周期

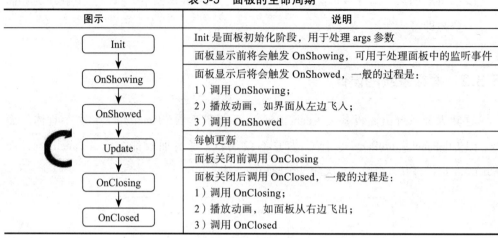

图示	说明
Init	Init 是面板初始化阶段，用于处理 args 参数
OnShowing	面板显示前将会触发 OnShowing，可用于处理面板中的监听事件
OnShowed	面板显示后将会触发 OnShowed，一般的过程是： 1）调用 OnShowing； 2）播放动画，如界面从左边飞入； 3）调用 OnShowed
Update	每帧更新
OnClosing	面板关闭前调用 OnClosing
OnClosed	面板关闭后调用 OnClosed，一般的过程是： 1）调用 OnClosing； 2）播放动画，如面板从右边飞出； 3）调用 OnClosed

5.3.4　面板基类的实现

PanelBase 的实现代码如下所示，代码右边的序号顺序对应 5.3.3 节介绍的设计要点顺序。其中 PanelLayer 枚举将在 PanelMgr 中实现；Close() 方法调用了 PanelMgr.instance.ClosePanel，表示关闭面板，具体将在 PanelMgr 中实现。

```
using UnityEngine;
using System.Collections;

public class PanelBase : MonoBehaviour
{
    // 皮肤路径
    public string skinPath;           // （1）皮肤
    // 皮肤
    public GameObject skin;
    // 层级
    public PanelLayer layer;          // （2）层级
    // 面板参数
    public object[] args;             // （3）参数

    #region 生命周期                   // （4）生命周期
    // 初始化
    public virtual void Init(params object[] args)
    {
        this.args = args;
    }
    // 开始面板前
```

```
    public virtual void OnShowing() { }
    // 显示面板后
    public virtual void OnShowed() { }
    // 帧更新
    public virtual void Update() { }
    // 关闭前
    public virtual void OnClosing() { }
    // 关闭后
    public virtual void OnClosed() { }
    #endregion

    #region 操作
    protected virtual void Close()
    {
        string name = this.GetType().ToString();
        PanelMgr.instance.ClosePanel(name);
    }
    #endregion
}
```

注意基类所使用的虚函数，具体功能将在继承类中实现

Close 方法只是简单地调用 PanelMgr.instance.ClosePanel

相关知识点

❑ region：region 和 endregion 只是为了让编辑器能够把代码段折叠起来，方便查看，没什么特别的作用，如图 5-13 所示。

❑ virtual：表示虚函数，在基类中先用 virtual 修饰符声明一个虚方法，然后在派生类中用 override 修饰符覆盖基类虚方法，表明是对基类虚方法的重载。这种做法的优势在于它可以在程序运行时再决定调用哪一个方法，这就是所谓的"运行时多态"，或者称为动态绑定。如下的代码中定义了 BaseClass、ClassA 和 ClassB 三个类，其中 ClassA 和 ClassB 都继承自 BaseClass。

图 5-13　编辑器中折叠的代码段

```
public class BaseClass
{
    public virtual void Print()
    {
        Debug.Log("Print BaseClass");
    }
}

public class ClassA : BaseClass
{
```

```
    public override void Print()
    {
        Debug.Log("Print ClassA");
    }
}

public class ClassB : BaseClass
{
    public override void Print()
    {
        Debug.Log("Print ClassB");
    }
}
```

如果定义 BaseClass 类型的 c（实际是 ClassA），调用它的 Print 方法，会发现实际打印出来的是 ClassA 的 Print 方法。如果定义 BaseClass 类型的 c1（实际是 ClassB），调用它的 Print 方法，会发现实际打印出来的是 ClassB 的 Print 方法。打印结果如图 5-14 所示。

图 5-14 类的多态

```
void Start()
{
    BaseClass c = new ClassA();
    c.Print();

    BaseClass c1 = new ClassB();
    c1.Print();
}
```

❑ params：params 是 C# 开发语言中的关键字，主要用于给函数传递不定长度的参数，后面的章节将会介绍该关键字的用法。

5.4 面板管理器 PanelMgr

顾名思义，面板管理器的功能就是管理面板，它有以下三项功能。

1）层级管理；

2）打开面板；

3）关闭面板。

5.4.1 层级管理

新建 PanelMgr 类，层级管理的相关内容如下。

1）定义枚举类型 PanelLayer，它包含 Panel 和 Tips 两层，Tips 层在 Panel 之上。随后定义 Dictionary 类型的变量 layerDict，用于存放各个层级的父物体。然后在场景上添加画布和 EventSystem，并在画面下添加名为 Panel 和 Tips 的两个空物体，如图 5-15 所示。游戏的所有面板都会放在 Panel 和 Tips 下面，Tips 下的面板会覆盖 Panel 下的面板。

2）定义 PanelMgr 类型的静态变量 instance，在 Awake 中通过 instance = this 实现单例。

图 5-15 在场景上添加画布和 EventSystem

3）定义 GameObject 类型的变量 canvas，用于指向场景中的画布。

4）定义 Dictionary 类型的变量 dict，用于存放已打开的面板。打开面板的方法 OpenPanel 会判断 dict 是否存在该面板，如果面板已经打开，则无需重复操作。

相关代码如下：

```
using UnityEngine;
using System;
using System.Collections;
using System.Collections.Generic;

public class PanelMgr : MonoBehaviour
{
    // 单例
    public static PanelMgr instance;
    // 画板
    private GameObject canvas;
    // 面板
    public Dictionary<string, PanelBase> dict;
    // 层级
    private Dictionary<PanelLayer, Transform> layerDict;

    // 开始
    public void Awake()
    {
        instance = this;
        InitLayer();
        dict = new Dictionary<string, PanelBase>();
```

（2）单例

（3）canvas 指向场景中的画布

（4）dict 用于存放已打开的面板

（1）layerDict 存放各个层级所对应的父物体

（2）单例

```
        }
        // 初始化层
        private void InitLayer()
        {
                // 画布
                canvas = GameObject.Find("Canvas");          // (3) canvas 指向场景中的
                if (canvas == null)                          //     画布
                    Debug.LogError("panelMgr.InitLayer fail, canvas is null");
                // 各个层级
                layerDict = new Dictionary<PanelLayer, Transform>();

                foreach (PanelLayer pl in Enum.GetValues     // (1) 遍历层级，找到各个
(typeof(PanelLayer)))                                        //     层级的父物体
                {
                        string name = pl.ToString();
                        Transform transform = canvas.transform.FindChild(name);
                        layerDict.Add(pl, transform);
                }
        }
        /// 分层类型
        public enum PanelLayer                               // (1) 定义层级枚举
        {
                // 面板
                Panel,
                // 提示
                Tips,
        }
```

相关知识点

- Dictionary<Key 类型，Value 类型 >：字典（dictionary）是一个集合，其中每个元素都是一个键 / 值对，它是一个常用于查找和排序的列表。可以通过 Add 方法给集合添加元素，通过 ContainsKey 方法判断集合里面是否包含某个元素。
- Enum.GetValues：该方法会返回枚举类型取值的遍历。

5.4.2　打开面板 OpenPanel

OpenPanel<T> 是打开一个面板的方法，后续的程序只需要调用它便能够完成面板的管理操作。它的要点如下所示。

1）PanelMgr 使用泛型方法 OpenPanel<T> 打开面板，其中 T 表示要打开的面板类型，比如标题面板（TitlePanel）和信息面板（InfoPanel）就是两种不同的面板（稍后会实现这两个面板），它们都必须继承自 PanelBase。

2）添加面板组件（如 TitlePanel）后，从 skinPath 处获取面板的皮肤。皮肤由 OpenPanel 的参数决定，若参数为空，则使用面板组件所定义的默认皮肤。

3）该方法将面板皮肤放入指定层级的父物体中，以实现层级管理。

实现代码如下：

```
// 打开面板
public void OpenPanel<T>(string skinPath, 
params object[] args) where T : PanelBase
    {
        // 已经打开
        string name = typeof(T).ToString();
        if (dict.ContainsKey(name))
            return;
        // 面板脚本
        PanelBase panel = canvas.AddComponent<T>();
        panel.Init(args);
        dict.Add(name, panel);
        // 加载皮肤
        skinPath = (skinPath != "" ? skinPath : panel.skinPath);
        GameObject skin = Resources.Load<GameObject>(skinPath);
        if (skin == null)
            Debug.LogError("panelMgr.OpenPanel fail, skin is null,skinPath = " + skinPath);
        panel.skin = (GameObject)Instantiate(skin);
        // 坐标
        Transform skinTrans = panel.skin.transform;
        PanelLayer layer = panel.layer;
        Transform parent = layerDict[layer];
        skinTrans.SetParent(parent, false);
        //panel 的生命周期
        panel.OnShowing();
        //anm
        panel.OnShowed();
    }
```

（1）泛型 T

（2）根据 skinPath 加载皮肤资源。Resources.Load 后面的参数代表资源相对于 Resources 目录下的路径

（3）层级

预留的面板动画，读者可自行实现

相关知识点

❏ typeof：用于获取类型的 System.Type 对象，也就是获取类型信息。比如 typeof(int).ToString() 将会得到"system.Int32"，typeof(PanelBase).ToString() 将会得到"PanelBase"。

- "? :": 这是一个三目运算符, 其作用与 if else 语句相同。"skinPath != """ ? skinPath : panel.skinPath" 这一语句等同于:

```
if (skinPath != "")
    return skinPath;
else
    return panel.skinPath;
```

- Resources.Load: 加载储存在 Resources 文件夹中 path (path 为参数) 处的资源。Resources.Load<T>(path) 表示加载储存在 Resources 文件夹中 path 处 T 类型的资源。

5.4.3 关闭面板 ClosePanel

关闭面板的实现比较简单,只要销毁皮肤和面板组件,并适时调用 OnClosing 和 OnClosed 即可。代码如下:

```
// 关闭面板
public void ClosePanel(string name)
{
    PanelBase panel = (PanelBase)dict[name];    // 如果面板没有打开, 就不
    if (panel == null)                           // 存在关闭的情况
        return;

    panel.OnClosing();
    dict.Remove(name);                           // 从 dict 里去除
    panel.OnClosed();
    GameObject.Destroy(panel.skin);              // 销毁皮肤
    Component.Destroy(panel);                    // 销毁面板组件
}
```

在本书的章节设计中,笔者会尽量避免那种先写很长的代码然后再去调试的方式。不过面板基类和面板管理器相辅相成,缺少任何一部分都无法完整演示。因此下文先着手编写标题面板 (TitlePanel) 和信息面板 (InfoPanel),随后便能看到展现出来的界面。

5.5 面板逻辑

5.5.1 标题面板 TitlePanel

标题面板类 TitlePanel 继承自 PanelBase,可定义 startBtn 和 infoBtn 分别对应"开

始游戏"和"游戏介绍"两个按钮。前面提及了一种"用 Unity3D 编辑器操作"的方法实现按钮功能的方式，这里采用另外一种方法，即用代码给按钮的 onClick 事件添加监听。如下代码中使用的是 startBtn.onClick.AddListener(OnStartClick) 给 startBtn 添加监听，表示当按钮被点击（onClick）时，执行 OnStartClick 方法。

```
using UnityEngine;
using System.Collections;
using UnityEngine.UI;

public class TitlePanel : PanelBase
{
    private Button startBtn;
    private Button infoBtn;

    #region 生命周期
    public override void Init(params object[] args)
    {
        base.Init(args);
        skinPath = "TitlePanel";
        layer = PanelLayer.Panel;
    }

    public override void OnShowing()
    {
        base.OnShowing();
        Transform skinTrans = skin.transform;
        startBtn = skinTrans.FindChild("StartBtn").GetComponent<Button>();
        infoBtn = skinTrans.FindChild("InfoBtn").GetComponent<Button>();

        startBtn.onClick.AddListener(OnStartClick);
        infoBtn.onClick.AddListener(OnInfoClick);
    }
    #endregion

    public void OnStartClick()
    {
        // 开始游戏
        Battle.instance.StartTwoCampBattle(2, 2);
        // 关闭
        Close();
    }

    public void OnInfoClick()
```

- 继承自 PanelBase
- 对应于开始按钮和介绍按钮
- 初始化，定义皮肤 skinPath 和层级 layer
- 获取两个按钮，并设置监听事件。
- 当点击"开始游戏"的按钮时，开启一场战斗。（为避免受到影响，还要先删去 Battle.Start 中开启战场的功能）

```
            {
                PanelMgr.instance.OpenPanel<InfoPanel>("");
            }
        }
```

> 当点击"游戏介绍"按钮时,打开信息面板

5.5.2 信息面板 InfoPanel

信息面板的结构与标题面板一致,代码如下所示。所有面板的结构都很相似,熟悉这一结构之后便能够很方便地编写面板逻辑。

```
using UnityEngine;
using System.Collections;
using UnityEngine.UI;

public class InfoPanel : PanelBase
{
    private Button closeBtn;

    #region 生命周期
    public override void Init(params object[] args)
    {
        base.Init(args);
        skinPath = "InfoPanel";
        layer = PanelLayer.Panel;
    }

    public override void OnShowing()
    {
        base.OnShowing();
        Transform skinTrans = skin.transform;
        closeBtn = skinTrans.FindChild
("CloseBtn").GetComponent<Button>();

        closeBtn.onClick.AddListener(OnCloseClick);
    }
    #endregion

    public void OnCloseClick()
    {
        Close();
    }
}
```

> Button 等 UI 类来自命名空间 UnityEngine.UI,故而需要引用(using)它

> 关闭按钮

> 初始化,定义皮肤 skinPath 和层级 layer

> 获取关闭按钮,并设置监听事件

> 当点击关闭按钮时,关闭界面

5.6 调用界面系统

5.6.1 界面系统的资源

至此，这套基于代码分离的界面系统已经做完，表 5-6 列出了前面已经完成的界面元素。

表 5-6 已经完成的界面元素

项目	说明
TitlePanel 和 InfoPanel 预设	面板的资源文件，存放于 Resources 目录下
PanelBase 和 PanelMgr	界面基类和界面管理器
TitlePanel 和 InfoPanel 类	标题面板和信息面板的功能实现
Canvas 和 EventSystem	场景中的画布、层级父物体和 EventSystem

5.6.2 界面系统的调用

最后编写如下脚本调用标题面板即可。

```
public class Root : MonoBehaviour
{
    void Start()
    {
        PanelMgr.instance.OpenPanel<TitlePanel>("");
    }
}
```

在场景中新建一个名为 Root 的空物体，在上面挂载 Root 和 PanelMgr 组件（必要时去掉 Battle 类 Start 方法中开启战斗的调用），如图 5-16 所示，然后运行游戏。首先展现的是标题面板，玩家可以选择开始游戏或查看游戏介绍，如图 5-17 所示。若点击"游戏介绍"按钮，将会打开信息面板，如图 5-18 所示；若点击"开始游戏"按钮，便可以操控坦克攻击敌人。读者可以尝试添加更多面板，比如添加制作人员名单、强化坦克属性和游戏菜单，等等。

图 5-16 Root 空物体上挂载的组件

图 5-17 标题面板

图 5-18 信息面板

回过头看，把界面资源拉入场景，通过 SetActive 控制面板的显示或隐藏，也不失为一种方法，如图 5-19 所示。虽然对于小游戏来说这种方法无可厚非，但考虑到游戏公司的分工合作和游戏项目的可维护性，多数商业游戏会采用代码分离的界面系统。

图 5-19 把界面资源拉入场景，通过 SetActive 控制面板的显示或隐藏

5.7 胜负面板

5.7.1 面板素材

游戏中，我军歼灭敌人或被敌人歼灭时，理应弹出提示信息。对此，可设计如图 5-20 所示的胜负面板，它将通过面板参数来决定展现"胜利"还是"被击败"。面板中包含 WinImage 和 FailImage 两张图片，分别对应"胜利"和"被击败"，如图 5-21 所示；下方有一栏文本 Text，不同状态下会展现不同的文字。

图 5-20　胜负面板

图 5-21　WinImage 和 FailImage 的图片素材

5.7.2 面板逻辑

WinPanel 的实现代码如下所示，Init 方法展现了面板参数的使用方法，params 声明了未知长度的数组 args，如果调用面板的方法是 PanelMgr.instance.OpenPanel <WinPanel> ("", 1, 2, 3)，那么 args[0] 将为 1，args[1] 将为 2，args[2] 将会是 3。因为 args 是 object 类型的数组，所以在使用它之前要强制转换成对应的类型。

```csharp
using UnityEngine;
using System.Collections;
using UnityEngine.UI;

public class WinPanel : PanelBase
{
    private Image winImage;
    private Image failImage;
    private Text text;
    private Button closeBtn;
    private bool isWin;

    #region 生命周期
    public override void Init(params object[] args)
    {
        base.Init(args);
        skinPath = "WinPanel";
        layer = PanelLayer.Panel;
        // 参数 args[1] 代表获胜的阵营
        if (args.Length == 1)
        {
            int camp = (int)args[0];
            isWin = (camp == 1);
        }
    }

    public override void OnShowing()
    {
        base.OnShowing();
        Transform skinTrans = skin.transform;
        // 关闭按钮
        closeBtn = skinTrans.FindChild
("CloseBtn").GetComponent<Button>();
        closeBtn.onClick.AddListener(OnCloseClick);
        // 图片和文字
        winImage = skinTrans.FindChild
("WinImage").GetComponent<Image>();
        failImage = skinTrans.FindChild
("FailImage").GetComponent<Image>();
        text = skinTrans.FindChild("Text").
GetComponent<Text>();
        // 根据参数显示图片和文字
        if (isWin)
        {
            failImage.enabled = false;
            text.text = " 祖国和人民感谢你！ ";
        }
        else
        {
```

各个变量对应的部件如下
winImage
failImage
Text
closeBtn

用第一个面板参数来判断是"胜利"还是"被击败"

根据 isWin 返回的值展现不同的内容

```
            winImage.enabled = false;
            text.text = "祖国和人民对你很失望";
        }
    }
    #endregion


    public void OnCloseClick()
    {
        Battle.instance.ClearBattle();
        PanelMgr.instance.OpenPanel<TitlePanel>("");
        Close();
    }
}
```

> 关闭面板后重新打开标题面板

5.7.3 面板调用

接着在 Battle 类的 IsWin 方法中添加弹出面板的功能，如图 5-22 和图 5-23 所示。完成后开启一场战斗，便能够调试这个面板，代码如下。

```
public bool IsWin(int camp)
{
    ……
    Debug.Log("阵营" + camp + "获胜");
    PanelMgr.instance.OpenPanel<WinPanel>("", camp);
    return true;
}
```

图 5-22　胜负面板展示"被击败"

图 5-23　胜负面板展示"胜利"

5.8　设置面板

5.8.1　面板素材

最后让我们以设置面板的操作来展现下拉框的使用方法，制作如图 5-24 所示的战场设置面板，它包含 Dropdown1 和 Dropdown2 两个下拉框和"开始游戏"、"关闭"两个按钮。

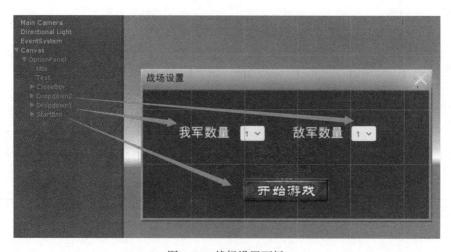

图 5-24　战场设置面板

在下拉框属性中设置选项的界面，如图 5-25 所示。

图 5-25 在下拉框属性中设置选项

5.8.2 面板逻辑

OptionPanel 的实现代码如下所示，Init 方法展现了面板参数的使用方法；params 声明了未知长度的数组 args，如果调用面板的方法是 PanelMgr.instance.OpenPanel<WinPanel> ("", 1, 2, 3)，那么 args[0] 将为 1，args[1] 将为 2，args[2] 将会是 3。因为 args 是 object 类型的数组，所以在使用它之前要强制转换成对应的类型。

```
using UnityEngine;
using System.Collections;
using UnityEngine.UI;

public class OptionPanel : PanelBase
{
    private Button startBtn;
    private Button closeBtn;
    private Dropdown dropdown1;
    private Dropdown dropdown2;

    #region 生命周期
    public override void Init(params object[] args)
    {
        base.Init(args);
        skinPath = "OptionPanel";
        layer = PanelLayer.Panel;
    }

    public override void OnShowing()
    {
        base.OnShowing();
        Transform skinTrans = skin.transform;
        // 开始按钮
```

```csharp
            startBtn = skinTrans.FindChild
("StartBtn").GetComponent<Button>();
            startBtn.onClick.AddListener(OnStartClick);
            //关闭按钮
            closeBtn = skinTrans.FindChild
("CloseBtn").GetComponent<Button>();
            closeBtn.onClick.AddListener(OnCloseClick);
            //数量下拉框
            dropdown1 = skinTrans.FindChild("Dropdown1").
GetComponent<Dropdown>();
            dropdown2 = skinTrans.FindChild("Dropdown2").
GetComponent<Dropdown>();
        }
        #endregion

        public void OnStartClick()
        {
            PanelMgr.instance.ClosePanel
("TitlePanel");
            int n1 = dropdown1.value + 1;
            int n2 = dropdown2.value + 1;
            Battle.instance.StartTwoCampBattle(n1, n2);
            Close();
        }

        public void OnCloseClick()

    {
            Close();
        }
    }
```

> 通过下拉框的 value 属性获取选项。如果玩家选中第一项，则 value 为 0，选中第二项则 value 为 1

5.8.3 面板调用

修改 TitlePanel 的 OnStartClick 方法，弹出战场设置面板，如图 5-26 所示。

```csharp
public void OnStartClick()
{
    //设置
    PanelMgr.instance.OpenPanel<OptionPanel>("");
}
```

至此即完成了一款完整的单机坦克对战游戏，如图 5-27 和图 5-28 所示。期待读者改进这款游戏,让它成为真正的游戏大作!不过,开发网络游戏才是我们的真正目标,第 6 章"网络基础"将会是网络游戏的入门篇章。

图 5-26　弹出的战场设置面板

图 5-27　单机坦克游戏界面图 1

图 5-28　单机坦克游戏界面图 2

第 6 章

网络基础

开发网络游戏，必须要有扎实的网络编程基础。第 6 章至第 8 章将脱离坦克游戏，先来介绍一下网络相关的内容，然后开发一套 C# 服务器框架和 Unity3D 网络模块。下一部分再将网络框架与坦克游戏结合起来，制作一款坦克网游。

计算机网络是指将多台计算机连接起来，以实现资源共享和信息传递。网络游戏大多使用基于 TCP/IP 协议的 BS（客户端–服务器）结构，因此开发网络游戏不仅需要开发一套客户端程序，还需要开发一套服务端程序。客户端程序运行在用户的电脑或手机上，服务端程序运行在游戏运营商的服务器上。图 6-1 给出了多个客户端通过网络与服务端通信的架构。

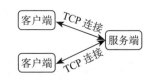

图 6-1 典型的网络游戏架构

例如在一款射击游戏中，玩家 1 移动，玩家 2 在自己的电脑屏幕中也会看到玩家 1 的移动过程。位置同步将涉及如表 6-1 和图 6-2 所示的 5 个步骤。

表 6-1 位置同步涉及的 5 个步骤

步骤	说明	步骤	说明
1	玩家 1 移动	4	服务端将玩家 1 的新坐标转发给客户端 2
2	客户端 1 向服务端发送新的坐标信息	5	客户端 2 收到消息并更新玩家 1 的位置
3	服务端处理消息		

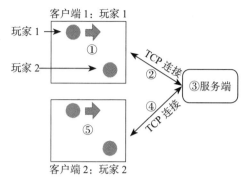

图 6-2 位置同步的 5 个步骤

6.1 七层网络模型

想象一下飞鸽传书，当我们放出一只鸽子，鸽子很可能被敌人射杀，也有可能飞到别的地方去。网络传输就像飞鸽传书一样不稳定，因此需要对数据进行多次编码和校验来确保数据的有效传输。可见网络传输是很复杂的过程。

在实现网络传输时，人们把通信问题划分成了多个小问题，然后为每一个小问题设计了一个单独的协议，使得每个协议都比较简单。国际标准化组织（ISO）和国际电报电话咨询委员会（CCITT）共同制定了开放系统互联的七层参考模型，即把网络传输划分为 7 个独立的层次，如图 6-3 所示。

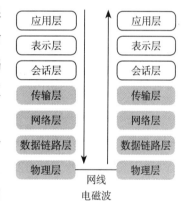

图 6-3 ISO 七层网络模型

七层网络模型的说明如表 6-2 所示。

表 6-2 ISO 七层网络模型

层级	说明
应用层	应用程序提供的服务
表示层	格式化数据，以便为应用程序提供通用接口
会话层	在两个节点之间建立端连接
传输层	面向连接或无连接的常规数据递送，TCP 和 UDP 协议属于传输层协议
网络层	通过寻址来建立两个节点之间的连接，IP 协议属于网络层协议
数据链路层	将数据分帧，添加校验机制，并处理流控制
物理层	原始比特流的传输

其中应用层、表示层和会话层统称为应用层，没有很明确的界定，一般由程序开发者实现。传输层、网络层、数据链路层和物理层为底层，由操作系统提供。

下面以客户端向服务端发送"hello"为例，来说明网络传输的过程。

6.1.1 应用层

应用层的功能是应用程序提供的功能。在"发送 hello"的例子中，用户把字符串"hello"转化成二进制流传递给传输层，如图 6-4 所示。

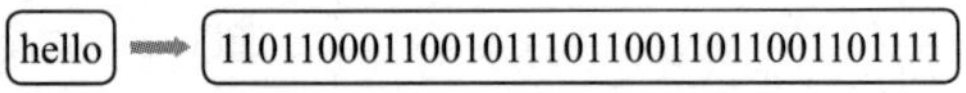

hello → 110110001100101110110011011001101111

图 6-4　应用层的数据转换

6.1.2 传输层

这里以 TCP 协议为例来说明传输层。TCP 提供了 IP 环境下的数据可靠传输，它实现了数据流传送、可靠性校验、流量控制等功能。依然想象一下飞鸽传书的情景，在放出一只鸽子后，可以通过如下策略确保对方收到信息。

1）给每一封书信一个唯一的编号。和对方约定，收到书信后要让飞鸽回应我们。假如能够收到对方的回信，就能够确认对方已经收到了书信。

2）按照鸽子的飞行速度，没有意外的话信件只要 1 天就能到达。所以如果三天后没能收到对方的回信，可以假定鸽子发生了意外，需要重新派出一只鸽子，直到收到对方的回信为止。

TCP 协议设有类似上面的机制，它可以确保对方收到了信息（或者明确知道对方无法收到信息），为了实现此机制，需要在数据中添加"信件编号"等信息，也就是添加一个 TCP 首部，如图 6-5 所示。

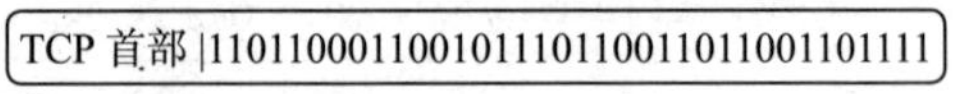

TCP 首部 | 110110001100101110110011011001101111

图 6-5　传输层的数据转换

6.1.3 网络层

这里以 IP 协议为例进行说明。IP 协议用于将多个包的交换网络连接起来，它在源地址和目的地址之间传送数据包，它还提供对数据进行重新组装的功能，以适应不同网络对包大小的不同要求。

还是以飞鸽传书为例，因为鸽子的飞行距离有限，如果要写信给远方的亲戚，你需要在信封上写上目的地。鸽子飞到中继站休息时，再由中继站的工作人员放出另一只鸽子帮你送信。有时信件太重，工作人员会把信件拆成两封，再派出两只鸽子送去。

同理，IP 协议会给数据加上目的地地址（IP 地址和端口）等信息，必要时还会拆分数据，如图 6-6 所示。

|IP 首部|TCP 首部|1101000110010| |IP 首部|1110110011011001101111|

图 6-6　网络层的数据转换

6.1.4　数据链路层

传输中若发生差错，为了达成只将有错的有限数据进行重发，数据链路层将比特流组合成帧，然后以帧为单位进行传送，如图 6-7 所示。每个帧除了要传送的数据外，还包括校验码，以使接收方能发现传输中的差错。比如奇偶校验码是在原信息的最后添加一位用于奇校验或偶校验的代码。如果原始信息为"10010"，因为 1 的个数是 2，所以会在后面添加一个 0，形成"100100"。如果原始信息为"11010"，因为 1 的个数是 3，所以要在后面添加一个 1，形成"110101"。对端程序只要检测最后一位，便能够初步判定数据是否正确发送，如果不正确则要求重发。可见数据链路层会拆分数据并添加一些额外数据。

|帧首部|数据|　|帧首部|数据|　|帧首部|数据|

图 6-7　数据链路层的数据转换

6.1.5　物理层

物理层传输就是数据通过物理介质进行传输的过程，物理介质包括电缆、光纤等物质。这些数据通过物理介质传输到目的地，目的地再依照与上述相反的过程进行解析，最后得到字符串"hello"。

6.2　IP 与端口

6.2.1　IP 地址

网络上的计算机都是通过 IP 地址进行识别的，应用程序通过通信端口彼此通信，如图 6-8 所示。

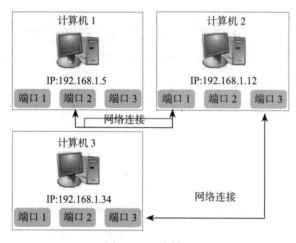

图 6-8　IP 和端口

在 Windows 命令提示符中输入 ipconfig，便能够查看本机的 IP 地址，如图 6-9 所示。

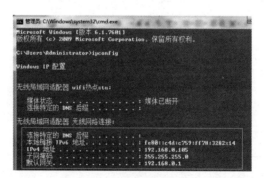

图 6-9　查看本机的 IP 地址

6.2.2　端口

"端口"是英文 port 的意译，是设备与外界通信交流的出口，每台计算机可以分配 0 到 65 535 共 65 536 个端口。其中 0 到 1023 号端口称为众所周知的端口号，它们被分配给一些固定的服务，比如 80 端口分配给 WWW 服务，21 端口分配给 FTP 服务。我们在浏览器中输入一个网址（网址通过域名系统转换为 IP 地址）时不必指定端口号，因为在默认情况下 WWW 服务的端口是 80。

6.2.3 C# 中的相关类型

C# 的 System.Net 命名空间中提供了两个 IP 和端口相关的类 IPAddress 和 IPEndPoint。它们的常用属性、构造函数分别如表 6-3 至表 6-5 所示。

- IPAddress：指示 IP 地址，如 "127.0.0.1"。
- IPEndPoint：指示 IP 和端口对的组合，如 "127.0.0.1:80"。

表 6-3　IPAddress 的常用属性

IPAddress 的常用属性	说明
IPAddress.Any	使用机器上一个可用的 IP 来初始化这个 IP 地址对象
IPAddress.Parse	根据 IP 地址创建 IPAddress 对象，如 IPAddress、Parse（"192.168.1.1"）

表 6-4　IPEndPoint 的常用构造函数

IPEndPoint 的常用构造函数	说明
IPEndPoint (Int64, Int32)	用指定的地址和端口号初始化
IPEndPoint (IPAddress, Int32)	用 IPAddress 指定的地址和端口号初始化

表 6-5　IPEndPoint 的常用属性

IPEndPoint 的常用属性	说明
Address	获取或设置终结点的 IP 地址
Port	获取或设置终结点的端口号

6.3　TCP 协议

TCP 是一种面向连接的、可靠的、基于字节流的传输层通信协议，而与 TCP 相对应的 UDP 协议则是无连接的、不可靠的协议（但传输效率比 TCP 高）。

6.3.1 TCP 连接的建立

TCP 是面向连接的，无论哪一方在向另一方发送数据之前，都必须先在双方之间建立一条连接。在 TCP/IP 协议中，TCP 协议提供可靠的连接服务，连接是通过三次握手进行初始化的。三次握手的目的是同步连接双方的序列号和确认号，并交换 TCP 窗口大小的信息，如图 6-10 所示。

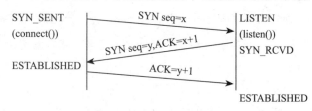

图 6-10　TCP 连接的建立

考虑下面的情形，如图 6-11 所示，军队 A 和军队 B 是盟军，若两者同时对军队 C 发起总攻，则军队 A 和军队 B 必将获胜；若只有一支军队攻打军队 C，由于军队 C 存在地理优势，因此，军队 A 和军队 B 终将都会被打败。因此军队 A 和军队 B 需要建立如下的可靠信息连接来保证同时对军队 C 发起总攻。

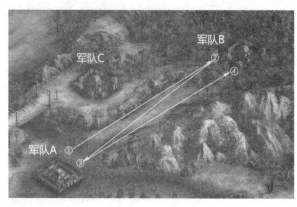

图 6-11　三军对峙

1）军队 A 派出通讯员告知军队 B 今夜子时发起总攻。通讯员有可能在途中被敌人杀死，不一定能够完成任务。所以军队 A 只有确认了军队 B 收到消息后才敢发起总攻，派出通讯员后 A 就要等待军队 B 的回音（如果等待时间太长，则会派出另一位通讯员，多次尝试失败后才放弃）。

2）军队 B 收到通讯员的消息后，B 会派出通讯员回应 A。然而军队 B 还是不敢发起总攻，因为如果 B 派出的通讯员不能完成任务，A 就收不到回音，A 也就不敢发起总攻。派出通信员后 B 就等待 A 的回应（同样的，如果等待时间太长，则会派出另一位通讯员）。

3）A 收到 B 的回应后，确认 B 收到了消息，便可以决定发起总攻。这时他们再次派出通讯员回应 B。

4）B 收到回应后，也能确认 A 收到了他们的回应，即可决定发起总攻（如果通信员没能完成第 3 步骤或第 4 步骤，那么此时军队 B 处在状态 2，就会不断派出通讯员）。

6.3.2 TCP 的数据传输

发送一个数据后,发送方并不能确保数据一定会被接收方接收。于是发送方会等待接收方的回应,如果太长时间没有收到回应,发送方会重新发送数据,如图 6-12 所示。

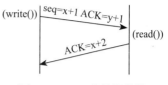

图 6-12　TCP 的数据传输

6.3.3 TCP 连接的终止

客户端和服务器通过三次握手建立了 TCP 连接以后,待数据传送完毕,便要断开连接。与三次握手相似,TCP 通过"四次挥手"来确保双端都断开了连接,如图 6-13 所示。

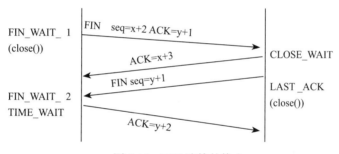

图 6-13　TCP 连接的终止

第一次挥手:主机 1(可以是客户端也可以是服务器)向主机 2 发送一个终止信号(FIN),此时,主机 1 进入 FIN_WAIT_1 状态,它没有需要发送的数据,只需要等待主机 2 的回应。

第二次挥手:主机 2 收到了主机 1 发送的终止信号(FIN),向主机 1 回应一个 ACK。收到 ACK 的主机 1 进入 FIN_WAIT_2 状态。

第三次挥手:在主机 2 把所有数据发送完毕后,主机 2 向主机 1 发送终止信号(FIN),请求关闭连接。

第四次挥手:主机 1 收到主机 2 发送的终止信号(FIN),向主机 2 回应 ACK。然后主机 1 进入 TIME_WAIT 状态(等待一段时间,以便处理主机 2 的重发数据)。主机 2 收到主机 1 的回应后,关闭连接。至此,TCP 的四次挥手便完成了,主机 1 和主机 2 都关闭了连接。

6.4 Socket 套接字

6.4.1 Socket 连接的流程

套接字是支持 TCP/IP 协议网络通信的基本操作单元，可以将套接字看作不同主机间的进程双向通信的端点，它构成了单个主机内及整个网络间的编程界面。套接字存在于通信域中，通信域是为了处理一般的线程通过套接字通信而引进的一种抽象概念。套接字通常会和同一个域中的套接字交换数据（数据交换也可能会穿越域的界限，但这时一定要执行某种解释程序）。各种进程使用这个相同的域用 Internet 协议来进行相互之间的通信。

图 6-14 展示的是一套基本的 Socket 通信流程。

Socket 通信的基本流程具体步骤如下所示。

1）开启一个连接之前，需要先完成 Socket 和 Bind 两个步骤。Socket 是新建一个套接字，Bind 指定套接字的 IP 和端口（客户端在调用 Connect 时会由系统分配端口，因此可以省去 Bind）。

2）服务端通过 Listen 开启监听，等待客户端接入。

3）客户端通过 Connect 连接服务器，服务端通过 Accept 接收客户端连接。在 connect-accept 过程中，操作系统将会进行三次握手。

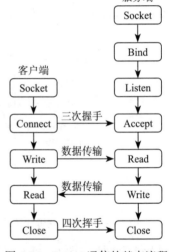

图 6-14　Socket 通信的基本流程

4）客户端和服务端通过 write 和 read 发送和接收数据，操作系统将会完成 TCP 数据的确认、重发等步骤。

5）通过 close 关闭连接，操作系统会进行四次挥手。

6.4.2 Socket 类

System.Net.Sockets 命名空间的 Socket 类为网络通信提供了一套丰富的方法和属性，表 6-6 和表 6-7 列举了 Socket 类的一些常用方法和属性。

表 6-6 Socket 类的一些常用方法

方法	说明
Bind	使 Socket 与一个本地终结点相关联
Listen	将 Socket 置于侦听状态
Accept	为新建连接创建新的 Socket
Connect	建立与远程主机的连接
Send	将数据发送到连接的 Socket
Receive	接收来自绑定的 Socket 的数据
Close	关闭 Socket 连接并释放所有关联的资源
Shutdown	禁用某 Socket 上的发送和接收功能
Disconnect	关闭套接字连接并允许重用套接字
BeginAccept	开始一个异步操作来接受一个传入的连接尝试
EndAccept	异步接受传入的连接尝试
BeginConnect	开始一个对远程主机连接的异步请求
EndConnect	结束挂起的异步连接请求
BeginDisconnect	开始异步请求从远程终结点断开连接
EndDisconnect	结束挂起的异步断开连接请求
BeginReceive	开始从连接的 Socket 中异步接收数据
EndReceive	将数据异步发送到连接的 Socket
BeginSend	开始异步发送数据
EndSend	结束挂起的异步发送
GetSocketOption	返回 Socket 选项的值
SetSocketOption	设置 Socket 选项
Poll	确定 Socket 的状态
Select	确定一个或多个套接字的状态

表 6-7 Socket 类的一些常用属性

属性	说明
AddressFamily	获取 Socket 的地址族
Available	获取已经从网络接收且可供读取的数据量
Blocking	获取或设置一个值,该值指示 Socket 是否处于阻止模式
Connected	获取一个值,该值指示 Socket 是否连接
IsBound	指示 Socket 是否绑定到特定的本地端口
OSSupportsIPv6	指示操作系统和网络适配器是否支持 Internet 协议第 6 版(IPv6)
ProtocolType	获取 Socket 的协议类型
SendBufferSize	指定 Socket 发送缓冲区的大小
SendTimeout	发送数据(Send)的超时时间
ReceiveBufferSize	指定 Socket 接收缓冲区的大小
ReceiveTimeout	接收数据(Receive)的超时时间
Ttl	指定 Socket 发送的 Internet 协议(IP)数据包的生存时间(TTL)值

6.5 同步 Socket 程序

现在,编写一套简单的网络程序,这套网络程序分为客户端和服务端两个部分。客户端发送一行文本给服务端,服务端收到后将文本稍作改动后发回客户端。

6.5.1 新建控制台程序

打开 MonoDevelop(也可以使用 Visual Studio 等工具),选择 File → new → Solution 创建一个控制台(Console)程序,如图 6-15 所示。

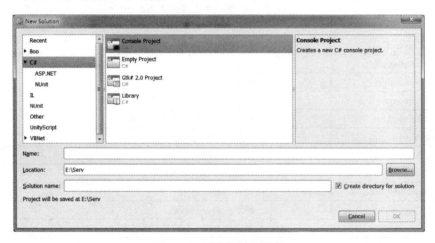

图 6-15 创建控制台程序

MonoDevelop 为我们创建了如图 6-16 所示的目录结构,打开 Main.cs 将能看到使用 Console.WriteLine("Hello World!")在屏幕上输出"Hello World!"的代码。

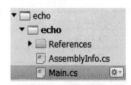

图 6-16 目录结构

```
class MainClass
{
    public static void Main(string[] args)
    {
        Console.WriteLine("Hello World!");
    }
}
```

如图 6-17 所示,选择 Run → Start Without Debugging 即可运行程序。如果程序一

闪而过，可以在代码的最后面加上一行"Console.Read ();"，让程序等待用户的输入。读者还可以在程序目录下的 bin\Debug 中找到对应的 exe 文件。

图 6-17　运行控制台程序

6.5.2　编写服务端程序

服务器遵照 Socket 通信的基本流程，先创建 Socket，再调用 Bind 绑定 IP 地址和端口号，之后调用 Listen 等待客户端连接。最后在 while 循环中调用 Accept 接收客户端的连接，并回应消息，代码如下所示。

```
using System;
using System.Net;
using System.Net.Sockets;

class MainClass
{
    public static void Main(string[] args)
    {
        Console.WriteLine("Hello World!");
        //Socket
        Socket listenfd = new Socket(AddressFamily.InterNetwork,
                        SocketType.Stream, ProtocolType.Tcp);
        //Bind
        IPAddress ipAdr = IPAddress.Parse("127.0.0.1");
        IPEndPoint ipEp = new IPEndPoint(ipAdr, 1234);
        listenfd.Bind(ipEp);
        //Listen
        listenfd.Listen(0);
        Console.WriteLine("[服务器]启动成功");
        while (true)
        {
            //Accept
            Socket connfd = listenfd.Accept();
            Console.WriteLine("[服务器]Accept");
```

注意引用这两个命名空间

下面会有详细的代码解释

```
            //Recv
            byte[] readBuff = new byte[1024];
            int count = connfd.Receive(readBuff);
            string str = System.Text.Encoding.
UTF8.GetString(readBuff, 0, count);
            Console.WriteLine("[服务器接收]" + str);
            //Send
            byte[] bytes = System.Text.Encoding.
Default.GetBytes("serv echo " + str);
            connfd.Send(bytes);
        }
    }
}
```

运行程序，将会看到如图 6-18 所示的界面，此时服务器阻塞在 Accept 方法处。

相关知识点

1. socket

"Socket(AddressFamily.InterNetwork, SocketType.Stream, ProtocolType.Tcp)"这一行创建了一个套接字，它的 3 个参数分别代表地址族、套接字类型和协议。地址族指明是使用 IPv4 还是 IPv6，含义如表 6-8 所示，本例中使用的是 IPv4，即 InterNetwork。

SocketType 是套接字类型，其含义如表 6-9 所示，游戏开发中最常用的是字节流套接字，即 Stream。

图 6-18　运行着的服务端程序

表 6-8　AddressFamily 的值及含义

AddressFamily 的值	含义
InterNetwork	使用 IPv4
InterNetworkV6	使用 IPv6

表 6-9　SocketType 的值及含义

SocketType 的值	含义
Dgram	支持数据报，即最大长度固定（通常很小）的无连接、不可靠消息。消息可能会丢失或重复并可能在到达时不按顺序排列。Dgram 类型的 Socket 在发送和接收数据之前不需要任何连接，并且可以与多个对方主机进行通信。Dgram 使用数据报协议（Udp）和 InterNetworkAddressFamily
Raw	支持对基础传输协议的访问。通过使用 SocketTypeRaw，可以使用 Internet 控制消息协议（Icmp）和 Internet 组管理协议（Igmp）这样的协议来进行通信。在发送时，应用程序必须提供完整的 IP 标头。所接收的数据报在返回时会保持其 IP 标头和选项不变
Rdm	支持无连接、面向消息、以可靠方式发送的消息，并保留数据中的消息边界。RDM（以可靠方式发送的消息）消息会依次到达，不会重复。此外，如果消息丢失，则会通知发送方。如果使用 Rdm 初始化 Socket，则在发送和接收数据之前无须建立远程主机连接。利用 Rdm，可以与多个对方主机进行通信

（续）

SocketType 的值	含义
Seqpacket	在网络上提供排序字节流的面向连接且可靠的双向传输。Seqpacket 不重复数据，它在数据流中保留边界。Seqpacket 类型的 Socket 只与对方的单个主机进行通信，并且在通信开始之前需要建立远程主机连接
Stream	支持可靠、双向、基于连接的字节流，既不重复数据，也不保留边界。此类型的 Socket 与对方的单个主机进行通信，并且在通信开始之前需要建立远程主机连接。Stream 使用传输控制协议（TCP）和 InterNetworkAddressFamily
Unknown	指定未知的 Socket 类型

ProtocolType 用于指明协议，本书使用的是 TCP 协议，部分协议类型如表 6-10 所示。若要使用 UDP 而不是 TCP，则需要更改协议类型为"Socket(AddressFamily.InterNetwork, SocketType.Dgram, ProtocolType.Udp)"。

表 6-10 常用的协议及含义

常用的协议	含义	常用的协议	含义
Ggp	网关到网关协议	PARC	通用数据包协议
Icmp	网际消息控制协议	Raw	原始 IP 数据包协议
IcmpV6	用于 IPv6 的 Interne 控制消息协议	Tcp	传输控制协议
Idp	Internet 数据报协议	Udp	用户数据报协议
Igmp	网际组管理协议	Unknown	未知协议
IP	网际协议	Unspecified	未指定的协议
Internet	数据包交换协议		

2. Bind

listenfd.Bind(ipEp) 将给 listenfd 套接字绑定 IP 和端口。示例程序中绑定的是本地地址"127.0.0.1"和 1234 号端口。127.0.0.1 是回送地址，指本地机，一般用于测试。读者也可以设置成真实的 IP 地址，然后在两台电脑上分别运行客户端和服务端程序。

3. Listen

服务端通过 listenfd.Listen(0) 开启监听，等待客户端连接。参数 backlog 指定队列中最多可容纳等待接受的连接数，0 表示不限制。

4. Accept

开启监听后，服务器调用 listenfd.Accept () 接收客户端连接。本例使用的所有 Socket 方法都是阻塞方法，也就是说当没有客户端连接时，服务器程序会卡在 listenfd.Accept () 处，而不会往下执行，直到接收了客户端的连接。Accept 返回一个新客户端的 Socket，对于服务器来说，它有一个监听 Socket（例子中的 listenfd）用来接收（Accept）客户端的连接，对每个客户端来说还有一个专门的 Socket（例子中的 connfd）用来处理该客户端的数据。

5. Receive

服务器通过 connfd.Receive 接收客户端数据，Receive 也是阻塞方法，没有收到客户端数据时，程序将卡在 Receive 处，而不会往下执行。Receive 带有一个 byte[] 类型的参数，它将存储接收到的数据，Receive 的返回值则指明接收到的数据的长度。之后使用 System.Text.Encoding.UTF8.GetString (readBuff, 0, count) 将 byte[] 数组转换成字符串显示在屏幕上。

6. Send

服务器通过 connfd.Send 发送数据，它接受一个 byte[] 类型的参数指明要发送的内容。Send 的返回值指明发送数据的长度（例子中没有使用）。服务器程序用 System.Text.Encoding.Default.GetBytes (字符串) 把字符串转换成 byte[] 数组，然后发送给客户端（且会在字符串前面加上"serv echo"）。

6.5.3 客户端界面

在 Unity3D 中建立如图 6-19 所示的客户端程序界面，各个部件说明如表 6-11 所示。

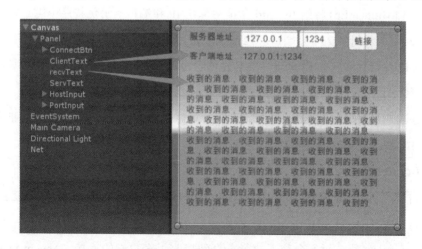

图 6-19 客户端程序界面

表 6-11 客户端界面部件说明

部件	内容
ConnectBtn	链接按钮 [链接] （按钮点击事件设置为下面代码中的 Connetion 方法）
ClientText	用于显示客户端 IP 和端口的文本框 [客户端地址 127.0.0.1:1234]
RecvText	用于显示收到的消息 [收到的消息 收到的消息 收到的消息 收到的消息 收到的消息 收到的消息 收到的消息 收到的消息 收到的消息 收到的消息 收到的消息]
HostInput	用于输入服务端 IP 的文本框 [127.0.0.1]
PortInput	用于输入服务端端口的文本框 [1234]

6.5.4 客户端程序

新建 net.cs 文件，编写客户端程序。创建 Socket 后，客户端通过 Connect 连接服务器，然后向服务器发送 "Hello Unity!"。发送后等待服务器回应，并把服务器回应的字符串显示出来，代码如下。

```
using UnityEngine;
using System.Collections;
using System.Net;
using System.Net.Sockets;
using UnityEngine.UI;

public class net : MonoBehaviour
{
    // 与服务端的套接字
    Socket socket;
    // 服务端的 IP 和端口
    public InputField hostInput;
    public InputField portInput;
    // 文本框
    public Text recvText;
    public Text clientText;
    // 接收缓冲区
    const int BUFFER_SIZE = 1024;
    byte[] readBuff = new byte[BUFFER_SIZE];

    public void Connetion()
    {
        //Socket
        socket = new Socket(AddressFamily.InterNetwork,
            SocketType.Stream, ProtocolType.Tcp);
```

点击界面上的"链接"按钮，调用 Connetion 方法

```
            //Connect
            string host = hostInput.text;
            int port = int.Parse(portInput.text);
            socket.Connect(host, port);
            clientText.text = "客户端地址 " + socket.
LocalEndPoint.ToString();
            //Send
            string str = "Hello Unity!";
            byte[] bytes = System.Text.Encoding.
Default.GetBytes(str);
            socket.Send(bytes);
            //Recv
            int count = socket.Receive(readBuff);
            str = System.Text.Encoding.UTF8.
GetString(readBuff, 0, count);
            recvText.text = str;
            //Close
            socket.Close();
        }
    }
```

添加 net 组件，设置属性。之后运行服务端和客户端程序。点击客户端的链接按钮，客户端将会显示服务端的回应信息 "serv echo Hello Unity！"，如图 6-20 所示。

Echo 服务器的一个简单应用是时间查询，现在更改服务端的发送代码，发送服务端当前的时间。如果服务器当前的时间是准确的，那么客户端便可以获取准确的时间，如图 6-21 所示。

```
//Send
str = System.DateTime.Now.ToString();
byte[] bytes = System.Text.Encoding.Default.GetBytes (str);
connfd.Send (bytes);
```

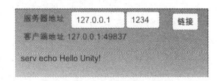

图 6-20　显示服务端的回应

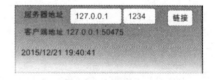

图 6-21　时间查询

现在来思考一个问题，当前的同步服务器每次只能处理一个客户端的请求。如果要做一套聊天系统，它必须同时处理多个客户端的请求，那又该怎样实现呢？

6.6 异步 Socket 程序

同步模式中，服务器使用 Accept 接受连接请求，客户端使用 Connect 连接服务器。相对地，在异步模式下，服务器可以使用 BeginAccept 和 EndAccept 方法完成连接到客户端的任务。接下来将通过一个多人聊天的例子来说明异步 Socket 程序。

6.6.1 BeginAccept

BeginAccept 的函数原型如下所示：

BeginAccept(AsyncCallback asyncCallback, Ojbect state)

BeginAccept 参数说明如表 6-12 所示。

调用 BeginAccecpt 后，程序将继续执行而不是阻塞在该语句上。等到客户端连接上后，回调函数 asyncCallback 将被执行。在回调函数中，开发者可以使用 EndAccept 获取新客户端的套接字，还可以通过 AsyncState 获取 state 参数传入的数据。BeginAccecpt 的使用方法如下所示。

表 6-12 BeginAccept 参数说明

参数	说明
asyncCallBack	代表回调函数
state	表示状态信息，必须保证 state 中包含 socket 的句柄

```
lisenfd.BeginAccecpt(AcceptCb, null);

private void AcceptCb(IAsyncResult ar)
{
    Socket socket = listenfd.EndAccept(ar);
    // 接收消息
}
```

6.6.2 BeginReceive

与 BeginAccept 相似，BeginReceive 实现的是异步数据接收，它的原型如下所示。

```
public IAsyncResult BeginReceive (
    byte[] buffer,
    int offset,
    int size,
    SocketFlags socketFlags,
    AsyncCallback callback,
    object state
)
```

BeginReceive 参数说明如表 6-13 所示。

表 6-13 BeginReceive 参数说明

参数	说明
buffer	Byte 类型的数组，用于存储接收到的数据
offset	buffer 参数中存储数据的位置，该位置从零开始计数
size	最多接收的字节数
socketFlags	SocketFlags 值的按位组合，这里设置为 0
callback	回调函数，一个 AsyncCallback 委托
state	一个用户定义对象，其中包含接收操作的相关信息。当操作完成时，此对象会被传递给 EndReceive 委托

6.6.3 Conn（state）

服务端要处理多个客户端消息，它需要用一个数组来维护所有客户端的连接。每个客户端都有自己的 Socket 和缓冲区，可定义如表 6-14 所示的 Conn 类来表示客户端连接。

表 6-14 Conn 类的成员说明

成员	说明
socket	与客户端连接的套接字
BUFFER_SIZE readBuff buffCount	BUFFER_SIZE：缓冲区大小 readBuff：读缓冲区 buffCount：当前读缓冲区的长度 使用 BeginReceive 接收数据后，把数据保存在 readBuff 中，之后读取这个缓冲区的数值，解析协议并作处理。（本例中 buffCount 不起作用，在第 7 章的"分包粘包处理"一节中会用到） BUFFER_SIZE=13 readBuff [0|1|2|3|4|5|6|7|8|9|10|11|12] 　　　　　　　　　　↑ 　　　　　　　　buffCount
isUse	指明该对象是否被使用。 之后会在 Serv 类中定义一个固定长度的 Conn 类型的数组，形成对象池，每当客户端连接进来时，程序就会遍历对象池以找到一个可用的对象。每当客户端断开连接时，程序就会把相应的 Conn 对象设为未使用。如果没有可用的对象，则拒绝客户端连接。 conns 数组（对象池） conns[0] isUse=true（×）　┐ conns[1] isUse=true（×）　│遍历 conns[2] isUse=false（√） │寻找未初始化或未使用的对象 conns[3] isUse=false　　　　│ conns[4] isUse=false　　　　┘

现在在服务端程序中添加如下的 Conn 类,它是服务端程序中的重要数据结构。

```
using System;
using System.Net;
using System.Net.Sockets;
using System.Collections;
using System.Collections.Generic;

public class Conn
{
    //常量
    public const int BUFFER_SIZE = 1024;
    //Socket
    public Socket socket;
    //是否使用
    public bool isUse = false;
    //Buff
    public byte[] readBuff = new byte[BUFFER_SIZE];
    public int buffCount = 0;
    //构造函数
    public Conn()
    {
        readBuff = new byte[BUFFER_SIZE];
    }
    //初始化
    public void Init(Socket socket)
    {
        this.socket = socket;
        isUse = true;
        buffCount = 0;
    }
    //缓冲区剩余的字节数
    public int BuffRemain()
    {
        return BUFFER_SIZE - buffCount;
    }
    //获取客户端地址
    public string GetAdress()
    {
        if (!isUse)
            return "无法获取地址";
        return socket.RemoteEndPoint.ToString();
    }
    //关闭
    public void Close()
    {
        if (!isUse)
            return;
```

> 初始化方法,在启用一个连接时会调用该方法,从而给一些变量赋值

> 调用 socket.RemoteEndPoint 获取客户端的 IP 地址和端口

> 调用 socket.Close 关闭这条连接

```
            Console.WriteLine("[断开连接]" + GetAdress());
            socket.Close();
            isUse = false;
        }
    }
```

6.6.4 服务端程序（主体结构）

编写 Serv 类，它包含一个 Conn 类型的对象池（数组），用于维护客户端连接。NewIndex 方法将找出对象池中尚未使用的元素下标。

在 Start 方法中，服务器将经历 Socket、Bind、Listen，然后调用 BeginAccept 开始异步处理客户端的连接，如图 6-22 所示。

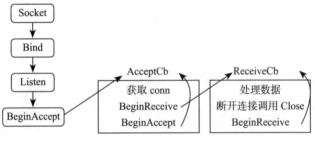

图 6-22　异步服务端示意图

服务端程序 Serv 类的代码如下所示。

```
public class Serv
{
    //监听嵌套字
    public Socket listenfd;
    //客户端连接
    public Conn[] conns;
    //最大连接数
    public int maxConn = 50;

    //获取连接池索引，返回负数表示获取失败
    public int NewIndex()
    {
        if (conns == null)
            return -1;
        for (int i = 0; i < conns.Length; i++)
        {
            if (conns[i] == null)
```

```csharp
            {
                conns[i] = new Conn();
                return i;
            }
            else if (conns[i].isUse == false)
            {
                return i;
            }
        }
        return -1;
    }

    //开启服务器
    public void Start(string host, int port)         // 初始化连接池
    {
        //连接池
        conns = new Conn[maxConn];
        for (int i = 0; i < maxConn; i++)
        {
            conns[i] = new Conn();
        }
        //Socket
        listenfd = new Socket(AddressFamily.InterNetwork,
                       SocketType.Stream, ProtocolType.Tcp);
        //Bind
        IPAddress ipAdr = IPAddress.Parse(host);
        IPEndPoint ipEp = new IPEndPoint(ipAdr, port);
        listenfd.Bind(ipEp);
        //Listen
        listenfd.Listen(maxConn);
        //Accept
        listenfd.BeginAccept(AcceptCb, null);
        Console.WriteLine("[服务器]启动成功");
    }
}
```

Socket 连接的流程:
Socket → Bind → Listen → BeginAccept

相关知识点

连接池：连接池的核心思想是连接复用，通过建立一个连接池及一套连接使用、分配、管理的策略，使得不必每次新建连接都要生成 Conn 实例。因为服务端对性能的要求较高，生成 Conn 实例将涉及内存的申请分配等操作，相对比较耗费时间（尽管是很短很短的时间）。连接池因为使用了固定的数组，会占用更多的内存，所以它也是一个"用空间换时间"的策略。

6.6.5 服务端程序（Accept 回调）

Serv 类的 AcceptCb 是 BeginAccept 的回调函数，它处理了如下 3 件事情。

1）给新的连接分配 conn。

2）异步接收客户端数据。

3）再次调用 BeginAccept 实现循环。

AcceptCb 方法的代码如下所示。

```
//Accept 回调
private void AcceptCb(IAsyncResult ar)
{
    try
    {
        Socket socket = listenfd.EndAccept(ar);
        int index = NewIndex();

        if(index < 0)
        {
            socket.Close();
            Console.Write("[警告]连接已满");
        }
        else
        {
            Conn conn = conns[index];
            conn.Init(socket);
            string adr = conn.GetAdress();
            Console.WriteLine("客户端连接 [" + adr 
+"] conn 池 ID: " + index);
            conn.socket.BeginReceive(conn.
readBuff,
                    conn.buffCount, conn.
BuffRemain(),
                    SocketFlags.None, ReceiveCb,
conn);
        }
        listenfd.BeginAccept(AcceptCb,null);
    }
    catch(Exception e)
    {
        Console.WriteLine("AcceptCb 失败：" + e.Message);
    }
}
```

注释：
- 如果连接池已满，则拒绝连接
- 给新的连接分配 conn
- 异步接收客户端数据
- 再次调用 BeginAccept 实现循环

相关知识点

try-catch：try-catch 是 C# 里处理异常的结构。它允许将任何可能发生异常情形的程序代码放置在 try{} 中进行监控（如 Accept 方法，如果 Accept 失败，就会报出异常），若有异常发生，catch{} 里面的代码将会被执行。catch 语句中的 Exception e 附带了异常信息，可以将它打印出来。

6.6.6 服务端程序（接收回调）

ReceiveCb 是 BeginReceive 的回调函数，它也处理了 3 件事情。

1）接收并处理消息，因为是多人聊天，服务端收到消息后，要把它转发给所有人。

2）如果收到客户端关闭连接的信号（count == 0），则断开连接。

3）继续调用 BeginReceive 接收下一个数据。

ReceiveCb 方法的代码如下所示。

```
private void ReceiveCb(IAsyncResult ar)          // 获取 BeginReceive 传入的 Conn 对象
{
    Conn conn = (Conn)ar.AsyncState;
    try
    {
        int count = conn.socket.EndReceive(ar);  // 获取接收的字节数
        //关闭信号
        if(count <= 0)
        {
            Console.WriteLine("收到 [" + conn.GetAdress() +"] 断开连接 ");
            conn.Close();
            return;
        }
        //数据处理
        string str = System.Text.Encoding.UTF8.GetString(conn.readBuff, 0, count);
        Console.WriteLine("收到 [" + conn.GetAdress() +"] 数据: " + str);
        str = conn.GetAdress() + ":" + str;
        byte[] bytes = System.Text.Encoding.Default.GetBytes(str);
        //广播
        for(int i=0;i < conns.Length; i++)       // 将消息发送给所有正在使用的连接
        {
            if(conns[i] == null)
                continue;
            if(!conns[i].isUse)
                continue;
```

```
            Console.WriteLine(" 将消息转播给 " +
conns[i].GetAdress());
            conns[i].socket.Send(bytes);
        }
        // 继续接收                                          ← 继续接收，实现循环
        conn.socket.BeginReceive(conn.readBuff,
                    conn.buffCount, conn.BuffRemain(),
                    SocketFlags.None, ReceiveCb, conn);
    }
    catch(Exception e)                                     ← 异常处理
    {
        Console.WriteLine(" 收到 [" + conn.GetAdress() +"] 断开连接 ");
        conn.Close();
    }
}
```

6.6.7 开启服务端

最后在 MainClass.Main 中创建 Serv 类的实例并开启服务器，代码如下。

```
class MainClass
{
    public static void Main(string[] args)
    {
        Console.WriteLine("Hello World!");
        Serv serv = new Serv();                            ← 开启服务器
        serv.Start("127.0.0.1", 1234);
        while (true)                                       ← 如果用户输入 quit，则退
        {                                                    出程序
            string str = Console.ReadLine();
            switch (str)
            {
                case "quit":
                    return;
            }
        }
    }
}
```

6.6.8 客户端界面

聊天客户端界面与 6.5.3 节的界面相似，只是这里增加了发送聊天内容的文本框 TextInput 和按钮 SendBtn，如图 6-23 所示。

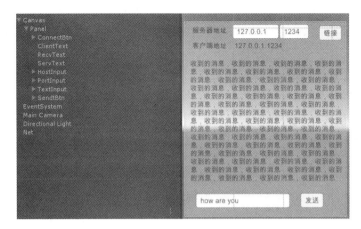

图 6-23　客户端界面

聊天客户端的界面部件说明如表 6-15 所示。

表 6-15　界面部件说明

部件	说明
TextInput	聊天输入框
SendBtn	发送按钮 （按钮点击事件设置为 6.6.9 节的 Send 方法）

6.6.9　客户端程序

客户端程序也使用 BeginReceive 实现异步接收。因为 C# 使用线程池处理异步调用，所以 ReceiveCb 并不在主线程中，但只有主线程方能设置 UI 组件，因此 ReceiveCb 只设置字符串 recvStr，再由主线程 Update 方法处理 UI 组件，代码如下。

```
using UnityEngine;
using System;
using System.Collections;
using System.Collections.Generic;
using System.Net;
using System.Net.Sockets;
using UnityEngine.UI;

public class net : MonoBehaviour
{
    // 服务器 IP 和端口
    public InputField hostInput;
    public InputField portInput;
```

```csharp
// 显示客户端收到的消息
public Text recvText;
public string recvStr;
// 显示客户端 IP 和端口
public Text clientText;
// 聊天输入框
public InputField textInput;
//Socket 和接收缓冲区
Socket socket;
const int BUFFER_SIZE = 1024;
public byte[] readBuff = new byte[BUFFER_SIZE];

// 因为只有主线程能够修改 UI 组件的属性
// 因此在 Update 里更换文本
void Update()
{
    recvText.text = recvStr;
}
```

编写连接的方法 Connetion，当"链接"按钮被按下时，该方法被调用。它依照 socket-connect 的流程连接服务端，然后再调用 BeginReceive 开启异步接收，代码如下。

```csharp
// 连接
public void Connetion()
{
    // 清理 text
    recvText.text = "";
    //Socket
    socket = new Socket(AddressFamily.InterNetwork,
                SocketType.Stream, ProtocolType.Tcp);
    //Connect
    string host = hostInput.text;
    int port = int.Parse(portInput.text);
    socket.Connect(host, port);
    clientText.text = " 客户端地址 " + socket.LocalEndPoint.ToString();
    //Recv
      socket.BeginReceive(readBuff, 0, BUFFER_SIZE, SocketFlags.None, ReceiveCb, null);
}
```

当收到服务端发来的消息时，异步接收回调 ReceiveCb 将被调用。它先是解析服务端的消息，将聊天语句存入 recvStr 中，然后再调用 BeginReceive 开启一下次异步接收，代码如下。

```csharp
// 接收回调
private void ReceiveCb(IAsyncResult ar)
```

```csharp
{
    try
    {
        //count 是接收数据的大小
        int count = socket.EndReceive(ar);
        // 数据处理
        string str = System.Text.Encoding.UTF8.GetString(readBuff, 0, count);
        if (recvStr.Length > 300) recvStr = "";
        recvStr += str + "\n";
        // 继续接收
        socket.BeginReceive(readBuff, 0, BUFFER_SIZE, SocketFlags.None, ReceiveCb, null);
    }
    catch (Exception e)
    {
        recvText.text += "连接已断开";
        socket.Close();
    }
}
```

下面编写发送消息的方法 Send，当点击界面上的"发送"按钮时，该方法被调用。它调用 socket.Send 方法将 textInput 的内容发送给服务端，代码如下。

```csharp
// 发送数据
public void Send()
{
    string str = textInput.text;
    byte[] bytes = System.Text.Encoding.Default.GetBytes(str);
    try
    {
        socket.Send(bytes);
    }
    catch { }
}
```

6.6.10 调试程序

如图 6-24 和图 6-25 所示，添加 net 组件、设置组件属性，设置界面中的按钮属性。然后运行两个客户端，便可以愉快地聊天了。读者可以试着完善这个聊天工具，说不定下一个 QQ 就是它了。

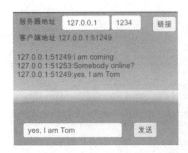

图 6-24　聊天程序

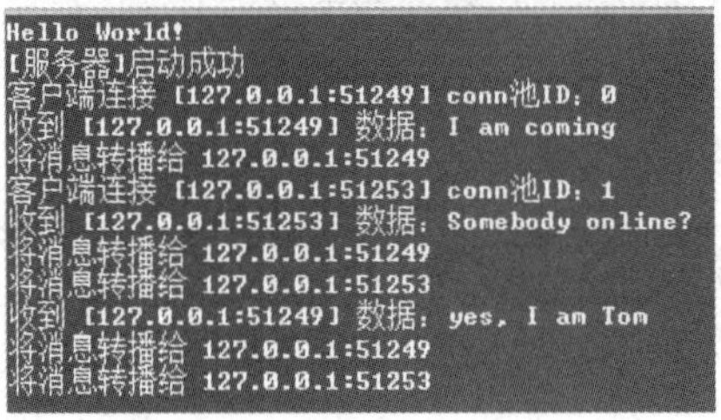

图 6-25　服务器显示的信息

6.7　MySQL

假设有一个留言板，服务端需要把留言保存到硬盘里，这便会涉及数据库。MySQL 是游戏开发中最常用的数据库之一，它是当前最流行的关系型数据库管理系统。

6.7.1　配置 MySQL 环境

在服务端程序里使用 MySQL，需要以下几个步骤。

1）安装并启动 MySQL。读者需要下载 Windows 版本的 MySQL 安装包（如果是 Linux 系统，自然需要下载 Linux 版本的安装包，本章示例全在 Windows 下运行），解压并安装。安装过程中会出现配置数据库用户和密码的选项，因此需要记住自己设置的用户名和密码。

2）安装 connector。使用 C# 操作 MySQL 数据库时，需要安装 MySQL 官方提供的连接文件，文件下载地址为 http://dev.mysql.com/downloads/connector/net/6.6.html#downloads，

下载 Windows 版本并安装。

3）引用 mysql.data.dll。打开 MonoDevelop 项目面板的 Edit References 按钮（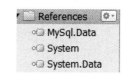），找到 MySql.Data，打勾引用它，如图 6-26 所示。后续在用到 System.Data 时，也需要引用它，如图 6-27 所示。

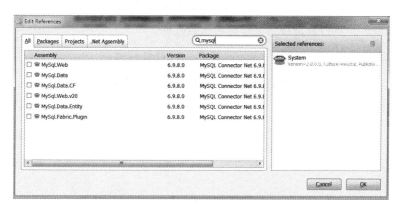

图 6-26　引用 MySql.Data

4）安装 Navicat for MySQL。Navicat for MySQL 是一套专为 MySQL 数据库设计的管理工具。这里将使用 Navicat 建立数据库并查看数据表的内容（这一步并非是必需的，但使用管理工具要比使用 MySQL 的命令行语句方便很多）。读者可以在"https://www.navicat.com.cn/download/ navicat-for-mysql"下载正版的 Navicat for MySQL，然后按照指引安装。打开软件即可看到图 6-28 所示的界面。

图 6-27　References 显示 MySql.Data 的引用

图 6-28　Navicat for MySQL

6.7.2 建立 MySQL 数据库

建立 MySQL 数据库的步骤如下。

1）登录管理系统。打开 Navicat for MySQL，点击“文件→新建连接”在弹出的面板中填入 IP 地址“127.0.0.1”，然后填入 MySQL 数据库的用户名和密码，点击确定按钮，连接本地数据库。

2）建立 msgboard 数据库。右击连接名，选择新建数据库，在弹出的面板中建立一个名为 msgboard 的数据库来保存留言信息，如图 6-29 所示。

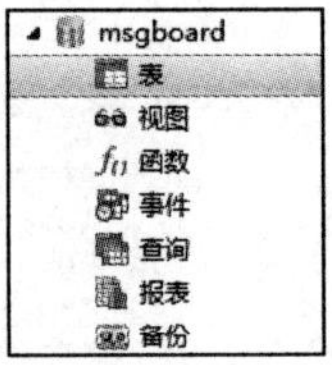

图 6-29 msgboard 数据库

3）新建数据表。在 msgboard 数据库中新建名为 msg 的表，它包含 id、name 和 msg 3 个栏位，如图 6-30 所示，其中 id 为自动递增的 int 类型，然后手动添加几条数据，如图 6-31 所示。

名	类型	长度	小数点	允许空值 (	
id	int	11	0	☐	1
name	text	0	0	☑	
msg	text	0	0	☑	

图 6-30 msg 表包含 id、name 和 msg 三个栏位

id	name	msg
1	127.0.0.1:1111	this is my msg
2	127.0.0.1:2222	I am LPY

图 6-31 手动给数据表添加数据

注意：保存表时如果提示需要输入键长度，可将栏位的字符集属性设置为 utf8，再将键长度设置为 20。

6.7.3 MySQL 基础知识

1.MySQL 的数据类型

MySQL 有数字、日期、字符串等几种数据类型，每一类又划分了许多子类，具体如表 6-16 所示。我们经常会使用到数字、文本和二进制类型。

表 6-16 MySQL 的数据类型

类型	子类
数字类型	整数：tinyint、smallint、mediumint、int、bigint 浮点数：float、double、real、decimal
日期和时间	date、time、datetime、timestamp、year
字符串	char、varchar
文本	tinytext、text、mediumtext、longtext
二进制	tinyblob、blob、mediumblob、longblob

2. 常用的 sql 语句

包括查询、插入、更新和删除等，具体如表 6-17 所示。

表 6-17 常用的 sql 语句

语句	说明
select	查询表中的数据，使用形式为： select 列名称 from 表名称 [查询条件]； 例句：Selcet * from msg where name = "小明"；
insert	将数据插到数据库表中，基本的使用形式为： insert [into] 表名 [(列名 1, 列名 2, 列名 3, ...)] values (值 1, 值 2, 值 3, ...)； 例句：insert into msg values(1, "小明", "你好")； insert into students（"name"，"msg"）values（"小红"，"Love LPY"）；
update	可用来修改表中的数据，基本的使用形式为： update 表名称 set 列名称 = 新值 where 更新条件； 例句：update msg set msg=" ha ha" where id = 123;
delete	可用于删除表中的数据，基本用法为： 例如：delete from 表名称 where 删除条件； delete from msg where id = 123;

3. 操作 MySQL 的流程

用 C# 操作 MySQL 数据库需要经历的流程，如图 6-32 所示。一台主机可能包含多个数据库（如前面创建的 msgboard 就是其中一个），因此需要指明程序操作的是哪个数据库，于是就有"选择数据库"这一过程。

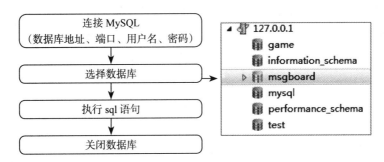

图 6-32 使用 MySQL 的流程

6.7.4 MySQL 留言板服务端程序

修改异步 Socket 程序，使它成为留言板服务端程序。

1）引用 MySql.Data.dll，然后引用 MySQL 相关的命名空间，代码如下。

```
using MySql.Data;
using MySql.Data.MySqlClient;
using System.Data;
```

2）在 Serv 类中添加指向 MySQL 连接的成员 sqlConn，代码如下。

```
//数据库
MySqlConnection sqlConn;
```

3）在 Start 方法中完成连接 MySQL 和选择数据库两个步骤。读者需要根据自己设置的用户名和密码修改 connStr，代码如下。

```
//开启服务器
public void Start (string host, int port)
{
    //数据库
    string connStr = "Database=msgboard;Data Source=127.0.0.1;";
    connStr+="User Id=root;Password=123456;port=3306";
    sqlConn=new MySqlConnection(connStr);
    try
    {
        sqlConn.Open();
    }
    catch(Exception e)
    {
        Console.Write("[数据库]连接失败 " + e.Message);
        return;
    }
    ……
```

4）修改 ReceiveCb，处理留言板程序。如果客户端发送的字符串是 "_GET"，那么服务器将会查询数据库，并把最新的 10 条留言发送给客户端。如果客户端发送的是其他字符串，那么服务器将会把它插入到数据库中，代码如下。

```
private void ReceiveCb(IAsyncResult ar)
{
    Conn conn = (Conn)ar.AsyncState;
    try
```

```
        {
            int count = conn.socket.EndReceive(ar);
            // 关闭信号
            ……
            // 数据处理
              string str = System.Text.Encoding.UTF8.GetString(conn.readBuff, 0, count);
            Console.WriteLine(" 收到 [" + conn.GetAdress() +"] 数据: " + str);
            HandleMsg(conn, str);
            // 继续接收
            conn.socket.BeginReceive(conn.readBuff, conn.buffCount,
                conn.BuffRemain(), SocketFlags.None, ReceiveCb, conn);
        }
        catch(Exception e)
        {
            ……
        }
    }
```

MySqlCommand 用于封装 SQL 语句，通过它的 ExecuteReader 或 ExecuteNonQuery 便可以执行对应的 SQL 语句。MySqlDataReader 提供了一种从数据集读取数据的方法，在调用它的 Read 方法后，dataReader 对象指向数据集的下一条记录。如果当前是最后一条记录，那么 Read 方法将返回 null。由此可以通过 while (dataReader.Read()) 遍历数据集中的所有数据，代码如下。

```
    public void HandleMsg(Conn conn, string str)
    {
        // 获取数据
        if(str == "_GET")
        {
            string cmdStr = "select * from msg order by id desc limit 10;";
            MySqlCommand cmd = new MySqlCommand(cmdStr, sqlConn);
            try
            {
                MySqlDataReader dataReader = cmd.ExecuteReader();
                str = "";
                while (dataReader.Read())
                {
                    str+= dataReader["name"] + ":" + dataReader["msg"] + "\n\r";
                }
                dataReader.Close();
                byte[] bytes = System.Text.Encoding.Default.GetBytes(str);
                conn.socket.Send(bytes);
            }
            catch(Exception e)
```

```
            {
                Console.WriteLine("[数据库]查询失败 " + e.Message);
            }
        }
        //插入数据
        else
        {
            string cmdStrFormat = "insert into msg set name ='{0}' ,msg ='{1}';";
            string cmdStr = string.Format(cmdStrFormat, conn.GetAdress(), str);
            MySqlCommand cmd = new MySqlCommand(cmdStr, sqlConn);
            try
            {
                cmd.ExecuteNonQuery();
            }
            catch(Exception e)
            {
                Console.WriteLine("[数据库]插入失败 " + e.Message);
            }
        }
    }
```

> **注意**：部分版本的 MySQL 不支持"insert into msg set name ='{0}', msg ='{1}';"的形式，这时可以将该语句改为"insert into msg ("name", "msg") values("{0}", "{1}")"的形式，以使 MySQL 不报错。7.2.6 节也使用了"set id = value"的语法，也可以将之修改成"values()"的形式。

6.7.5 调试程序

使用 6.6.8 节的聊天客户端，输入留言发送给服务端。打开 Navicat，读者将会看到留言已被存入到数据库中，如图 6-33 所示。

id	name	msg
1	127.0.0.1:1111	this is my msg
2	127.0.0.1:2222	I am LPY
8	127.0.0.1:55933	how are you

图 6-33　留言被存入到数据库中

如图 6-34 所示，在客户端中输入"_GET"，便能够显示服务器发回的留言。

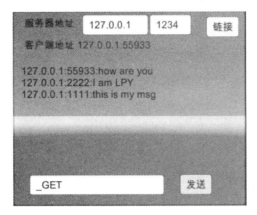

图 6-34 查看服务器发回的留言

6.8 类的序列化

序列化是指将对象实例的状态存储到存储媒体的过程。在此过程中，先将对象的公共字段、私有字段及类的名称（包括类所在的程序集）转换为字节流，然后再把字节流写入数据流中。随后对对象进行反序列化时，将创建出与原对象完全相同的副本。

我们要将玩家的数据保存到数据库中，尽管不使用序列化也能完成这项工作，但有时会很繁琐而且容易出错，并且在需要跟踪对象的层次结构时，会变得越来越复杂。可以想象一下不得不为每一个对象编写代码，以便将属性保存至磁盘，以及从磁盘还原这些属性将是多么麻烦。而序列化正好提供了轻松实现这个目标的快捷方法。

要使一个类可序列化，最简单的方法是使用 Serializable 属性对它进行标记，代码如下所示。

```
[Serializable]
class Player
{
    public int coin = 0;
    public int money = 0;
    public String name = "";
}
```

以下代码展示了将 Player 类对象序列化，然后将序列化的数据保存到名为 data.bin 的文件中。

```
using System;
using System.Runtime.Serialization;
using System.Runtime.Serialization.Formatters.Binary;
using System.IO;

class MainClass
{
    public static void Main(string[] args)
    {
        Player player = new Player();
        player.coin = 1;
        player.money = 10;
        player.name = "XiaoMing";

        IFormatter formatter = new BinaryFormatter();
        Stream stream = new FileStream("data.bin", FileMode.Create,
                            FileAccess.Write, FileShare.None);
        formatter.Serialize(stream, player);
        stream.Close();
    }
}
```

上述代码先创建player对象，然后使用"new FileStream()"创建一个名为data.bin的文件（变量stream即代表了该文件）。Formatter是BinaryFormatter类型的实例，formatter.Serialize(stream, player)会将player中的所有成员变量序列化成二进制数据，然后保存到stream所对应的文件（data.bin）中。代码运行后，可以在程序目录下找到data.bin，该文件记录了player的信息如图6-35所示。

图6-35 保存类实例序列化的文件

要将对象还原到它以前的状态也非常容易。首先，创建格式化程序和流以进行读取，然后让格式化程序对对象进行反序列化，如图3-36所示。以下代码说明了如何进行此操作。

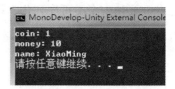

图6-36 反序列化

```
public static void Main (string[] args)
{
    // 反序列化
    IFormatter formatter = new BinaryFormatter();
```

```
            Stream stream = new FileStream("data.bin", FileMode.Open,
                                    FileAccess.Read, FileShare.Read);
            Player player = (Player) formatter.Deserialize(stream);
            stream.Close();
            // 输出验证
            Console.WriteLine("coin: {0}", player.coin);
            Console.WriteLine("money: {0}", player.money);
            Console.WriteLine("name: {0}", player.name);
}
```

第 7 章中，我们将会序列化玩家数据，然后将其保存到数据库中。

6.9 定时器

游戏服务器往往需要执行一些"每隔 N 秒执行一次"的事项（比如第 7 章提及的心跳检测），便需要用到定时器。

下面是一个简单的定时器示例，程序每隔一秒打印一行文本，如图 6-37 所示（注：Timer 由线程池实现，Tick 和 Main 不在同一个线程），代码如下。

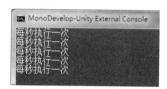

图 6-37 定时器程序

```
using System;
using System.Timers;

class MainClass
{
    public static void Main(string[] args)
    {
        Timer timer = new Timer();
        timer.AutoReset = true;
        timer.Interval = 1000;
        timer.Elapsed += new ElapsedEventHandler(Tick);
        timer.Start();
        // 不要退出程序
        Console.Read();
    }

    public static void Tick(object sender, System.Timers.ElapsedEventArgs e)
    {
        Console.WriteLine(" 每秒执行一次 ");
    }
}
```

Timer 的一些属性和方法如表 6-18 所示。

表 6-18 Timer 的常用属性和方法

属性或方法	说明
Start()	通过将 Enabled 设置为 true 开始引发事件
Stop()	通过将 Enabled 设置为 false 停止引发事件
Close()	释放由 Timer 占用的资源
AutoReset	指示 Timer 是应在每次指定的间隔结束时引发事件，还是只引发一次事件
Enabled	该值指示 Timer 是否应引发事件
Interval	获取或设置引发事件的间隔时间，单位为毫秒

6.10 线程互斥

通过多线程，C# 能够并行地执行代码。每一个线程都有它独立的执行路径，所有线程都能够访问共有变量。图 6-38 所示的是一个简单的例子，程序先通过 new Thread() 创建线程，并通过线程的 Start 方法开启它。每个线程往 str 字符串中添加不同的字符，最后由主线程输出 str。Thread.Sleep 是挂起线程的方法，例如 Thread.Sleep(1000) 是指让线程等待 1 秒钟。

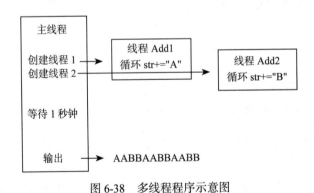

图 6-38 多线程程序示意图

代码如下。

```
using System;
using System.Timers;
using System.Threading;

class MainClass
{
```

```
static string str = "";

public static void Main(string[] args)
{
    Thread t1 = new Thread(Add1);
    t1.Start();
    Thread t2 = new Thread(Add2);
    t2.Start();
    // 等待一段时间
    Thread.Sleep(1000);
    // 输出
    Console.WriteLine(str);
}

// 线程 1
public static void Add1()
{
    for (int i = 0; i < 20; i++)
    {
        Thread.Sleep(10);
        str += "A";
    }
}

// 线程 2
public static void Add2()
{
    for (int i = 0; i < 20; i++)
    {
        Thread.Sleep(10);
        str += "B";
    }
}
```

因为两个线程并行执行，字符串 str 时而被 Add1 操作，时而被 Add2 操作，如图 6-39 所示。

为了避免线程竞争，可以通过加锁（lock）的方式来处理。当两个线程争夺一个锁的时候，一个线程获得锁资源，另一个线程则等待，一直被等到那个锁变得可用为止。这种情况，就确保了在同一时刻只有一个线程能进入临界区，所以下面的程序会先打印 20 个 A 再打印 20 个 B，如图 6-40 所示。

图 6-39　两个线程分别操作字符串 str

图 6-40　加锁后的多线程程序

在不确定的多线程环境中代码以此方式来处理被叫作线程安全。

```
//线程1
public static void Add1()
{
    lock (str)
    {
        for (int i = 0; i < 20; i++)
        {
            Thread.Sleep(10);
            str += "A";
        }
    }
}

//线程2
public static void Add2()
{
    lock (str)
    {
        for (int i = 0; i < 20; i++)
        {
            Thread.Sleep(10);
            str += "B";
        }
    }
}
```

6.11 通信协议和消息列表

6.11.1 通信协议

通信协议是通信双方对数据传送控制的一种约定。约定中针对数据格式、同步方式、传送速度、传送步骤、纠错方式及控制字符定义等问题做出了统一规定。通信双方必须共同遵守，方能"知道对方在说什么"和"让对方听懂我的话"。

下面以一套位置同步程序为例说明定义和处理通信协议的方法。同步程序的要点是玩家可以在场景中随意走动，并看到其他玩家。因此客户端必须实时更新场景中所有玩家的坐标，坐标信息由服务端传达，客户端与服务端共同使用如表6-19所示的协议。

协议格式：使用字符串，参数用空格隔开，第一个参数代表协议名称。

表 6-19　位置同步协议说明

协议	说明	协议	说明
更新位置 POS	格式：POS id x y z 例子：POS 127.0.0.1:3564 10 11 15 传达哪个玩家移动到哪里的信息	用户离开 LEAVE	格式：LEAVE id 例子：LEAVE 127.0.0.1:3564 传达哪个玩家离开的信息

客户端收到服务端的字符串后，使用 Split("") 便可将协议中的各个参数解析出来，进而处理数据，代码如下。

```
string str = "POS 127.0.0.1:4455 30 40 65";
string[] args = str.Split(' ');

string protoName = args[0];
string id = args[1];
float x = float.Parse(args[2]);
float y = float.Parse(args[3]);
float z = float.Parse(args[4]);
```

6.11.2　服务端程序

为简单起见，修改一下异步 Socket 程序，让服务端只进行消息广播，所有的消息处理由客户端实现，代码如下。

```
public void HandleMsg(Conn conn, string str)
{
    byte[] bytes = System.Text.Encoding.Default.GetBytes(str);
    // 广播消息
    for(int i=0;i < conns.Length; i++)
    {
        if(conns[i] == null) continue;
        if(!conns[i].isUse)　continue;
        Console.WriteLine(" 将消息转播给 " + conns[i].GetAdress());
        conns[i].socket.Send(bytes);
    }
}
```

6.11.3　消息列表

多线程的消息处理虽然效率较高，但非主线程不能设置 Unity3D 组件，而且容易造成各种莫名其妙的混乱。而单线程消息处理足以满足游戏客户端的需要，因此消息列表便成为把多线程转换成单线程消息处理的一种方法。

C#的异步通信由线程池实现，不同的BeginReceive不一定会在同一线程中执行。下面创建一个消息列表，每当收到消息时便在列表末端添加数据。由于MonoBehaviour的Update方法在主线程中执行，因此可让Update方法每次从消息列表中读取几条信息并处理，处理后便在消息列表中删除它们，如图6-41所示。

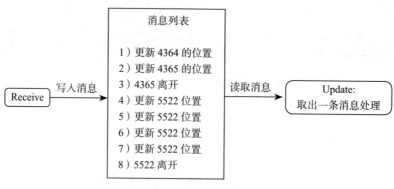

图6-41　消息列表示意图

6.11.4　客户端场景

客户端需要有地形和玩家预设。下面制作场景，摆好相机，使玩家得以看清地形如图6-42所示。

图6-42　制作场景，摆放好相机

制作包含方块和Text Mesh（3D Text）的Player预设，它将代表场景中的玩家，名为NameText的Text Mesh将会显示玩家的id（IP和端口）如图6-43所示。

图 6-43　Player 预设

6.11.5　客户端程序

新建 Walk 类编写客户端程序。客户端维护一个名为 players 的字典，它将存放所有玩家的信息。msgList 是消息列表，接收到服务端的消息后，客户端会将消息保存在 msgList 中，等待 Update 逐一进行处理，代码如下。

```
using UnityEngine;
using System;
using System.Collections;
using System.Collections.Generic;
using System.Net;
using System.Net.Sockets;
using UnityEngine.UI;

public class Walk : MonoBehaviour
{
    //socket 和缓冲区
    Socket socket;
    const int BUFFER_SIZE = 1024;
    public byte[] readBuff = new byte[BUFFER_SIZE];
    // 玩家列表
    Dictionary<string, GameObject> players = new Dictionary<string, GameObject>();
    // 消息列表
    List<string> msgList = new List<string>();
    //Player 预设
    public GameObject prefab;
    // 自己的 IP 和端口
    string id;
}
```

在 Walk 类中处理添加玩家、发送协议和移动玩家的方法如表 6-20 所示。

表 6-20　Walk 类中的一些方法及说明

方法	说明
AddPlayer	在场景中创建玩家，设置玩家的 id，添加 players 列表
SendPos	组装更新位置的协议并发送 协议示例：POS 127.0.0.1:3564 10 11 15
SendLeave	组装玩家离开位置的协议并发送 协议示例：LEAVE 127.0.0.1:3564
Move	通过键盘控制玩家移动
OnDestory	关闭客户端时，组件被销毁，OnDestory 方法被调用。客户端通过 SendLeave 告诉服务端玩家已离开

代码如下所示：

```
// 添加玩家
void AddPlayer(string id, Vector3 pos)
{
    GameObject player = (GameObject)Instantiate(prefab, pos, Quaternion.identity);
    TextMesh textMesh = player.GetComponentInChildren<TextMesh> ();
    textMesh.text = id;
    players.Add (id, player);
}

// 发送位置协议
void SendPos()
{
    GameObject player = players [id];
    Vector3 pos = player.transform.position;
    // 组装协议
    string str = "POS ";
    str += id + " ";
    str +=  pos.x.ToString() + " ";
    str +=  pos.y.ToString() + " ";
    str +=  pos.z.ToString() + " ";

    byte[] bytes = System.Text.Encoding.Default.GetBytes(str);
    socket.Send(bytes);
    Debug.Log ("发送 " + str);
}

// 发送离开协议
void SendLeave()
{
    // 组装协议
    string str = "LEAVE ";
    str += id + " ";
    byte[] bytes = System.Text.Encoding.Default.GetBytes(str);
```

```
        socket.Send(bytes);
        Debug.Log ("发送 " + str);
}

// 移动
void Move()
{
    if (id == "")
        return;

    GameObject player = players [id];
    // 上
    if (Input.GetKey(KeyCode.UpArrow))
    {
        player.transform.position +=new Vector3(0, 0, 1);
        SendPos();
    }
        // 下
    else if (Input.GetKey(KeyCode.DownArrow))
    {
        player.transform.position +=new Vector3(0, 0, -1);;
        SendPos();
    }
    // 左
    else if (Input.GetKey(KeyCode.LeftArrow))
    {
        player.transform.position +=new Vector3(-1, 0, 0);
        SendPos();
    }
    // 右
    else if (Input.GetKey(KeyCode.RightArrow))
    {
        player.transform.position +=new Vector3(1, 0, 0);
        SendPos();
    }
}

// 离开
void OnDestory()
{
    SendLeave ();
}
```

Walk 类中网络相关方法的代码如下。Start 方法中程序会给玩家一个随机位置，然后告知服务端。ReceiveCb 中通过 msgList.Add(str) 把消息存入消息列表中。

```csharp
// 开始
void Start ()
{
    Connect ();
    // 请求其他玩家列表，略
    // 把自己放在一个随机位置
    UnityEngine.Random.seed = (int)DateTime.Now.Ticks;
    float x = 100 + UnityEngine.Random.Range (-30, 30);
    float y = 0;
    float z = 100 + UnityEngine.Random.Range (-30, 30);
    Vector3 pos = new Vector3 (x, y, z);
    AddPlayer (id, pos);
    // 同步
    SendPos();
}

// 连接
void Connect()
{
    //Socket
    socket = new Socket(AddressFamily.InterNetwork,
                        SocketType.Stream, ProtocolType.Tcp);
    //Connect
    socket.Connect("127.0.0.1", 1234);
    id = socket.LocalEndPoint.ToString();
    //Recv
    socket.BeginReceive(readBuff, 0, BUFFER_SIZE, SocketFlags.None, ReceiveCb, null);
}

// 接收回调
private void ReceiveCb(IAsyncResult ar)
{
    try
    {
        int count = socket.EndReceive(ar);
        // 数据处理
        string str = System.Text.Encoding.UTF8.GetString(readBuff, 0, count);
        msgList.Add(str);
        // 继续接收
        socket.BeginReceive(readBuff, 0, BUFFER_SIZE, SocketFlags.None, ReceiveCb, null);
    }
    catch(Exception e)
    {
        socket.Close();
    }
}
```

Walk 类中消息处理方法的代码如下,其中,HandleMsg 方法每次读取一条消息,通过 str.Split(' ') 解析出消息的参数,然后根据协议名称分别调用 OnRecvPos 和 OnRecvLeave 进行处理,其说明如表 6-21 所示。

表 6-21　OnRecvPos 和 OnRecvLeave 方法及说明

方法	说明
OnRecvPos	更新玩家的位置,分为以下两种情况: 1)如果场景中存在该玩家,则直接更新位置 2)如果玩家不存在,则创建玩家
OnRecvLeave	处理玩家离开的协议,删除 players 对应的元素

```
void Update ()
{
    // 处理消息列表
    for(int i =0;i < msgList.Count; i++)
        HandleMsg ();
    // 移动
    Move ();
}

// 处理消息列表
void HandleMsg()
{
    // 获取一条消息
    if (msgList.Count <= 0)
        return;
    string str = msgList [0];
    msgList.RemoveAt (0);
    // 根据协议做不同的消息处理
    string[] args = str.Split(' ');
    if(args[0] == "POS")
    {
        OnRecvPos(args[1], args[2], args[3], args[4]);
    }
    else if(args[0] == "LEAVE")
    {
        OnRecvLeave(args[1]);
    }
}

// 处理更新位置的协议
public void OnRecvPos(string id, string xStr, string yStr, string zStr)
{
    // 不更新自己的位置
    if (id == this.id)
        return;
    // 解析协议
```

```
        float x = float.Parse(xStr);
        float y = float.Parse(yStr);
        float z = float.Parse(zStr);
        Vector3 pos = new Vector3 (x, y, z);
        //已经初始化该玩家
        if (players.ContainsKey (id))
        {
            players[id].transform.position = pos;
        }
        //尚未初始化该玩家
        else
        {
            AddPlayer (id, pos);
        }
    }


    //处理玩家离开的协议
    public void OnRecvLeave(string id)
    {
        if (players.ContainsKey (id))
        {
            Destroy(players[id]);
            players[id] = null;
        }
    }
```

6.11.6 调试

添加 Walk 组件并设置属性，开启服务端和多个客户端。按下键盘上的 "上下左右" 键移动玩家后，其他客户端也将收到同步信息，如图 6-44 和图 6-45 所示。

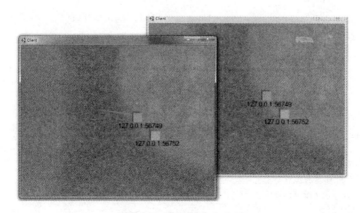

图 6-44　位置同步客户端

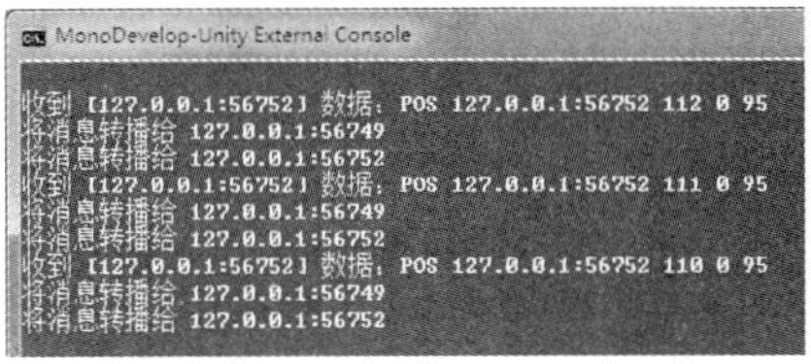

图 6-45　位置同步服务端

学习完本章的内容后，相信读者对网络编程、数据库等知识有了大致的了解。但其实网络编程、数据库的每一项都可以写好几本书来解释，本章也只能做个笼统的介绍和举例。接下来将着手开发一套服务端框架，若读者遇到难懂的地方，可以先回过头来学习相关的内容，这些内容包括：

❑ 计算机网络；

❑ NET 的 Socket 编程；

❑ 多线程编程；

❑ MySQL 数据库的使用。

第 7 章

服务端框架

网络游戏涉及客户端和服务端，服务端程序又分为底层框架和游戏逻辑两大部分。底层框架主要实现网络、数据存储等功能，无论游戏形式怎样变化，这些功能总是相似的。本章将着手开发一套通用服务端框架，该框架为单进程多线程结构，使用异步 TCP 处理网络连接，实现粘包分包处理、心跳机制、消息分发等功能，理论上单个服务端进程可承受数百名玩家。第 8 章我们再开发一套通用的客户端网络模块。

7.1 服务端架构

7.1.1 总体架构

服务端程序需要接受客户端连接、处理游戏逻辑、存储玩家数据等功能。如图 7-1 所示，客户端与服务端程序通过 TCP 连接传递消息；服务端程序连接着 MySQL 数据库，将玩家数据保存到数据库中。这是一种最基

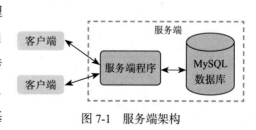

图 7-1 服务端架构

础的服务端结构，它只有单个进程。

该框架把服务端程序分为逻辑层、中间层和底层3个层次，如图7-2所示，只有逻辑层与具体的游戏内容有关。服务端的层级说明如表7-1所示。

表7-1　服务端的层级说明

层级	说明
逻辑层	与游戏内容相关的层级。制作不同游戏时，只需要更改逻辑层。 它包含玩家数据、连接消息、玩家消息、玩家事件4个类
中间层	将连接抽象成对玩家的操作。 如：向玩家发送数据、登出游戏、被踢下线
底层	包含网络和数据库两个模块。 网络模块以异步Socket处理连接，数据库模块封装MySQL的操作

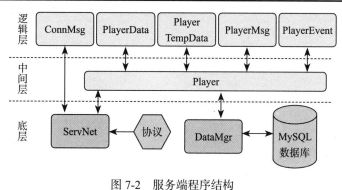

图7-2　服务端程序结构

7.1.2　游戏流程

玩家登录游戏，会经历连接、登录、获取数据、操作交互、保存数据和退出6个步骤。对应的，一个连接会有"连接但未登录"、"登录成功"和"登出"三种状态，具体如表7-2所示。为避免混淆，本章使用"玩家"指代玩游戏的人，使用"角色"指代游戏里的虚拟角色。

表7-2　连接状态

状态	说明
连接但未登录	客户端连接（Connect）服务端，此时，服务端还不知道连接对应于哪个游戏角色。玩家需要输入用户名和密码，服务端验证后重新读取角色数据，把连接和角色关联起来
登录成功	连接和角色关联后，玩家便可以操作游戏角色。比如打副本、吃药水
登出	玩家退出游戏，客户端断开连接。在断开连接之前，服务端会将角色数据存入数据库

对于保存玩家数据的时机，不同服务端会有不同的实现。有些服务端采用定时存储的方式，每隔几分钟便把在线玩家的数据写回数据库；有些服务端采用下线时存储的方式，只有在玩家下线时才保存数据。不同的存储方式各有优缺点，定时存储相对于下线时存储更安全，在服务端突然挂掉的情况下，也能够挽回一部分在线玩家数据，但是因为要频繁地写数据库，因此性能相对较差。本章采用下线时存储的方式操作玩家数据，如图 7-3 所示。

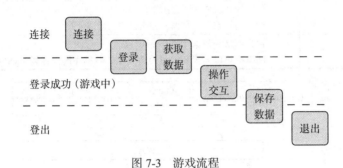

图 7-3　游戏流程

7.1.3　连接的数据结构

我们需要一种适用于上述 6 个步骤的数据结构来代表客户端连接。这个结构至少包含 Socket、角色 id、角色数据和另外一些控制变量。本章采用 Conn、Player 和 PlayerData（具体见表 7-3）三个类构成如图 7-4 所示的三层结构。

表 7-3　Conn 类及其子类

类	说明
Conn	连接类，包含套接字和接收缓冲区，处理粘包分包和心跳时间的一些控制变量（稍后会实现），它还引用了 player 对象。 客户端连接后，服务端给它分配一个 conn，此时 conn 的 player 为 null。玩家登录后，服务端读取角色数据，构造 player 对象将 conn 和 player 关联起来。由此，服务端可以通过 player 对象是否为 null 来判断连接的状态
Player	代表游戏中的角色，它包含角色 id 和角色数据等内容。 player 是连接的抽象，当玩家登录成功后，逻辑层便无须关心底层 Socket 的实现，只需关心与角色相关的操作即可。比如：向该玩家发送数据、把玩家踢下线、处理角色数据等
PlayerData	指需要保存到数据库的角色数据。比如：金币、游戏币、等级、装备、道具等
PlayerTempData	不需要保存到数据库的角色数据，即临时数据。比如一些临时状态

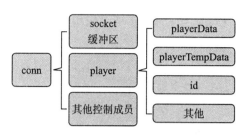

图 7-4 连接的数据结构

7.1.4 数据库结构

用户数据指保存着用户名和密码的数据。因为游戏可能接入各大平台运营，注册、密码校验等功能将由平台提供，游戏只需调用相应的接口即可。所以用户数据和角色数据需要分开处理。

在本地建立名为 game 的数据库，添加 user 和 player 两个表，如图 7-5 所示。其中 user 表用于保存用户名和密码，player 表用于保存角色数据。

一般情况下，一个表能够保存数百万条数据，如果数据太多，那么读取和保存的速度就会受到影响。如果游戏存在数千万的用户，则可以通过分表分库的方法来处理。比如建立 player0、player1 到 player9 共 10 个数据表，依据求模等算法把角色数据分别保存到各个表中，这样每个表就只有数百万的数据。

登录、读取和保存这 3 个步骤需要与数据库发生交互，如图 7-6 所示。服务端需要在 user 表中校验用户名和密码来完成玩家的登录流程，还需要在 player 表中读取和保存玩家数据。

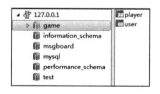

图 7-5 数据表

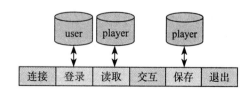

图 7-6 游戏流程与数据库的交互

7.1.5 项目结构

图 7-7 是服务端程序的项目结构，共涉及十多个类。Core 目录放置底层和中间层

代码，与具体游戏无关；Logic 目录放置游戏逻辑相关的代码。本章将会对这些类逐个编写和讲解，并逐步进行调试。

图 7-7　服务端项目结构

服务端项目结构的类及功能具体如表 7-4 所示。

表 7-4　服务端项目结构

层	类	功能
逻辑层	HandlePlayerMsg	处理角色消息 具体是登录成功后的逻辑，比如：强化装备、打副本
	HandleConnMsg	处理连接消息 具体是登录前的逻辑，比如：用户名密码校验、注册账号
	HandlePlayerEvent	处理玩家事件 某个事件发生时需要处理的事情，比如：玩家登录、登出
中间层	Player	游戏中的角色 功能包括：给角色发消息、踢下线、保存角色数据等
底层	ServNet	网络底层 使用异步 TCP 处理客户端连接，读取客户端消息后分发给 HandleConnMsg 和 HandlePlayerMsg 处理
	DataMgr	数据库封装 操作 mysql 数据库，比如：读取角色数据，更新角色数据
其他	协议 ProtocolBase ProtocolBytes ProtocolStr	为使框架支持多种协议格式，定义协议基类 ProtocolBase，它规定了协议中编码、解码等方法的格式。读者可以按照 ProtocolBase 的接口实现自己的协议格式。 ProtocolBytes 提供了一种基于字节流的协议 ProtocolStr 提供了一种基于字符串的协议
	Sys	存放一些辅助方法，比如：获取时间戳

7.2 数据管理类 DataMgr

DataMgr 是封装数据库操作的类，它实现了验证用户名密码、注册、读取角色数据等功能（如表 7-5 所示）。相对网络模块，DataMgr 可以单独调试，我们先从它下手。

表 7-5　DataMgr 的功能说明

功能	说明
Register 注册	向 user 表插入用户名和密码
CreatePlayer 创建角色	在 player 表中创建默认数据
CheckPassWord 登录校验	检查玩家输入的用户名和密码是否正确（是否能在 user 表中匹配）
GetPlayerData 获取玩家数据	在 player 表中获取玩家数据，并反序列化成 PlayerData 对象
SavePlayer 保存角色	序列化 PlayerData 对象，保存到 player 表中

7.2.1 数据表结构

网络游戏包含用户数据和角色数据，用户数据储存玩家的用户名和密码，角色数据保存虚拟角色的属性。在本地创建名为 game 的数据库，并新建 user 和 player 两张表，如图 7-8 所示。

user 表包含 id 和 pw 两个栏位，如图 7-9 所示。id 指代用户名，是 text 类型的主键；pw 指代密码，也是 text 类型的数据。如果用户数据来自运营平台，那么读者只需要将 DataMgr 类的 user 表操作替换成平台 API 调用即可。

图 7-8　新建 user 和 player 两张表

名	类型	长度	小数点	允许空值(	
id	text	0	0	☐	🔑1
pw	text	0	0	☐	

图 7-9　user 表

player 表包含 id 和 data 两个栏位，如图 7-10 所示。id 指代用户名，是 text 类型的主键；data 指代玩家数据，为 blob（二进制大对象）类型，将存储 PlayerData 对象的序列化数据。如果用户数量达到千万级别，则可以通过分表分库的办法处理大量数据。

名	类型	长度	小数点	允许空值(
id	text	0	0	☐ 🗝1
data	blob	0	0	☑

图 7-10 player 表

> **注意**：保存表时 如果提示需要输入键长度，可将栏位的字符集属性设置为 utf8，再将键长度设置为合适的值（如 20）。

7.2.2　角色数据

假设游戏角色只有分数需要存入数据库。定义 PlayerData 类，它包含默认值为 100 的 score 变量，读者可以根据游戏需求添加更多的数据。DataMgr 类将会使用上一节所述"类的序列化"将 PlayerData 对象转化成二进制流，保存到 player 表的 data 栏位中。因此，需要给 PlayerData 添加 [Serializable] 标记，代码如下：

```
using System;

[Serializable]
public class PlayerData
{
    public int score = 0;
    public PlayerData()
    {
        score = 100;
    }
}
```

构造函数，指明新角色的属性

使新角色的分数为 100

7.2.3　Player 的初步版本

如图 7-11 所示，在连接结构体中，conn 引用 player 对象，player 又引用 playerData 对象。我们先实现初步版本的 Player 类，以便调试数据库相关的功能。抛开中间层对底层的抽象，Player 类包含 id 和 playerData 对象，代码如下：

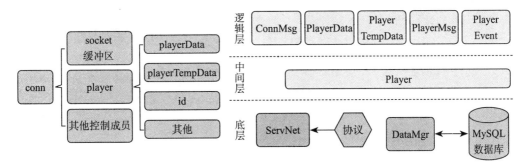

图 7-11 player 在服务端框架的地位

```
using System;

public class Player
{
    public string id;
    // 稍后实现连接类
    //public Conn conn;
    // 数据
    public PlayerData data;
}
```

7.2.4 连接数据库

DataMgr 封装数据库操作的方法，操作数据库之前需要连接数据库。为了简化流程，框架只使用一个连接对象（sqlConn），读者还可以尝试使用连接池来提高效率。为了方便调用，我们使用单例模式处理 DataMgr，构造函数中的"instance = this"是实现单例模式的关键。Connect 方法实现连接"mysql→选择数据库→打开数据库"这一流程。读者不要忘记在 References 中引用 MySql.Data 和 System.Data，方能调用 MySql 的 API，代码如下。

```
using System;
using MySql.Data;
using MySql.Data.MySqlClient;
using System.Data;
using System.Text.RegularExpressions;
using System.Runtime.Serialization;
using System.Runtime.Serialization.Formatters.Binary;
using System.IO;
```

序列化相关的命名空间。本章会在一开始就把涉及的命名空间列举出来，而不是在涉及相关功能时才补充，以缩小篇幅

```csharp
public class DataMgr
{
    MySqlConnection sqlConn;          // 唯一的连接对象

    // 单例模式
    public static DataMgr instance;   // 构造函数实现单例模式和
    public DataMgr()                  // 连接
    {
        instance = this;
        Connect();
    }

    // 连接
    public void Connect()             // 连接、选择数据库。读者可
    {                                 // 还记得操作 MySql 的流程？
        // 数据库
        string connStr = "Database=game;Data Source=127.0.0.1;";
        connStr += "User Id=root;Password=123456;port=3306";
        sqlConn = new MySqlConnection(connStr);
        try
        {
            sqlConn.Open();
        }
        catch (Exception e)
        {
            Console.Write("[DataMgr]Connect " + e.Message);
            return;
        }
    }
}
```

连接 MySql
(数据库地址、端口、
用户名、密码)

↓

选择数据库

↓

执行 sql 语句

↓

关闭数据库

7.2.5 防止 sql 注入

所谓 sql 注入，就是通过输入请求，把 sql 命令插入到 sql 语句中，以达到欺骗服务器执行恶意 sql 命令的目的。假设服务端要获取玩家的数据，可能使用如下的 sql 语句。

```
string sql = "Select * form player where id =" + id;
```

正常情况下该语句能够完成读取数据的工作。但如果一名恶意玩家注册了类似"xiaoming;delete * form player;"的名字，这条 sql 语句将变成下面两条语句。

```
Select * form player where id = xiaoming ;delete * form player;
```

执行了这样的 sql 语句后，player 表的数据将被全部删除，后果将不堪设想。如果把含有逗号、分号等特殊字符的字符串判定为不安全字符串，在拼装 sql 语句前，对用户输入的字符串进行安全性检测，便能够有效地防止 sql 注入。使用正则表达式编写判定安全字符串的方法 IsSafeStr，它将把含有 " -;,\/()[]{%@*!' " 这些特殊符号的字符串判定为不安全字符串，代码如下。

```
// 判定安全字符串
public bool IsSafeStr(string str)
{
    return !Regex.IsMatch(str, @"[-|;|,|\/|\(|\)|\[|\]|\}|\{|%|@|\*|!|\']");
}
```

7.2.6 Register 注册

注册过程包含两个步骤，如图 7-12 所示，首先要判断用户名是否存在，如果存在则返回注册失败。如果用户名不存在，则在 user 表中插入玩家输入的用户名和密码。为了简化流程，本章使用明文保存密码。读者可以尝试使用 md5 等加密算法保存密码，以提高框架的安全性。

下述代码中 CanRegister 是判定用户名是否存在的方法。它通过 "select * from user where id=XXX" 查询数据库，如果有记录，则说明数据库中已存在该用户。MySqlDataReader 提供遍历数据集的方法，HasRows 指明数据集是否包含数据。Register 方法完成整个注册流程，它通过 "insert into user set id =XXX ,pw =XXX" 向数据库中插入数据。值得注意的是，很多情况都会导致插入数据失败，比如：sql 语句错误（调试程序时经常会遇到的情况），磁盘空间已满。因此，我们在 try 语句下执行 sql 语句，以便处理异常，代码如下。

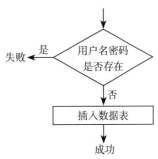

图 7-12 注册流程

```
// 是否存在该用户
private bool CanRegister(string id)
{
    // 防 sql 注入
```

```csharp
            if (!IsSafeStr(id))
                return false;
            // 查询 id 是否存在
            string cmdStr = string.Format("select * from user where id='{0}';", id);
            MySqlCommand cmd = new MySqlCommand (cmdStr, sqlConn);
            try
            {
                MySqlDataReader dataReader = cmd.ExecuteReader ();
                bool hasRows = dataReader.HasRows;
                dataReader.Close();
                return !hasRows;
            }
            catch(Exception e)
            {
                Console.WriteLine("[DataMgr]CanRegister fail " + e.Message);
                return false;
            }
        }

        // 注册
        public bool Register(string id, string pw)
        {
            // 防 sql 注入
            if (!IsSafeStr (id) || !IsSafeStr (pw))
            {
                Console.WriteLine("[DataMgr]Register 使用非法字符");
                return false;
            }
            // 能否注册
            if (!CanRegister(id))
            {
                Console.WriteLine("[DataMgr]Register !CanRegister");
                return false;
            }
            // 写入数据库 User 表
             string cmdStr = string.Format("insert into user set id ='{0}' ,pw ='{1}';", id, pw);
            MySqlCommand cmd = new MySqlCommand(cmdStr, sqlConn);
            try
            {
                cmd.ExecuteNonQuery();
                return true;
```

> 如果用户输入了不安全字符串，则直接返回注册失败。读者也可以让程序返回一些错误码，已便得知错误的原因

```csharp
        }
        catch(Exception e)
        {
            Console.WriteLine("[DataMgr]Register " + e.Message);
            return false;
        }
    }
```

7.2.7　CreatePlayer 创建角色

注册只是将用户名和密码写入 user 表，程序还需要将默认的角色数据写入 player 表。创建角色包含两个步骤，一是将默认的 playerData 对象序列化成二进制数据，二是将数据保存到 player 表的 data 栏位中。

下述代码使用 formatter.Serialize 将 playerData 对象序列化成内存字节流（MemoryStream），再使用 stream.ToArray() 将字节流转换成 byte 数组。因为不方便直接使用带 byte[] 参数的 sql 语句，程序使用 cmd.Parameters 给 sql 语句添加参数。string.Format ("insert into player set id ='{0}' ,data =@data;",id) 中的 @data 代表参数名，程序会从 cmd 的参数表中找到名为 @data 的参数并填入 sql 语句中。cmd.Parameters.Add ("@data", MySqlDbType.Blob) 代表给 cmd 添加一个名为 @data 的二进制数据（Blob）参数，并使用"cmd.Parameters[0].Value =XXX"给它赋值，代码如下。

```csharp
//创建角色
public bool CreatePlayer(string id)
{
    //防sql注入
    if (!IsSafeStr(id))
        return false;
    //序列化
    IFormatter formatter = new BinaryFormatter ();
    MemoryStream stream = new MemoryStream ();
    PlayerData playerData = new PlayerData ();
    try
    {
        formatter.Serialize(stream, playerData);
    }
    catch(Exception e)
    {
        Console.WriteLine("[DataMgr]CreatePlayer 序列化 " + e.Message);
        return false;
    }
```

```
        byte[] byteArr = stream.ToArray();
        //写入数据库
        string cmdStr = string.Format ("insert into player set id ='{0}' ,data =@data;",id);
        MySqlCommand cmd = new MySqlCommand (cmdStr, sqlConn);
        cmd.Parameters.Add ("@data", MySqlDbType.Blob);
        cmd.Parameters[0].Value = byteArr;
        try
        {
            cmd.ExecuteNonQuery ();
            return true;
        }
        catch (Exception e)
        {
            Console.WriteLine("[DataMgr]CreatePlayer 写入 " + e.Message);
            return false;
        }
    }
```

7.2.8 登录校验

登录校验是判断玩家输入的用户名和密码是否正确。下述代码通过"select * from user where id=XXX and pw=XXX"查询数据库，如果有数据（dataReader.HasRows == true），则说明用户名和密码正确。

```
    //检测用户名和密码
    public bool CheckPassWord(string id, string pw)
    {
        //防sql注入
        if (!IsSafeStr (id)||!IsSafeStr (pw))
            return false;
        //查询
        string cmdStr = string.Format("select * from user where id='{0}' and pw='{1}';", id, pw);
        MySqlCommand cmd = new MySqlCommand (cmdStr, sqlConn);
        try
        {
            MySqlDataReader dataReader = cmd.ExecuteReader();
            bool hasRows = dataReader.HasRows;
            dataReader.Close();
            return hasRows;
        }
        catch(Exception e)
        {
            Console.WriteLine("[DataMgr]CheckPassWord " + e.Message);
```

```
            return false;
    }
}
```

7.2.9 获取角色数据

获取数据指的是根据角色 id 找到对应的二进制数据，然后将它反序列化成 playerData 对象。本节会使用到 MySqlDataReader 的 GetBytes 方法，它是一种读取数据的方法。GetBytes 的原型如下，其参数及说明如表 7-6 所示。

```
public override long GetBytes(
    int i,
    long dataIndex,
    byte[] buffer,
    int bufferIndex,
    int length
)
```

表 7-6 MySqlDataReader.GetBytes 的说明

参数和返回值	说明
i	从零开始的列序号，在下述语句中 0 代表 id，1 代表 data
dataIndex	字段中的索引，从其开始读取操作
buffer	要将字节流读入的缓冲区
bufferIndex	buffer 中写入操作开始位置的索引
length	要复制到缓冲区中的最大长度
返回值	读取的实际字节数

dataReader.GetBytes(1, 0, buffer, 0, len) 是获取数据集中第二个字段的方法。第一个参数 1 便代表第二个字段，程序将把第二个字段的内容复制到 buffer（长度为 len）中。下述代码两次调用 dataReader.GetBytes 方法，第一次是将缓冲区设置为 null，只为获取数据长度。第二次调用才将数据保存到缓冲区（buffer）中。

与序列化的过程相反，程序使用 (PlayerData)formatter.Deserialize(stream) 将内存字节流 stream 反序列化成 PlayerData 对象，代码如下。

```
// 获取玩家数据
public PlayerData GetPlayerData(string id)
{
    PlayerData playerData = null;
    // 防 sql 注入
```

```csharp
        if (!IsSafeStr(id))
            return playerData;
        //查询
        string cmdStr = string.Format("select * from player where id ='{0}';", id);
        MySqlCommand cmd = new MySqlCommand (cmdStr, sqlConn);
        byte[] buffer = new byte[1];
        try
        {
            MySqlDataReader dataReader = cmd.ExecuteReader();
            if(!dataReader.HasRows)
            {
                dataReader.Close();
                return playerData;
            }
            dataReader.Read();

            long len = dataReader.GetBytes(1, 0, null, 0, 0);//1是data
            buffer = new byte[len];
            dataReader.GetBytes(1, 0, buffer, 0, (int)len);
            dataReader.Close();
        }
        catch(Exception e)
        {
            Console.WriteLine("[DataMgr]GetPlayerData 查询 " + e.Message);
            return playerData;
        }
        //反序列化
        MemoryStream stream = new MemoryStream(buffer);
        try
        {
            BinaryFormatter formatter = new BinaryFormatter();
            playerData = (PlayerData)formatter.Deserialize(stream);
            return playerData;
        }
        catch (SerializationException e)
        {
            Console.WriteLine("[DataMgr]GetPlayerData 反序列化 " + e.Message);
            return playerData;
        }
    }
```

7.2.10 保存角色数据

与"读取角色数据"相反,保存过程首先将 PlayerData 序列化成二进制数据,再将它保存到数据库中。程序结构与"创建角色"相似,不同的是"创建角色"使用 insert 语句将数据插入数据库中,本节使用的是 update 语句更新 data 栏位数据,代码如下。

```csharp
//保存角色
public bool SavePlayer(Player player)
{
    string id = player.id;
    PlayerData playerData = player.data;
    //序列化
    IFormatter formatter = new BinaryFormatter ();
    MemoryStream stream = new MemoryStream ();
    try
    {
        formatter.Serialize(stream, playerData);
    }
    catch(Exception e)
    {
        Console.WriteLine("[DataMgr]SavePlayer 序列化 " + e.Message);
        return false;
    }
    byte[] byteArr = stream.ToArray();
    //写入数据库
        string formatStr = "update player set data =@data where id = '{0}';";
    string cmdStr = string.Format (formatStr , player.id);
    MySqlCommand cmd = new MySqlCommand (cmdStr, sqlConn);
    cmd.Parameters.Add ("@data", MySqlDbType.Blob);
    cmd.Parameters[0].Value = byteArr;
    try
    {
        cmd.ExecuteNonQuery ();
        return true;
    }
    catch (Exception e)
    {
        Console.WriteLine("[DataMgr]SavePlayer 写入 " + e.Message);
        return false;
    }
}
```

7.2.11 调试

我们已经完成了注册、创建角色、密码校验、获取数据和保存数据 5 项基本的数据管理功能，接下来需要编写一套测试程序检测数据模块能否正常工作。测试程序应当模仿玩家登录游戏的过程。完成"注册→创建角色→（登录）→获取数据→交互操作→保存数据"这一系列的测试，代码如下。

```csharp
using System;
```

```
class MainClass
{
    public static void Main(string[] args)
    {
        DataMgr dataMgr = new DataMgr();
        //注册
        bool ret = dataMgr.Register("Lpy", "123");
        if (ret)
            Console.WriteLine("注册成功");
        else
            Console.WriteLine("注册失败");
        //创建玩家
        ret = dataMgr.CreatePlayer("Lpy");
        if (ret)
            Console.WriteLine("创建玩家成功");
        else
            Console.WriteLine("创建玩家失败");
        //获取玩家数据
        PlayerData pd = dataMgr.GetPlayerData ("Lpy");
        if (pd != null)
            Console.WriteLine("获取玩家成功 分数是 " + pd.score);
        else
            Console.WriteLine("获取玩家数据失败");
        //更改玩家数据
        pd.score += 10;
        //保存数据
        Player p = new Player();
        p.id = "Lpy";
        p.data = pd;
        dataMgr.SavePlayer(p);
        //重新读取
        pd = dataMgr.GetPlayerData("Lpy");
        if (pd != null)
            Console.WriteLine("获取玩家成功 分数是 " + pd.score);
        else
            Console.WriteLine("重新获取玩家数据失败");
    }
}
```

注释:
- 注册名为 Lpy, 密码为 123 的账号
- 创建角色总是紧随注册之后
- 如果读不到数据, 那么这里会抛出异常
- 再次读取玩家数据, 以检测更改的分数值是否被正确保存

如果程序正常运行，读者将会看到如图 7-13 所示的一系列的成功提示，并在数据表中看到新增的数据。第一次获取玩家数据时，得到的是默认分数 100。此后测试程序给分数加 10，并保存玩家数据。所以第二次读取玩家数据时将会得到 110 的分数值。

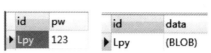

图 7-13　第一次运行程序

第二次运行程序，因为之前的账号已经被注册，因此程序提示注册失败。player 表中已经存有 Lpy 的数据，创建角色的 insert 命令会导致程序抛出重复主键异常（Duplicate key）。之后两次读取玩家数据，将分别得到 110 和 120 的分数值，如图 7-14 所示。读者可通过更改用户名和密码的方式重新测试程序。

图 7-14　第二次运行程序

注意：因为类序列化和反序列化与特定的程序集有关，只能是用哪个程序注册就用哪个程序读取。

7.3　临时数据

PlayerTempData 是临时玩家数据类，暂时不会用到它，但在后续的坦克游戏中将会起到很关键的作用。定义如下的 PlayerTempData 类。

```
public class PlayerTempData
{
    public PlayerTempData()
    {
    }
}
```

并在 Player 类中定义它。

```
using System;

public class Player
{
```

```
        ……
        //临时数据
        public PlayerTempData tempData;
}
```

7.4 网络管理类 ServNet

7.4.1 粘包分包现象

由于 TCP 协议本身的机制，客户端与服务器会维持一个连接发送数据。如果发送的网络数据包太小，TCP 则会合并较小的数据包再发送，接收端便无法区分哪些数据是发送端自己分开的，因此便会产生粘包现象。或者接收端把数据放到接收缓冲区中，如果数据没有及时从缓冲区中取走，下次取数据时就可能出现一次取出多个数据包的情况，如图 7-15 所示。

图 7-15　客户端发送两次数据，服务端只响应一次接收

如果发送的数据包太大，TCP 有可能会将它拆分成多个包发送，接收端的一次 Receive 可能只收到一部分数据，如图 7-16 所示。前面的各种演示中，读者有可能已经遇到过粘包分包的问题，只是因为发送的字符串较短，因此出现的概率很小。读者可以尝试发送一串很长的字符串，看看能不能一次性被接收端接收。

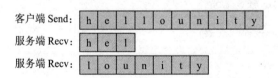

图 7-16　客户端只发送一个数据包，服务端接收到两个包

7.4.2 粘包分包的处理方法

处理粘包分包的一种方法是在每个数据包前面加上长度字节。每次接收到数据后，

先读取长度字节，如果缓冲区的数据长度大于要提取的字节数，则取出相应的字节，否则等待下一次数据接收，如图 7-17 如示。

如下面的例子中，客户端要发送"hellounity"和"love"两个字符串，它在每个包前面加上一个代表字符串长度的字符。按照 TCP 机制，接收端收到的字节顺序一定和发送顺序一致。

1）假设第一次接收到的是"10hel"，那么服务端程序将接收到的数据存入缓冲区，然后读取第一个字节"10"，此时缓冲区长度只有 4，服务端不处理，等待下一次接收。

2）假设第二次接收到了 9 个字节"lounity4l"，此时缓冲区便有了 13 个字节，超出第一个包所需的 11 个字节（10 个数据字节加上 1 个长度字节）。于是程序读取缓冲区前 11 个字节的数据并进行处理。之后缓冲区便只剩下"4l"两个字节。

3）假设服务端第三次接收到"ove"三个字节，这时缓冲区便有了"4love"5 个字节。程序读取缓冲区的这 5 个字节并进行处理。

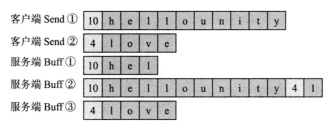

图 7-17　处理分包粘包的过程

该框架使用一个 32 位整数保存消息的长度，后面带着消息的内容，如图 7-18 所示。

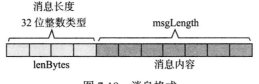

图 7-18　消息格式

7.4.3　Conn 连接类

与第 6 章所讲的异步 Socket 相同，Conn 即为连接类，它包含 socket 对象、缓冲区、player 对象等成员。这里我们给出 conn 类的完整版本，如图 7-19 所示。

图 7-19　conn 类

Conn 涉及的变量及说明如表 7-7 所示。

表 7-7　Conn 涉及的变量

成员	说明
BUFFER_SIZE	BUFFER_SIZE：缓冲区大小
socket	socket：与客户端连接的套接字
readBuff	readBuff：读缓冲区
buffCount	buffCount：当前读缓冲区的长度
msgLength	msgLength：消息长度
lenBytes	lenBytes：转换成 byte[] 类型的消息长度
isUse	标记对象是否被使用
lastTickTime	上一次心跳时间，稍后会讲到
player	游戏角色对象

Conn 的结构定义代码如下。

```
using System;
using System.Net;
using System.Net.Sovckets;
using System.Collections;
using System.Collections.Generic;
using MySql.Data;
using MySql.Data.MySqlClient;
using System.Linq;
using System.Reflection;
using System.Threading;

public class Conn
{
    // 常量
    public const int BUFFER_SIZE = 1024;
    //Socket
    public Socket socket;
    // 是否使用
```

```csharp
        public bool isUse = false;
        //Buff
        public byte[] readBuff = new byte[BUFFER_SIZE];
        public int buffCount = 0;
        //粘包分包
        public byte[] lenBytes = new byte[sizeof(UInt32)];
        public Int32 msgLength = 0;
        //心跳时间
        public long lastTickTime = long.MinValue;
        //对应的Player
        public Player player;

        //构造函数
        public Conn()
        {
            readBuff = new byte[BUFFER_SIZE];
        }
        //初始化
        public void Init(Socket socket)
        {
            this.socket = socket;
            isUse = true;
            buffCount = 0;
            //心跳处理，稍后实现GetTimeStamp方法
            //lastTickTime = Sys.GetTimeStamp ();
        }
        //剩余的Buff
        public int BuffRemain()
        {
            return BUFFER_SIZE - buffCount;
        }
        //获取客户端地址
        public string GetAdress()
        {
            if (!isUse)
                return "无法获取地址";
            return socket.RemoteEndPoint.ToString();
        }
        //关闭
        public void Close()
        {
            if (!isUse)
                return;
            if (player != null)
            {
                //玩家退出处理，稍后实现
```

```
                //player.Logout ();
                return;
            }
            Console.WriteLine("[断开连接]" + 
GetAdress());
            socket.Shutdown(SocketShutdown.Both);
            socket.Close();
            isUse = false;
        }

        // 发送协议，相关内容稍后实现
        //public void Send(ProtocolBase protocol)
        //{
        //    ServNet.instance.Send (this, protocol);
        //}
    }
```

> 发送消息的封装，Protocol Base 是协议基类，用来统一各种各样的协议格式

7.4.4 ServNet 网络处理类

ServNet 是服务端处理网络连接的部分，它基于第 6 章所介绍的异步 Socket，并加上处理粘包分包的内容。服务端异步 Socket 需要经历 "Socket → Bind → Accept → 接收和处理→关闭连接" 这一系列过程。除了 "接收和处理" 部分，其他与第 6 章所介绍的基本相同。

```
using System;
using System.Net;
using System.Net.Sockets;
using System.Collections;
using System.Collections.Generic;
using MySql.Data;
using MySql.Data.MySqlClient;
using System.Data;
using System.Linq;
using System.Reflection;

public class ServNet
{
    // 监听嵌套字
    public Socket listenfd;
    // 客户端连接
    public Conn[] conns;
    // 最大连接数
    public int maxConn = 50;
    // 单例
```

> Socket 异步服务器流程
> Socket → Bind → Listen → BeginAccept

```csharp
public static ServNet instance;

public ServNet()
{
    instance = this;
}

// 获取连接池索引，返回负数表示获取失败
public int NewIndex()
{
    // 该方法的实现见第 6 章
}

// 开启服务器
public void Start (string host, int port)
{
    ......
}

//Accept 回调
private void AcceptCb(IAsyncResult ar)
{
    ......
}

// 关闭
public void Close()
{
    for (int i = 0; i < conns.Length; i++)
    {
        Conn conn = conns[i];
        if(conn == null)continue;
        if(!conn.isUse) continue;
        lock(conn)
        {
            conn.Close();
        }
    }
}
```

> 使用单例模式只是为了方便调用

> Start() 的实现参见第 6 章，它实现：初始化连接池 → Socket → Bind → Listen → Accept 这一流程，其中 Accept 的回调函数为 AcceptCb

> AcceptCb() 的实现可参见第 6 章，它实现如下功能。
> 1）给新的连接分配 conn
> 2）异步接收客户端数据（回调函数为 ReceiveCb）
> 3）再次调用 BeginAccept 实现循环

> Close() 是关闭服务端程序的方法。关闭服务端时，有可能玩家还在游戏中，数据尚未保存，因此需要调用 conn.Close 保存玩家数据

> 使用 lock 是为了避免线程竞争，服务端框架中至少会有以下线程处理同一连接。
> 1）主线程（close）
> 2）异步 Socket 回调
> 3）心跳的定时器线程

7.4.5　ReceiveCb 的粘包分包处理

ReceiveCb 是接收到数据的回调，结构与第 6 章相似。它通过 socket.EndReceive 获取接收到数据的字节数 count。不同的是第 6 章没有涉及粘包分包，conn.buffCount

一直为 0。conn.buffCount 指向缓冲区的数据长度，接收数据缓冲区数据增加时，需要给 buffCount 加上 count，如图 7-20 所示。ReceiveCb 只把接收到的数据添加到缓冲区，之后再交由 ProcessData 处理。ProcessData 将会判断缓冲区的数据能否满足一条消息所需的数据量，然后处理这条消息。

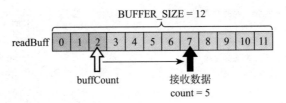

图 7-20　接收到数据时，buffCount 的变化

框架中至少会有异步回调、定时器和主线程 3 个线程共同处理 conn 对象，不可避免地会有线程竞争。试想如果异步回调线程正在处理消息，而定时器又关闭了连接，这时势必会造成一些难以预料的问题。因此各个线程在处理连接时，必须先对 conn 对象加锁，使得同一时间只有一个线程起作用，如图 7-21 所示。

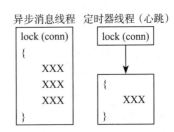

图 7-21　通过 lock 避免线程竞争

ReceiveCb 的实现代码如下所示。

```
private void ReceiveCb(IAsyncResult ar)
{
    Conn conn = (Conn)ar.AsyncState;
    lock (conn)
    {
        try
        {
            int count = conn.socket.EndReceive (ar);
            //关闭信号
            if (count <= 0) { …… }
            conn.buffCount += count;
            ProcessData (conn);
            //继续接收
            conn.socket.BeginReceive (参数);
        }
        catch (Exception e)
        { …… }
    }
}
```

根据前面的定义，每条消息均包含消息长度和消息内容两项。其中消息长度为一个 32 位的 int 类型，转换成 byte 即占用 4 个字节的空间。所以，当接收缓冲区的数据长度小于 4 个字节（sizeof(Int32)）时，它一定不是一条完整的消息。如果消息长度大于 4 个字节，那么程序先通过 BitConverter 获取消息长度，然后再判断缓冲区长度是否满足要求（msgLength + sizeof(Int32)）。如果满足要求，则读取和处理这条消息，否则暂不处理。消息处理完毕后，如果缓冲区还有数据，则需要再次判断缓冲区中的数据能否构成一条完整的消息。

ProcessData 正是实现这一功能的方法，我们可使用 Array.Copy 将缓冲区某一范围的数据复制到另一数组中。Array.Copy 的原型如下。

```
public static void Copy(
    Array sourceArray,
    Array destinationArray,
    int length
)

public static void Copy(
    Array sourceArray,
    int sourceIndex,
    Array destinationArray,
    int destinationIndex,
    int length
)
```

Array.Copy 的参数及说明如表 7-8 所示。

表 7-8　Array.Copy 的参数及说明

参数	说明
sourceArray	要复制的数据
sourceIndex	sourceArray 中复制开始处的索引
destinationArray	将数据从 sourceArray 复制到 destinationArray
destinationIndex	destinationArray 中存储开始处的索引
length	要复制的元素数目

比如 Array.Copy(conn.readBuff, conn.lenBytes, sizeof(Int32)) 便是将 readBuff 的前 4 个字节（sizeof(Int32)）复制到 lenBytes 中，以提取消息长度。Array.Copy(readBuff, sizeof(Int32) + msgLength, readBuff, 0, count) 则是将 readBuff 中 "sizeof(Int32) + msgLength" 处后面的内容，复制到起始处，如图 7-22 所示。相当于清除已处理的消息。

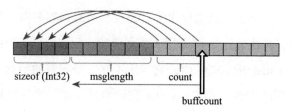

图 7-22 将 readBuff 中 msgLength 处后面的内容，复制到起始处

因为尚未做消息分发的功能，下面的代码中我们只是解析消息字符串并调用 send 发回客户端。稍后会有消息分发的相关处理。

```
private void ProcessData(Conn conn)
{
    // 小于长度字节
    if(conn.buffCount < sizeof(Int32))
    {
        return;
    }
    // 消息长度
    Array.Copy(conn.readBuff, conn.lenBytes, sizeof(Int32));
    conn.msgLength = BitConverter.ToInt32(conn.lenBytes, 0);
    if(conn.buffCount < conn.msgLength + sizeof(Int32))
    {
        return;
    }
    // 处理消息
    string str = System.Text.Encoding.UTF8.GetString(conn.readBuff, 
                                    sizeof(Int32),conn.msgLength);
    Console.WriteLine ("收到消息 [" + conn.GetAdress ()  + "] " + str);
    Send (conn, str);
    // 清除已处理的消息
    int count = conn.buffCount - conn.msgLength - sizeof(Int32);
     Array.Copy(conn.readBuff, sizeof(Int32) + conn.msgLength,  conn.readBuff, 0, count );
    conn.buffCount = count ;
    if(conn.buffCount > 0)
    {
        ProcessData(conn);
    }
}
```

7.4.6 发送消息

按照消息的定义，程序需要组装消息长度和消息内容，然后一起发送。下述程序使用了 System.Text.Encoding.UTF8.GetBytes 将字符串转换成 bytes 数组（消息内容），使用 BitConverter.GetBytes 将字符串的长度也转换成 bytes 数组（消息长度）。最后使用 String 的 Concat 方法拼接 bytes 数组，存到 sendbuff 中。BeginSend 是异步发送的方法，设置回调函数为 null 是因为我们并不关心发送的结果。如果要提高程序的健壮性，则需要使用类似粘包分包处理的办法确保 sendbuff 的全部内容被发送出去，读者可以自行尝试（注意：字符串的 Concat 方法定义在命名空间 System.Linq 中，需要 using 它）。

```
//发送
public void Send(Conn conn, string str)
{
    byte[] bytes = System.Text.Encoding.UTF8.GetBytes (str);
    byte[] length = BitConverter.GetBytes(bytes.Length);
    byte[] sendbuff = length.Concat(bytes).ToArray();
    try
    {
        conn.socket.BeginSend (sendbuff, 0, sendbuff.Length,SocketFlags.None, null, null);
    }
    catch(Exception e)
    {
        Console.WriteLine ("[发送消息]" + conn.GetAdress() + " : " + e.Message);
    }
}
```

7.4.7 启动服务端

在 Main 类中实例化 ServNet，调用 Start() 开启监听。最后的 Console.ReadLine() 只是为了卡住程序，不让它一闪而过，代码如下。

```
public static void Main (string[] args)
{
    ServNet servNet = new ServNet();
    servNet.Start("127.0.0.1",1234);
    Console.ReadLine();
}
```

运行结果如图 7-23 所示。

图 7-23　开启服务端程序

7.4.8 调试

接下来编写一套支持粘包分包处理机制的客户端程序，用于调试网络功能。服务端添加了处理粘包分包的机制,客户端也需要做相应的处理,两者才能正常通信。第 8 章将会讲解客户端的网络框架,因此本节只是简单修改第 6 章的异步 Socket 客户端,做一个简单的 echo 程序,以达到调试服务端的目的。

1)添加处理粘包分包所需的成员,代码如下。

```
int buffCount = 0;
byte[] lenBytes = new byte[sizeof(UInt32)];
Int32 msgLength = 0;
```

2)修改 ReceiveCb,代码如下,原理与服务端相同,这里不再赘述。

```
private void ReceiveCb(IAsyncResult ar)
{
    ……
    // 数据处理
    buffCount += count;
    ProcessData();
    // 继续接收
    ……
}

private void ProcessData()
{
    // 小于长度字节
    if(buffCount < sizeof(Int32))
        return;
    // 消息长度
    Array.Copy(readBuff, lenBytes, sizeof(Int32));
    msgLength = BitConverter.ToInt32(lenBytes, 0);
    if(buffCount < msgLength + sizeof(Int32))
        return;
    // 处理消息
    string str = System.Text.Encoding.UTF8.GetString(readBuff,
                                sizeof(Int32),(int)msgLength);
    recvStr = str;
    // 清除已处理的消息
    int count = buffCount - msgLength - sizeof(Int32);
    Array.Copy(readBuff, msgLength, readBuff, 0, count);
    buffCount = count;
    if(buffCount > 0)
    {
        ProcessData();
```

解析字符串,并显示收到的消息

        }
}
```

3）修改发送数据的方法，使发送的数据满足消息格式，代码如下。

```
public void Send()
{
    string str = textInput.text;
    byte[] bytes = System.Text.Encoding.UTF8.GetBytes (str);
    byte[] length = BitConverter.GetBytes(bytes.Length);
    byte[] sendbuff = length.Concat(bytes).ToArray();
    socket.Send(sendbuff);
}
```

运行服务端与客户端，客户端发送一条消息后，服务端将会回传这条消息。图 7-24（左图）是服务端接收到"how are you"和"HelloLPY"两条数据时所打印出来的信息。可以看到"how are you"共有 11 个字节，加上表示消息长度的 4 个字节，共 15 个字节。"HelloLPY"有 8 个字节，消息总长度为 12 个字节。客户端的输出界面如图 7-25（右图）所示。

图 7-24 服务端的输出

图 7-25 客户端的输出

7.5 心跳

7.5.1 心跳机制

正常情况下，断开 TCP 连接会经历四次挥手。然而如果客户端电脑死机，或者网线被拔出，四次挥手便无法完成。服务器在同一时间能够接入的客户端数量是有限的，如果出现太多这样的死连接，新连接便无法连入。
```

读者可以在 Unity3D 编辑器中运行客户端，连接后点击运行（■）关闭调试。这种情况下，服务端不会收到断开信号（或者过一段时间后才能收到），如图 7-26 所示。借此可以模拟电脑死机、网线被拔出等情形。

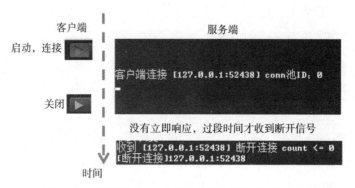

图 7-26　关闭调试器，客户端没能立即发送断开信号

为了防止出现上述情况，引入了心跳机制。心跳机制规定客户端每隔一段时间要给服务端发送一个特定信号，服务器会记录客户端最后一次发送心跳信号的时间，如果相隔太久，便认为客户端连接已经断开，于是主动断开连接。我们在服务端开启一个每秒执行的定时器，它将遍历所有连接，并判断连接的心跳时间。

7.5.2　时间戳

记录时间的方法有很多，时间戳是其中一种。时间戳是指 1970 年 1 月 1 日零点到现在的秒数，比如 1970 年 1 月 1 日 1 时的时间戳是 3600，2016 年 1 月 1 日零点的时间戳是 1451577600。新建 Sys.cs 编写了获取时间戳的方法 GetTimeStamp，它通过"DateTime.UtcNow - new DateTime(1970, 1, 1, 0, 0, 0, 0)"获取现今距离 1970 年 1 月 1 日零点的时间，并把这个时间的总秒数转换成 long 类型的数据，代码如下。

```
using System;

public class Sys
{
    public static long GetTimeStamp()
    {
        TimeSpan ts = DateTime.UtcNow - new DateTime(1970, 1, 1, 0, 0, 0, 0);
```

```
        return Convert.ToInt64(ts.TotalSeconds);
    }
}
```

前面的 Conn 类中，我们注释掉一行和时间戳相关的语句，现在可以打开它了。当客户端连接后，记录当前的时间，即当做第一次心跳，代码如下。

```
public void Init(Socket socket)
{
    ……
    lastTickTime = Sys.GetTimeStamp ();          ← 当客户端连接后，记录当前的时间
}
```

7.5.3　使用定时器

服务端每隔一段时间遍历所有的连接，如果客户端太久没有发送心跳信号，便断开它。在 ServNet 类中添加一个每秒执行一次（可根据实际需要修改定时器时间）的定时器 timer，定时器回调函数 HandleMainTimer 判断客户端是否在 heartBeatTime 秒内（这里设为 180 秒）发送过心跳信号，没有则断开连接，代码如下。

```
//主定时器
System.Timers.Timer timer = new System.Timers.Timer(1000);
//心跳时间
public long heartBeatTime = 180;

//开启服务器
public void Start (string host, int port)
{
    //定时器
    timer.Elapsed += new System.Timers.ElapsedEventHandler(HandleMainTimer);
    timer.AutoReset = false;
    timer.Enabled = true;
    ……
}
```

由于定时器的 AutoReset 被设为 false，因此它只会执行一次。在回调函数 HandleMainTimer 中再次调用 Start 方法，使定时器不断执行。HandleMainTimer 调用 HeartBeat 方法。它将遍历所有正在使用的连接，如果太久没有发送心跳信号，则调用 conn.Close() 关闭连接，代码如下。

```
//主定时器
public void HandleMainTimer(object sender, System.Timers.ElapsedEventArgs e)
```

```
    {
        // 处理心跳
        HeartBeat();
        timer.Start ();
    }

    //心跳
    public void HeartBeat()
    {
        Console.WriteLine ("[主定时器执行]");
        long timeNow = Sys.GetTimeStamp();

        for (int i = 0; i < conns.Length; i++)
        {
            Conn conn = conns[i];
            if(conn == null)continue;
            if(!conn.isUse) continue;

            if(conn.lastTickTime < timeNow - heartBeatTime)
            {
                Console.WriteLine("[心跳引起断开连接]" + conn.GetAdress());
                lock(conn)
                    conn.Close();
            }
        }
    }
```

7.5.4 心跳协议

我们需要规定一种更新心跳时间的协议。本节规定，如果服务端收到字符串"HeatBeat"，则更新该连接的心跳时间。修改 ProcessData() 的相关语句，由于这里还没有涉及消息分发，我们先使用 if 语句做临时处理，代码如下。

```
// 处理消息
string str = System.Text.Encoding.UTF8.GetString( 参数 );
if (str == "HeatBeat")
    conn.lastTickTime = Sys.GetTimeStamp ();
```

7.5.5 调试心跳协议

如图 7-27 所示，让客户端发送心跳信号，观察服务端的反应（为了方便调试，这里把 heartBeatTime 改为 10 秒），如果服务端长时间没能收到心跳信号，那么它将断开连接。

图 7-27　客户端发送心跳信号

图 7-28 为服务端没有收到心跳信息，主动断开连接的输出信息。其中的"无法访问已释放的对象"由 ReceiveCb 的 Catch 语句触发，我们捕获了这个异常。

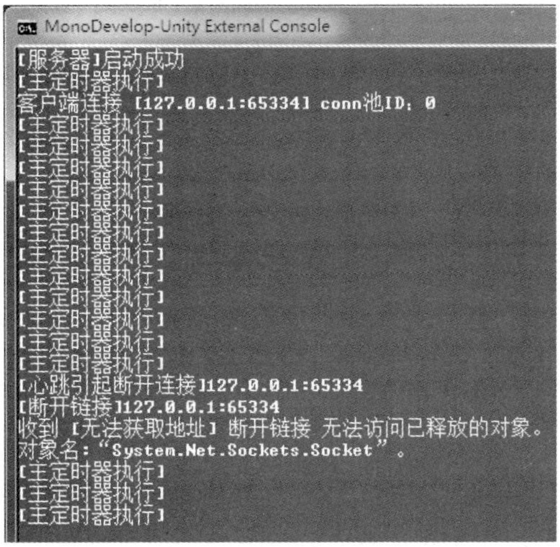

图 7-28　服务端没有收到心跳信号，断开连接

> **注意**：之后的演示会删掉诸如"[主定时器执行]"这类不重要的输出。

7.6　协议

一套通用的服务端框架，要支持不同游戏使用的各种协议格式。所有协议都从字节流中读取消息，又把某种形式的消息转换为字节流发送出去。只要定义好解码编码的接口，便能够支持多种协议。

为了避免混淆，本章把一次发送的完整数据称为消息。如图 7-29 所示，一条消息的前 4 个字节用于粘包分包处理消息长度，随后才是消息内容，本节把消息内容称为协议内容。协议类型是基于 ProtocolBase 的类，每个类都有自己的编码和解码方法，编码解码的内容是消息中除去消息长度的字节流（即协议内容）。由此可见，服务端框架实现了两层协议，第一层协议（消息）用于处理底层网络，第二层协议用于格式化数据。

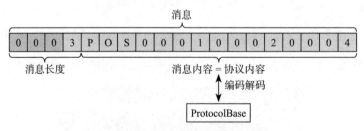

图 7-29　服务端框架使用的两层协议

7.6.1　协议基类

协议基类 ProtocolBase 定义协议接口，其他协议类型必须继承 ProtocolBase，如图 7-30 所示。通用的接口包括解码（Decode）、编码（Encode）、获取协议名称（GetName）和用于打印输出的描述（GetDesc）。本章将会实现最基本的字符串协议和字节流协议，读者还可以尝试在框架上应用 json 或 protobuf 协议。

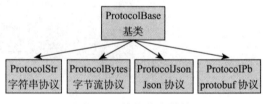

图 7-30　协议的类结构

```
using System.Collections;

// 协议基类
public class ProtocolBase
{
    // 解码器，解码 readbuff 中从 start 开始的 length 字节
    public virtual ProtocolBase Decode(byte[] readbuff, int start, int length)
    {
        return new ProtocolBase();
    }
    // 编码器
    public virtual byte[] Encode()
    {
        return new byte[] { };
    }
```

```
    // 协议名称，用于消息分发
    public virtual string GetName()
    {
        return "";
    }

    // 描述
    public virtual string GetDesc()
    {
        return "";
    }
}
```

> 消息分发会把不同协议名称的协议交给不同的函数来处理

> 用于调试时比较直观地显示协议的内容

7.6.2 字符串协议

字符串协议是一种既直观又简单的协议。我们规定字符串协议的形式是"参数1（协议名），参数2,参数3,参数4"，各个参数用逗号隔开，第一个参数为协议名称。比如字符串"POS,127.0.0.1:3564,10,11,15"代表的是一条名为POS的协议（更新位置），第2个参数为127.0.0.1:3564（玩家标识），第3个参数为10（x坐标），第4个参数为11（y坐标），第5个参数为15（z坐标）。只要观察字符串，便能够清晰地看出各个参数值的意思，非常直观。但它有着天生的漏洞，客户端只要发送一段含有逗号的字符串便会引起混淆，于是我们只用它做演示之用。图7-31所示的为字符串协议示意图，实际上消息长度并不是字符串0016，这里只为了直观展示。

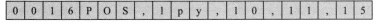

图 7-31　字符串协议示意图

```
using System;
using System.Collections;

//字符串协议模型
//形式 名称,参数1,参数2,参数3
public class ProtocolStr : ProtocolBase
{
    //传输的字符串
    public string str;

    //解码器
    public override ProtocolBase Decode(byte[] readbuff, int start, int length)
    {
```

> 整个协议都用字符串表达

> 解码过程便是将字节流转换为字符串

```
            ProtocolStr protocol = new ProtocolStr();
            protocol.str = System.Text.Encoding.UTF8.
GetString(readbuff, start, length);
            return (ProtocolBase)protocol;
        }

        //编码器
        public override byte[] Encode()          ┤ 编码过程便是将字符串转
        {                                          换为字节流
            byte[] b = System.Text.Encoding.UTF8.
GetBytes(str);
            return b;
        }

        //协议名称
        public override string GetName()         ┤ 获取逗号前的字符串，即
        {                                          协议名
            if (str.Length == 0) return "";
            return str.Split(',')[0];
        }

        //协议描述
        public override string GetDesc()         ┤ 用字符串代表协议描述
        {
            return str;
        }
    }
```

7.6.3　字节流协议

字节流协议是一种最基本的协议。它把所有参数放入 byte[] 结构中，客户端和服务端按照约定的数据类型和顺序解析各个参数。本节编写的字节流协议支持 int、float 和 string 三种数据类型。我们规定字节流协议的第一个参数必须是字符串，它代表协议名称。字节流协议支持的数据类型如表 7-9 所示。

表 7-9　字节流协议支持的数据类型

类型	说明
int	整数，占用 4 个字节
float	浮点数，占用 8 个字节
string	字符串，由长度和内容两部分组成。其中长度为 int 类型数据，占用 4 个字节。如下所示的字节流表示字符串"POS"，前面四位是字符串的长度 3，后面三位是字符串的内容，共占用 7 个字节。 　0　0　0　3　P　O　S

如图 7-32 所示的字节流带有 4 个参数。第 1 个参数是字符串"POS"（协议名），第 2 个参数是整数 1（x 坐标），第 3 个参数是整数 2（y 坐标），第 4 个参数是整数 4（z 坐标）。只要客户端和服务端按照约定好的类型进行读取，总能够正确地解析出各个参数。

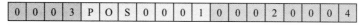

图 7-32　字节流协议的内容

字节流协议代码如下。

```
using System;
using System.Collections;
using System.Linq;

// 字节流协议模型
public class ProtocolBytes : ProtocolBase
{
    // 传输的字节流
    public byte[] bytes;

    // 解码器
    public override ProtocolBase Decode(byte[] readbuff, int start, int length)
    {
        ProtocolBytes protocol = new ProtocolBytes();
        protocol.bytes = new byte[length];
        Array.Copy(readbuff, start, protocol.bytes, 0, length);
        return protocol;
    }

    // 编码器
    public override byte[] Encode()
    {
        return bytes;
    }

    // 协议名称
    public override string GetName()
    {
        return GetString(0);
    }

    // 描述
```

（整个协议都用 byte 数组表达）

（解码，将字节流转换成 ProtocolBytes 对象）

（编码，返回字节流）

（获取协议的第一个字符串，GetString 方法将稍后实现）

```csharp
public override string GetDesc()
{
    string str = "";
    if (bytes == null) return str;
    for (int i = 0; i < bytes.Length; i++)
    {
        int b = (int)bytes[i];
        str += b.ToString() + " ";
    }
    return str;
}
```

提取每一个字节，并组装成字符串

`8 0 0 0 72 101 97 116 66 101 97 116`

7.6.4 字节流辅助方法

为了便于使用，我们给 ProtocolBytes 添加一些组装和读取 byte 数组的方法。下述的 AddXXX 实现了在 byte 数组后面添加数据的功能，需要注意的是，每个 AddXXX 方法都包含了 if(bytes == null) 的判断，因为 bytes 不一定已经被初始化。如果 bytes 为空，那么重新给 bytes 赋值，否则使用 bytes.Concat 在数组后面添加数据。GetXXX 是从 bytes 数组中读取一个某一类型数据的方法，它包含 start 和 end 两个参数（通过重载使得 end 参数可以被忽略），start 表示从 bytes 数组的哪一位开始读取，使用 ref 修饰的 end 表示下一个数据的起始点。

ref 关键字使参数按引用传递。其效果是，当控制权传递回调用方法时，在方法中对参数所做的任何更改都将反映在该变量中。简单点说就是，使用了 ref 的变量在函数传参中不发生复制，函数中可以对原数进行操作，具体代码如下。

```csharp
//添加字符串
public void AddString(string str)
{
    Int32 len = str.Length;
    byte[] lenBytes = BitConverter.GetBytes (len);
    byte[] strBytes = System.Text.Encoding.UTF8.GetBytes (str);
    if(bytes == null)
        bytes = lenBytes.Concat(strBytes).ToArray();
    else
        bytes = bytes.Concat(lenBytes).Concat(strBytes).ToArray();
```

拼装字符串，先是表示字符串大小的字节，再是字符串本身

`0 0 0 3 b O 2`

```csharp
    }
        // 从字节数组的 start 处开始读取字符串
    public string GetString(int start, ref int end)
    {
        if (bytes == null)
            return "";
        if (bytes.Length < start + sizeof(Int32))
            return "";
        Int32 strLen = BitConverter.ToInt32 (bytes, start);
        if (bytes.Length < start + sizeof(Int32) + strLen)
            return "";
        string str = System.Text.Encoding.UTF8.GetString(bytes,start + sizeof(Int32),strLen);
        end = start + sizeof(Int32) + strLen;
        return str;
    }

    public string GetString(int start)
    {
        int end = 0;
        return GetString (start, ref end);
    }
```

> 如果 start 后的字节数小于 4，则不能读取字符串的大小。如果字节数小于字符串长度，那么一定是出错了

> 对上述方法的封装，使得调用时可以忽略 end 参数

添加和获取整数方法的代码如下。BitConverter 是将基础数据类型与字节数组相互转换的类，BitConverter.GetBytes 实现了将多种数据类型转换成 byte 数组。BitConverter.ToInt32 实现了将 byte 数组 start 位置后的 4 个字节转换成 int 数据。

```csharp
    public void AddInt(int num)
    {
        byte[] numBytes = BitConverter.GetBytes (num);
        if (bytes == null)
            bytes = numBytes;
        else
            bytes = bytes.Concat(numBytes).ToArray();
    }
    public int GetInt(int start, ref int end)
    {
        if (bytes == null)
            return 0;
        if (bytes.Length < start + sizeof(Int32))
            return 0;
        end = start + sizeof(Int32);
        return BitConverter.ToInt32(bytes, start);
```

> 将 int 类型的整数转换成 byte 数组

> 判断 bytes 是否为空，如果 bytes 不为空，则在原数组后面附加数据。

> 判断一些特殊情况，比如数组长度不足 4，无法读取数值，这时我们将使用默认值取代无法读取的数据

```
}

public int GetInt(int start)
{
    int end = 0;
    return GetInt(start, ref end);
}
```

添加和获取浮点数方法的代码如下，其中 BitConverter.ToSingle 实现了将 byte 数组 start 位置后的 8 个字节转换成 float 数据。

```
public void AddFloat(float num)
{
    byte[] numBytes = BitConverter.GetBytes (num);
    if (bytes == null)
        bytes = numBytes;
    else
        bytes = bytes.Concat(numBytes).ToArray();
}

public float GetFloat(int start, ref int end)
{
    if (bytes == null)
        return 0;
    if (bytes.Length < start + sizeof(float))
        return 0;
    end = start + sizeof(float);
    return BitConverter.ToSingle(bytes, start);
}

public float GetFloat(int start)
{
    int end = 0;
    return GetFloat (start, ref end);
}
```

— 将 float 类型的浮点数转换成 byte 数组

— 将 byte 数组转换成浮点数

7.6.5 使用协议

原先的 ServNet 中，我们使用 System.Text.Encoding.UTF8.GetString(参数) 解出字符串并做处理，修改 ServNet 使它支持多种协议。下面定义 ProtocolBase 类型的对象 proto 代表服务端所使用的协议，代码如下。

```
// 协议
public ProtocolBase proto ;
```

修改 ProcessData，通过 proto.Decode 解析协议，将字节流转化成 ProtocolBase 对象。这里使用到类的多态性，即通过继承实现不同对象调用相同的方法，表现出不同的行为。我们使用诸如 proto= new ProtocolBytes() 给 proto 赋值时，proto 的真正类型是 ProtocolBytes。proto.Decode 会调用 ProtocolBytes 的 Decode 方法。后面的代码会使用类似 ProtocolBytes protocol = (ProtocolBytes)protoBase 的语句将 protocol 还原成 ProtocolBytes 类型，然后再做具体操作。

HandleMsg 是处理协议的方法，目前只有使用 if 语句处理的心跳信号，代码如下。

```
private void ProcessData(Conn conn)
{
    ……
    //处理消息
    ProtocolBase protocol = proto.Decode(conn.readBuff, sizeof(Int32), conn.msgLength);
    HandleMsg (conn, protocol);
    //清除已处理的消息
    ……
}

private void HandleMsg(Conn conn, ProtocolBase protoBase)
{
    string name = protoBase.GetName();
    Console.WriteLine("[收到协议]" + name);
    //处理心跳
    if (name == "HeatBeat")
    {
        Console.WriteLine("[更新心跳时间]" + conn.GetAdress());
        conn.lastTickTime = Sys.GetTimeStamp();
    }
    //回射
    Send(conn ,protoBase);
}
```

修改发送数据的方法，使它支持协议。这里将再次运用到类的多态性，protocol.Encode 实际调用的是继承类（如 ProtocolBytes）的 Encode 方法，而不是 ProtocolBase 的 Encode 方法。Encode 方法将协议转换成字节流，程序将消息长度和消息体拼装后再发送出去。

Broadcast 是给所有玩家广播消息的方法。它遍历所有连接，找出已登录的玩家，然后给他们发送消息，代码如下。

```
    //发送
    public void Send(Conn conn, ProtocolBase protocol)
    {
        byte[] bytes = protocol.Encode ();
        byte[] length = BitConverter.GetBytes(bytes.Length);
        byte[] sendbuff = length.Concat(bytes).ToArray();
        ……
    }

    //广播
    public void Broadcast(ProtocolBase protocol)
    {
        for (int i = 0; i < conns.Length; i++)
        {
            if(!conns[i].isUse)
                continue;
            if(conns[i].player == null)
                continue;
            Send(conns[i], protocol);
        }
    }
```

> 编码协议，获取字符数组。至此，我们可以在服务端去掉 Conn 类中 Send 方法的注释了

> 给每个玩家发送消息

最后在 Main 中设置 servNet 对象的协议类型（如 ProtocolBytes），完成服务端，代码如下。

```
public static void Main (string[] args)
{
    ServNet servNet = new ServNet();
    servNet.proto = new ProtocolBytes ();
    servNet.Start("127.0.0.1",1234);
    Console.ReadLine();
}
```

7.6.6 调试

我们需要编写一套支持协议的客户端程序，以便完成协议功能的调试。客户端程序的修改方式与服务端相似，添加协议的基类和几种协议以后，再做如下修改。

1）添加 proto 代表客户端使用的协议类型，代码如下。

```
ProtocolBase proto = new ProtocolBytes();   //协议
```

2）修改 ProcessData，在 HandleMsg 中输出接收消息的描述，代码如下。

```csharp
private void ProcessData()
{
    ……
    //处理消息
    ProtocolBase protocol = proto.Decode
(readBuff, sizeof(Int32), msgLength);
    HandleMsg(protocol);
    //清除已处理的消息
    ……
}

private void HandleMsg(ProtocolBase protoBase)
{
        ProtocolBytes proto = (ProtocolBytes)
protoBase;
        Debug.Log ("接收" + proto.GetDesc ());
}
```

> GetDesc 是协议类型中打印描述的接口。ProtocolBytes 会提取每一个字节，并组装成字符串

3）修改发送消息的方法，使它符合协议的发送规则，代码如下。

```csharp
public void OnSendClick()
{
    ProtocolBytes protocol = new ProtocolBytes ();
    protocol.AddString("HeatBeat");
    Debug.Log ("发送" + protocol.GetDesc());
    Send (protocol);
}

public void Send(ProtocolBase protocol)
{
    byte[] bytes = protocol.Encode ();
    byte[] length = BitConverter.GetBytes(bytes.Length);
    byte[] sendbuff = length.Concat(bytes).ToArray();
    socket.Send (sendbuff);
}
```

> 绑定到发送按钮
> 发送

运行服务端和客户端，点击客户端的连接和发送按钮。如图 7-33 所示，从服务端的输出可以看到，服务端已正确解析并处理了心跳协议。客户端的 Console 窗口也显示了它发送和接收到的字节流，如图 7-34 所示。"8 0 0 0"表示字符串长度为 8，"72""101""97""116""66""101""97""116"分别是 "H""e""a""t""B""e""a""t" 的 ASCII 码。

读者也可以尝试使用字符串协议实现同样的功能，这里不再演示。

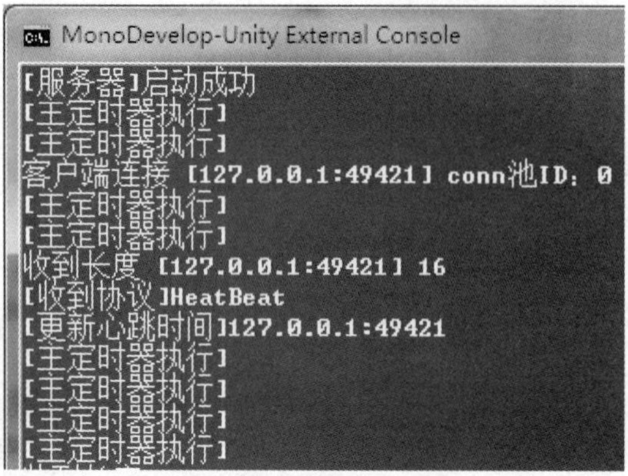

图 7-33 服务端的输出  图 7-34 客户端的输出

7.7 中间层 Player 类

Player 代表游戏中的角色，也是服务端框架的中间层。它把连接抽象成对角色的操作，比如：把该角色踢下线、保存角色数据、向角色发送消息。

7.7.1 登录流程

玩家登录游戏时，如果该账户尚未登录，则只需要沿着图 7-35 中黑线所示的流程（登录→密码校验→读取数据），即可成功登录。如果该账户已经登录，就需要把它顶下线。服务端先让已经登录的角色下线并保存数据，再让新连接获取角色数据，流程如图 7-35 中的橙线所示。

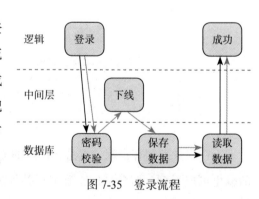

图 7-35 登录流程

7.7.2 下线

Player 的 KickOff 方法便是把角色踢下线的方法，它还可以根据需要给被踢下线

的玩家发送协议（通过 proto 参数）。KickOff 最终调用 Logout 方法完成下线和保存数据的功能。值得一提的是，KickOff 方法往往在新连接的异步回调中被调用，它与旧连接不处于同一线程，有可能出现线程竞争，需要使用 lock 来避免。

Logout 方法处理了 3 件事情：1 是事件分发（稍后实现），2 是保存玩家数据，3 是调用 conn.Close() 关闭连接。Conn 的 Close() 方法中也有"if (player != null) {player.Logout ();}"的调用，这说明，要关闭一个连接，必须先保存角色数据；角色下线，也必须先关闭连接，如图 7-36 所示。

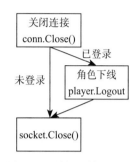

图 7-36　关闭连接的流程

7.7.3　Player 类的实现

Player 类包含 KickOff、Logout 等方法，具体实现代码如下所示。

```
using System;

public class Player
{
    //id、连接、玩家数据
    public string id;
    public Conn conn;
    public PlayerData data;
    public PlayerTempData tempData;

    // 构造函数，给 id 和 conn 赋值
    public Player(string id, Conn conn)
    {
        this.id = id;
        this.conn = conn;
        tempData = new PlayerTempData();
    }

    //发送
    public void Send(ProtocolBase proto)
    {
        if (conn == null)
            return;
        ServNet.instance.Send(conn, proto);
    }
```

```csharp
        // 踢下线
        public static bool KickOff(string id, ProtocolBase proto)
        {
            Conn[] conns = ServNet.instance.conns;
            for (int i = 0; i < conns.Length; i++)
            {
                if (conns[i] == null)
                    continue;
                if (!conns[i].isUse)
                    continue;
                if (conns[i].player == null)
                    continue;
                if (conns[i].player.id == id)
                {
                    lock (conns[i].player)
                    {
                        if (proto != null)
                            conns[i].player.Send (proto);
                        return conns[i].player.Logout();
                    }
                }
            }
            return true;
        }

        // 下线
        public bool Logout()
        {
            // 事件处理，稍后实现
            //ServNet.instance.handlePlayerEvent.OnLogout(this);
            // 保存
            if (!DataMgr.instance.SavePlayer(this))
                return false;
            // 下线
            conn.player = null;
            conn.Close();
            return true;
        }
```

注释说明:
- 被踢下线，第一个参数 id 指明要踢下线的玩家 id, 第二个参数指明要给该玩家发送怎样的消息
- 遍历连接池，找到要踢下线的玩家
- 该方法与连接的消息处理不在同一线程，需要做些线程安全的考虑
- 发送消息
- 下线并保存数据
- 完成 Logout 后，别忘了去掉 Conn 类中 player.Logout() 的注释
- 消息分发的内容之一，有些功能需要在玩家下线时做处理
- 关闭连接

介绍完消息分发后，我们再制作一个走通游戏流程的例子。

7.8 消息分发

之前大多使用 ifelse 语句来区分不同的协议，这么做无可厚非。一款游戏可能涉及成百上千条协议，如果每次新增协议都要添加 else 语句并编写处理函数，就会比较麻烦，而且太多的 ifelse 语句容易造成代码混乱。如果能够让程序根据协议名来调用相应的方法，便能避免这种情况。

7.8.1 消息处理的类

消息分发包含事件分发和协议分发两项内容。事件分发指在某种情况下会发生的事情，比如玩家上线和玩家下线时处理的事件。协议分发指服务端收到协议时，用什么方法去处理它。消息处理定义了如表 7-10 所示的 3 个位于逻辑层的类。

表 7-10　消息处理的 3 个类

类	说明
handlePlayerEvent	玩家事件类，会处理玩家上线和玩家下线等事件。 OnLogin()：玩家上线时触发 OnLogout()：玩家下线时触发
handleConnMsg	处理连接协议，客户端连接后尚未登录的消息处理。 一般用于处理登录过程中的逻辑
handlePlayerMsg	处理角色协议，角色登录成功后的消息处理。 一般用于处理游戏逻辑

消息处理规定在 handleConnMsg 和 handlePlayerMsg 中使用 "Msg+协议名" 来处理对应的协议。服务端使用反射机制调用实现这一功能。比如 handleConnMsg 的 MsgHeatBeat 方法会更新心跳时间。

图 7-37 展示了游戏流程中涉及的一些协议和事件。

登录过程：玩家登录时发起 Login 协议，这条协议将被 handleConnMsg 的 MsgLogin 方法处理。MsgLogin 又会调用 handlePlayerEvent 的 OnLogin 方法，触发登录事件。

操作交互：玩家发送 Pos 和 Leave 协议，程序调用 handlePlayerMsg 类中对应的 MsgPos 和 MsgLeave 进行处理。

离开游戏：handlePlayerEvent 的 OnLogout 方法被调用，触发离线事件。

图 7-37 游戏流程中涉及的一些协议和事件

7.8.2 消息处理类的实现

消息处理定义了 handlePlayerEvent、handleConnMsg 和 handlePlayerMsg 三个类，其中 handleConnMsg 和 handlePlayerMsg 使用 partial 修饰，代码分别如下所示。

partial 表明类是局部类型，它允许我们将一个类、结构或接口分成几个部分，分别实现在几个不同的 .cs 文件中。考虑到游戏中有成百上千条协议，难以全部放到一个 cs 文件中，必要时可以根据功能模块将逻辑代码分到多个文件中。

```
using System;

public class HandlePlayerEvent
{
    // 上线
    public void OnLogin(Player player)
    {

    }
    // 下线
    public void OnLogout(Player player)
    {

    }
}

using System;

public partial class HandleConnMsg
{
    // 心跳
    // 协议参数：无
```

玩家事件类

player 类的 Logout 方法调用了该方法。可以去掉 player 类中的注释了

处理连接协议

```
        public void MsgHeatBeat(Conn conn, ProtocolBase protoBase)
        {
            conn.lastTickTime = Sys.GetTimeStamp();
            Console.WriteLine("[更新心跳时间]" + conn.GetAdress());
        }

    }

    using System;
    public partial class HandlePlayerMsg
    {
    }
```

※ 心跳处理,名为 HeatBeat 的协议会被分发到这里,更新连接的心跳时间

※ 处理角色协议

7.8.3 反射

在 ServNet 类中添加 3 个消息分发类的实例 handleConnMsg、handlePlayerMsg 和 handlePlayerEvent,代码如下。

```
//消息分发
public HandleConnMsg handleConnMsg = new HandleConnMsg();
public HandlePlayerMsg handlePlayerMsg = new HandlePlayerMsg();
public HandlePlayerEvent handlePlayerEvent = new HandlePlayerEvent();
```

程序通过"Msg"+ name 获取方法名 methodName,然后使用 GetMethod 方法获取指定方法名的方法信息实例(MethodInfo)。得到了 MethodInfo 实例后,通过 Invoke 便可以反射执行该方法,该方法的原型如下:

```
object Invoke(object obj,object[] parameters)
```

Invoke 的参数及说明如表 7-11 所示。

表 7-11 Invoke 的参数说明

参数	说明
obj	一个对象引用,将调用它所指向的对象上的方法
parameters	所有需要传递给方法的参数都必须在 parameters 数组中指定。如果方法不需要参数,则 parameters 必须为 null

诸如 handleConnMsg 类中的 MsgHeatBeat(Conn conn, ProtocolBase protoBase) 方

法，它接受两个参数，第一个是连接实例，第二个是协议实例。我们用 new object[] {conn,protoBase} 包装这两个参数，并传入到 Invoke 的第二个参数。下述代码便是通过字符串调用类方法的例子。

```
string methodName = "MsgHeatBeat";
MethodInfo mm = handleConnMsg.GetType ().GetMethod (methodName );
Object[] obj = new object[]{conn,protoBase};
mm.Invoke (handleConnMsg, obj);
```

修改 ServNet 中处理协议的方法 HandleMsg，程序通过 conn 的 player 对象是否为空判断应该调用 handleConnMsg 还是 handlePlayerMsg 中的方法。心跳协议是一种底层协议，实际处理的是连接级别上的消息。下面的代码是对心跳协议做特殊处理，使它一直分发到 handleConnMsg。

```
private void HandleMsg(Conn conn, ProtocolBase protoBase)
{
    string name = protoBase.GetName();
    string methodName = "Msg" + name;
    // 连接协议分发
    if (conn.player == null || name == "HeatBeat"|| name == "Logout")
    {
        MethodInfo mm = handleConnMsg.GetType ().GetMethod (methodName);
        if (mm == null) {
          string str = "[警告]HandleMsg 没有处理连接方法 ";
            Console.WriteLine ( str + methodName);
            return;
        }
        Object[] obj = new object[]{conn,protoBase};
        Console.WriteLine ("[处理连接消息 ]" + conn.GetAdress () + " :" + name);
        mm.Invoke (handleConnMsg, obj);
    }
    // 角色协议分发
    else
    {
        MethodInfo mm = handlePlayerMsg.GetType().GetMethod (methodName);
        if (mm == null) {
          string str = "[警告]HandleMsg 没有处理玩家方法 ";
            Console.WriteLine ( str + methodName);
            return;
        }
        Object[] obj = new object[]{conn.player,protoBase};
        Console.WriteLine ("[处理玩家消息 ]" + conn.player.id + " :" + name);
        mm.Invoke (handlePlayerMsg, obj);
    }
}
```

7.9 注册登录

我们已经完成了服务端框架的大部分功能。本节将通过一个例子跑通玩游戏的整个流程，并添加登录、注册等处理函数。

7.9.1 协议

例子中的游戏角色带有分数值，客户端可以通过 GetScore 协议读取分数，也可以通过 AddScore 协议增加分数。例子涉及 Register、Login、GetScore、AddScore、Logout 5 条协议，如图 7-38 所示。

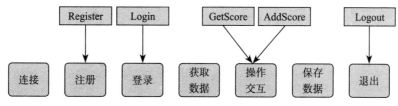

图 7-38 游戏流程和协议

Register 协议（注册）：带有两个字符串类型的参数，分别代表用户名和密码，如图 7-39 所示。收到该协议后服务端返回一个 int 参数，-1 表示注册失败，0 表示注册成功。

| 客户端发送： | 协议名：Register | 用户名（string） | 密码（string） |
| 服务端发送： | 协议名：Register | 结果（int） | |

图 7-39 Register 协议

Login 协议（登录）：带有两个字符串类型的参数，分别代表用户名和密码，如图 7-40 所示。收到该协议后服务端返回一个 int 参数，-1 表示登录失败，0 表示登录成功。

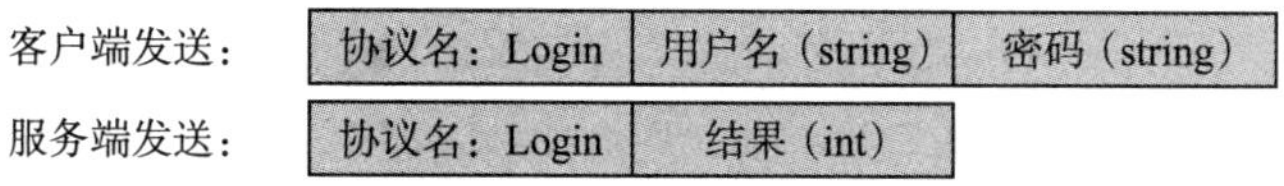

| 客户端发送： | 协议名：Login | 用户名（string） | 密码（string） |
| 服务端发送： | 协议名：Login | 结果（int） | |

图 7-40 Login 协议

Logout 协议（登出）：带有一个 int 类型的参数，表示下线的原因，如图 7-41 所示，0代表正常下线。

GetScore 协议（获取分数）：无参数。收到该协议后服务端返回一个 int 参数，代表角色的分数值，如图 7-42 所示。

客户端发送：| 协议名：Logout | 结果（int） |
服务端发送：| 协议名：Logout | 结果（int） |

图 7-41　Logout 协议

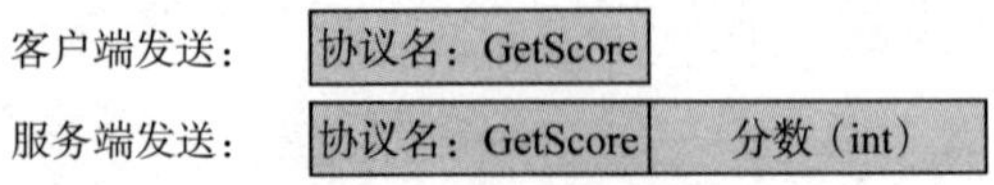

客户端发送：| 协议名：GetScore |
服务端发送：| 协议名：GetScore | 分数（int） |

图 7-42　GetScore 协议

AddScore 协议（添加分数）：无参数，无返回，如图 7-43 所示（收到协议后，服务端将角色分数加 1）。

客户端发送：| 协议名：AddScore |

图 7-43　AddScore 协议

7.9.2　注册功能

在 HandleConnMsg 中添加处理注册协议的方法 MsgRegister。该方法首先解析协议中的用户名和密码。多次调用 GetXXX(start, ref start) 是获取协议数值的一种方法，一开始 start 为 0，在第一个 GetXXX 后，start 指向第二个参数的起始字节，以此类推。然后调用 DataMgr.instance.Register 向 user 中表添加数据，如果添加失败，则通过 protocol.AddInt(0) 构造参数为 0 的返回协议。最后通过 CreatePlayer 创建角色，并返回协议给客户端，代码如下。

```
// 注册
// 协议参数: str 用户名 ,str 密码
// 返回协议: -1 表示失败 0 表示成功
public void MsgRegister(Conn conn, ProtocolBase protoBase)
{
    // 获取数值
    int start = 0;
    ProtocolBytes protocol = (ProtocolBytes)protoBase;
    string protoName = protocol.GetString (start, ref start);
    string id = protocol.GetString (start, ref start);
    string pw = protocol.GetString (start, ref start);
    string strFormat = "[收到注册协议]" + conn.GetAdress();
    Console.WriteLine ( strFormat + " 用户名: " + id + " 密码: " + pw);
    // 构建返回协议
    protocol = new ProtocolBytes ();
    protocol.AddString ("Register");
    // 注册
```

```
    if(DataMgr.instance.Register (id, pw))
    {
        protocol.AddInt(0);
    }
    else
    {
        protocol.AddInt(-1);
    }
    //创建角色
    DataMgr.instance.CreatePlayer (id);
    //返回协议给客户端
    conn.Send (protocol);
}
```

7.9.3 登录功能

在 HandleConnMsg 中添加处理登录协议的方法 MsgLogin，它处理了以下几个事项。

1）获取数值：解析协议中的用户名和密码。

2）验证密码：通过 DataMgr 的 CheckPassWord 验证用户名和密码，如果密码错误，则返回 -1 给客户端。

3）踢下线：调用 Player.KickOff 处理角色已经登录的情形。如果该角色在游戏中，则把它踢下线。程序还构建了 Logout 协议，向被踢下线的客户端发出通知。

4）读取数据：通过 DataMgr 的 GetPlayerData 方法从数据库中读取玩家数据。

5）事件触发：调用 handlePlayerEvent 的 OnLogin 方法。

6）返回：返回 Login 协议，带参数 0，通知客户端登录成功。

MsgLogin 的实现代码如下。

```
//登录
//协议参数：str 用户名 ,str 密码
//返回协议：-1 表示失败  0 表示成功
public void MsgLogin(Conn conn, ProtocolBase protoBase)
{
    //获取数值
    int start = 0;
    ProtocolBytes protocol = (ProtocolBytes)protoBase;
    string protoName = protocol.GetString (start, ref start);
    string id = protocol.GetString (start, ref start);
    string pw = protocol.GetString (start, ref start);
```

```
            string strFormat = "[收到登录协议]" + conn.GetAdress();
            Console.WriteLine (strFormat + " 用户名: " + id + " 密码: " + pw);
            //构建返回协议
            ProtocolBytes protocolRet = new ProtocolBytes ();
            protocolRet.AddString ("Login");
            //验证
            if (!DataMgr.instance.CheckPassWord (id, pw))
            {
                protocolRet.AddInt(-1);
                conn.Send (protocolRet);
                return;
            }
            //是否已经登录
            ProtocolBytes protocolLogout = new ProtocolBytes ();
            protocolLogout.AddString ("Logout");
            if (!Player.KickOff (id, protocolLogout))
            {
                protocolRet.AddInt(-1);
                conn.Send (protocolRet);
                return;
            }
            //获取玩家数据
            PlayerData playerData = DataMgr.instance.GetPlayerData (id);
            if (playerData == null)
            {
                    protocolRet.AddInt(-1);
                    conn.Send (protocolRet);
                    return;
            }
            conn.player = new Player (id, conn);
            conn.player.data = playerData;
            //事件触发
            ServNet.instance.handlePlayerEvent.OnLogin(conn.player);
            //返回
            protocolRet.AddInt(0);
            conn.Send (protocolRet);
            return;
    }
```

7.9.4 登出功能

在 HandleConnMsg 添加处理登出协议的方法 MsgLogout，该方法调用 conn.Close 关闭连接，代码如下。

```
//下线
//协议参数:
```

```csharp
//返回协议：0-正常下线
public void MsgLogout(Conn conn, ProtocolBase protoBase)
{
    ProtocolBytes protocol = new ProtocolBytes ();
    protocol.AddString ("Logout");
    protocol.AddInt (0);
    if (conn.player == null)
    {
            conn.Send (protocol);
            conn.Close ();
    }
    else
    {
        conn.Send (protocol);
        conn.player.Logout();
    }
}
```

7.9.5 获取分数功能

在 HandlePlayerMsg 中添加获取分数的处理方法 MsgGetScore，该方法将 player.data.score 发送给客户端，代码如下。

```csharp
//获取分数
//协议参数：
//返回协议：int 分数
public void MsgGetScore(Player player, ProtocolBase protoBase)
{
    ProtocolBytes protocolRet = new ProtocolBytes ();
    protocolRet.AddString ("GetScore");
    protocolRet.AddInt (player.data.score);
    player.Send (protocolRet);
    Console.WriteLine ("MsgGetScore " + player.id + player.data.score);
}
```

7.9.6 增加分数功能

在 HandlePlayerMsg 中添加增加分数的处理方法 MsgAddScore，将 player.data.score 加 1，代码如下。

```csharp
//增加分数
//协议参数：
public void MsgAddScore(Player player, ProtocolBase protoBase)
```

```
    {
        //获取数值
        int start = 0;
        ProtocolBytes protocol = (ProtocolBytes)protoBase;
        string protoName = protocol.GetString (start, ref start);
        //处理
        player.data.score += 1;
        Console.WriteLine ("MsgAddScore " + player.id + " " + player.data.score.
ToString ());
    }
```

7.9.7 输出服务端信息

为方便查看当前服务端的玩家数量，在 ServNet 中添加 print 方法，它将遍历连接池，并且把连接信息打印出来，代码如下。

```
//打印信息
public void Print()
{
    Console.WriteLine ("=== 服务器登录信息 ===");
    for (int i = 0; i < conns.Length; i++)
    {
        if(conns[i] == null)
            continue;
        if(!conns[i].isUse)
            continue;

        string str = "连接[" + conns[i].GetAdress() +
"] ";
        if(conns[i].player != null)
            str += "玩家id " + conns[i].player.id;

        Console.WriteLine(str);
    }
}
```

7.9.8 Main 中的调用

修改 Main 方法，使它接收控制台的输入。如果输入的是 quit，则调用 servNet.Close 关闭服务器。如果输入的是 print，则调用 servNet.Print 打印服务端的登录信息。至此服务端框架全部完成，接下来我们编写临时的客户端跑通游戏流程，代码如下。

```
public static void Main (string[] args)
```

```
{
    DataMgr dataMgr = new DataMgr ();
    ServNet servNet = new ServNet();
    servNet.proto = new ProtocolBytes ();
    servNet.Start("127.0.0.1",1234);

    while(true)
    {
        string str = Console.ReadLine();
        switch(str)
        {
            case "quit":
                servNet.Close();
                return;
            case "print":
                servNet.Print();
                break;
        }
    }
}
```

> 注意实例化 dataMgr，因为只有实例化的对象才能使用单例模式

7.9.9 测试用客户端

为了调试上述内容，修改之前的客户端，在连接和发送功能的基础上，添加用户名、密码等元素。客户端界面如图 7-44 所示。玩家需要依次点击"链接""登录"按钮，再使用"添加分数"和"获取分数"按钮与服务端交互。

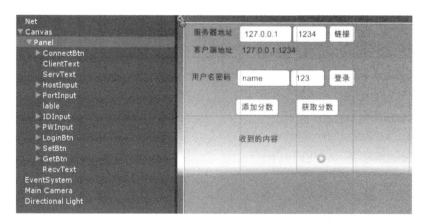

图 7-44 客户端界面

客户端界面的部件及说明如表 7-12 所示。

表 7-12　客户端界面说明

部件	说明
HostInput PortInput ConnectBtn ClientText	服务器地址输入框，端口输入框，连接按钮，地址文本
IDInput PWInput LoginBtn	用户名输入框，密码输入框，登录按钮
SetBtn GetBtn	添加分数和获取分数按钮
RecvText	显示收到的消息

添加两个变量 idInput 和 pwInput，分别代表用户名输入框和密码输入框，代码如下。

```
public InputField idInput;
public InputField pwInput;
```

修改客户端接收消息的方法，输出接收到的协议名和参数，代码如下。

```
private void HandleMsg(ProtocolBase protoBase)
{
    ProtocolBytes proto = (ProtocolBytes)protoBase;
    // 获取数值
    int start = 0;
    string protoName = proto.GetString (start, ref start);
    int ret = proto.GetInt (start,ref start);
    // 显示
    Debug.Log ("接收 " + proto.GetDesc () );
    recvStr = "接收 " + proto.GetName() + " " + ret.ToString();
}
```

添加"登录"、"添加分数"、"获取分数"按钮的事件处理方法。它们都会组装协议，然后发送给服务端，代码如下。

```
public void OnLoginClick()
{
    ProtocolBytes protocol = new ProtocolBytes ();
    protocol.AddString("Login");
    protocol.AddString(idInput.text);
    protocol.AddString(pwInput.text);
```

```
            Debug.Log ("发送 " + protocol.GetDesc());
            Send (protocol);
        }
        public void OnAddClick()
        {
            ProtocolBytes protocol = new ProtocolBytes ();
            protocol.AddString("AddScore");
            Debug.Log ("发送 " + protocol.GetDesc());
            Send (protocol);
        }

        public void OnGetClick()
        {
            ProtocolBytes protocol = new ProtocolBytes ();
            protocol.AddString("GetScore");
            Debug.Log ("发送 " + protocol.GetDesc());
            Send (protocol);
        }
```

7.9.10 调试

读者可以使用之前已经注册的用户，或者直接调用服务端程序注册用户。第 8 章会有制作注册界面的例子，本章在此不重复叙述。本节调试演示中使用的用户名是"Lpy"密码是"123"。

输入错误的用户名密码，将会看到服务端返回的"Login -1"，如图 7-45 所示。输入正确的用户名和密码，可以看到服务端相应的输出，客户端也收到了"Login 0"，如图 7-46 和图 7-47 所示。

图 7-45 输入错误的用户名密码

图 7-46 服务端显示登录成功　　　图 7-47 客户端显示登录成功

查看客户端 Console 窗口，可以看到客户端发送和接收的字节，如图 7-48 所示。

发送的字节流中"5 0 0 0"代表协议名"Login"的长度为5,"76 111 103 105 110"为"Login"的ASKII码,"3 0 0 0"代表字符串"Lpy"的长度为3,"76 112 121"为"Lpy"的ASKII码,后面的"3 0 0 0"代表密码"123"的长度为3,"49 50 51"为"123"的ASKII码。接收字节流中的后四位"0 0 0 0"正是返回协议的参数,代表登录成功。

图7-48　登录的字节流

点击添加分数按钮,可以看到客户端发送的字节,如图7-49和图7-50所示。其中"8 0 0 0"代表协议名"AddScore"的长度为8,"65 100 100 83 99 111 114 101"对应的是字符串"AddScore"的ASKII码。

图7-49　添加分数的字节流 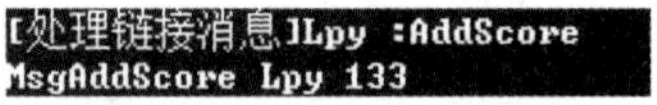　　　　图7-50　服务端的输出

点击获取分数按钮,可以看到客户端收到带有"133 0 0 0"的字节流,代表当前分数为133分,如图7-51所示。

图7-51　获取分数的字节流

客户端显示获取的分数如图7-52所示。

接下来我们首先登录一个账号,再用另外的客户端登录同一账号把原先的角色顶下线。如图7-53所示,可以看到,第一个客户端收到Logout协议,被顶下线,第二个客户端收到代表登录成功的"Login 0"。读者还可以试着用不同的账号登录,并编写一些较为复杂的逻辑。

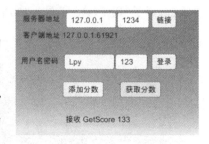

图7-52　客户端显示获取的分数

本章我们实现了一套通用的C#服务端框架,该框架为单进程多线程架构,使用

异步 Socket 处理网络连接，用 MySQL 数据库保存玩家数据，具有粘包分包处理、心跳机制、消息分发等功能。单个进程只能处理几百名玩家的数据，现代大型服务器大都会分布部署多个服务端进程，使其协同工作，同时承载数十万的玩家，如图 7-54 所示。

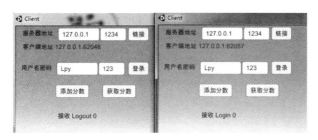

图 7-53　将已登录的账号顶下线

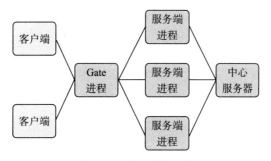

图 7-54　多进程服务器

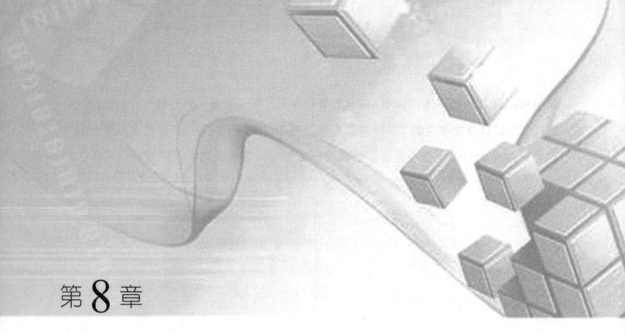

第 8 章

客户端网络模块

客户端网络模块是客户端接收和处理服务端消息的部分。与服务端相似，模块采用异步 Socket 接收网络数据，拥有粘包分包处理、心跳、消息分发等功能。不同的是，它用消息列表将多线程异步回调转为单线程，使用注册委托变量的方法来分发消息。

8.1 网络模块设计

8.1.1 整体架构

客户端网络模块的整体架构如图 8-1 所示。相对服务端，客户端不需要处理大量的网络数据，单线程就足以满足性能需求。异步 Socket 回调函数 ReceiveCb 把收到的消息按顺序存入消息列表 msgList 中，Update 方法将依次读取和处理。处理函数需要先注册监听，在监听表中插入信息，Update 会根据监听表和协议名，调用相应的处理方法。

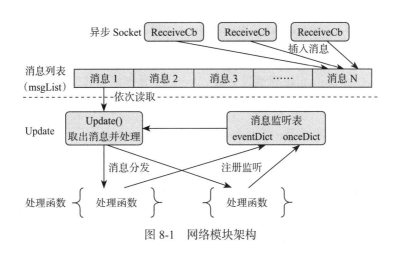

图 8-1 网络模块架构

8.1.2 监听表

监听表是 Dictionary（字典）类型数据，字典的 Key 为协议名，Value 为回调方法。如图 8-2 所示，OnLogin 方法注册了 Login 协议，OnAddScore 方法注册了 AddScore 协议。当客户端收到服务端的 Login 协议

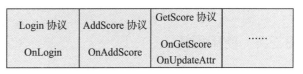

图 8-2 监听表

时，它会在监听表中找到 Login 协议对应的 OnLogin 方法，并调用它。OnGetScore 和 OnUpdateAttr 都注册了 GetScore 协议，当客户端收到 GetScore 协议时，两个方法都会被调用。

根据调用后是否需要删除回调方法，模块分有 eventDict 和 onceDict 两个监听表。程序在调用回调方法后会删掉 onceDict 的信息，而不会删掉 eventDict 的信息。例如在发送 Login 协议时将 OnLogin 方法注册到 onceDict，当收到服务端回应时，OnLogin 将被调用一次。然后将更新玩家位置 Pos 协议处理的方法注册到 eventDict，每当收到服务端的 Pos 协议时，该方法都会被调用。

8.1.3 类结构

网络模块涉及 Connection、MsgDistribution、NetMgr、ProtocolBase、ProtocolBytes

和 Root 等几个类。ProtocolBase、ProtocolBytes 和 ProtocolStr 定义了协议的类型，只需将服务端的文件复制过来即可；Connection 实现异步 Socket，相当于服务端的 ServNet；MsgDistribution 处理消息分发；NetMgr 管理网络连接，它将创建和管理 Connection 对象；Root 是挂在场景中的 MonoBehaviour 继承类，它将调用 NetMgr 的 Update 方法。

图 8-3 展示了各个类的大致层次。本章的例子只启用了一个 Connection 实例，但框架预留了开启多个连接的功能。除了连接服务端，客户端还有可能需要连接运营平台。

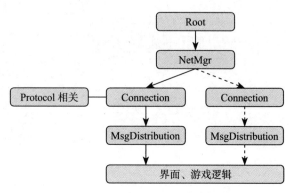

图 8-3　网络模块所涉及的类

8.2　委托

8.2.1　使用委托

客户端消息分发机制使用到了委托。委托是一个类，它定义了方法的类型，使得可以将方法当作另一个方法的参数来进行传递，这种将方法动态地赋给参数的做法，可以避免在程序中大量使用 if-else 或 switch-case 语句，同时使得程序具有更好的可扩展性。

delegate（委托）是 C# 中的一种类型，它能够引用某种类型的方法，相当于 C/C++ 中的函数指针，使用委托需要注意以下几点。

1）声明一个 delegate 类型，它必须与要传递的方法具有相同的参数和返回值类型。

2）创建 delegate 对象，并将要传递的方法作为参数传入。

3）在适当的地方调用它。

8.2.2　示例

如下的代码中，"delegate void DelegateStr(string str)"创建了一个名为 DelegateStr

的 delegate 类型，它可以引用带有一个 string 参数、返回值类型为 void 的方法。接着在 Main 方法中使用"DelegateStr fun = new DelegateStr(PrintStr)"创建名为 fun 的 delegate 对象，并将需要调用的方法 PrintStr 传入其中。最后使用 fun("Hello Lpy") 调用该方法。

```
//声明委托类型
public delegate void DelegateStr(string str);
//需要调用的方法
public static void PrintStr(string str)
{
        Console.WriteLine("PrintStr: " + str);
}
//主函数
public static void Main (string[] args)
{
    //创建 delegate 对象
        DelegateStr fun = new DelegateStr(PrintStr);
    //调用
        fun("Hello Lpy");
        Console.ReadLine();
}
```

运行程序，调用 fun（"Hello Lpy"）相当于调用了 PrintStr ("Hello Lpy")。运行结果如图 8-4 所示。

图 8-4　程序输出

8.2.3　操作符

"+="和"-="是委托对象的一种操作符。例如添加新方法 PrintStr2，然后使用 fun += PrintStr2 传入 PrintStr2 方法，代码如下。这时委托对象 fun 带有 PrintStr 和 PrintStr2 两个方法，调用时两个方法被依次调用。运行结果如图 8-5 所示。

图 8-5　传入委托的两个方法被依次调用

```
//需要调用的方法 2
public static void PrintStr2(string str)
{
    Console.WriteLine("PrintStr2: " + str);
}
    DelegateStr fun = new DelegateStr(PrintStr);
    fun += PrintStr2;
```

使用"–="可以删除某个传入的方法,如下的代码中使用"DelegateStr fun = new DelegateStr(PrintStr)"和"fun += PrintStr2"给 fun 添加 PrintStr 和 PrintStr2 两个方法,随后使用"fun –= PrintStr"删除 PrintStr。调用 fun,只有 PrintStr2 起作用。运行结果如图 8-6 所示。

图 8-6　传入委托的 PrintStr 被删除

```
DelegateStr fun = new DelegateStr(PrintStr);
fun += PrintStr2;
fun -= PrintStr;
```

8.3　MsgDistribution 消息分发

8.3.1　MsgDistribution 的成员

客户端程序使用异步 Socket,然后通过 MsgDistribution 实现网络模块的消息分发功能。由 MsgDistribution 定义的成员变量如表 8-1 所示。

表 8-1　MsgDistribution 的变量说明

变量	说明
num	每帧处理消息的数量,15 代表每一次 Update 最多处理 15 条消息
msgList	List<ProtocolBase> 类型的消息列表,存放着服务端发送的协议对象 消息列表 MsgList：ProtocolBytes　ProtocolBytes　ProtocolBytes　……
Delegate	通过 delegate void Delegate(ProtocolBase proto) 定义的委托类型,该类型对应于带一个 ProtocolBase 的参数,返回值为 void 的方法
eventDict onceDict	消息监听表,唯一的区别是调用 onceDict 的方法后,会清空对应的 Key,使得回调方法"注册一次执行一次"。而 eventDict 没有这种限制,可以"注册一次终身执行"

MsgDistribution 的实现代码如下。

```
using UnityEngine;
using System;
using System.Collections;
using System.Collections.Generic;

// 消息分发
public class MsgDistribution
{
    // 每帧处理消息的数量
```

```
    public int num = 15;
    // 消息列表
    public List<ProtocolBase> msgList = new List<ProtocolBase>();
    // 委托类型
    public delegate void Delegate(ProtocolBase proto);
    // 事件监听表
    private Dictionary<string, Delegate> eventDict = new Dictionary<string, Delegate>();
    private Dictionary<string, Delegate> onceDict = new Dictionary<string, Delegate>();
}
```

8.3.2 DispatchMsgEvent

MsgDistribution 的 Update 方法会遍历消息列表，并调用 DispatchMsgEvent 分发消息。如图 8-7 所示的例子中，①时刻消息列表共有 5 条消息，Update 读取并处理最前面的消息 1，然后删除它。于是时刻②消息列表只有 4 条消息。到了时刻③，Update 处理了消息 2，同时异步 Socket 给列表插入消息 6，于是列表长度依然是 4。

图 8-7 处理消息列表的例子

MsgDistribution 类没有继承自 MonoBehaviour，Update 方法不会自动每帧都执行，我们会在 Connection 类（后面将会实现）的 Update 方法中调用它。异步 Socket 线程与 Update 方法不在同一线程，为了避免线程竞争，需使用 lock (msgList) 锁住列表。

DispatchMsgEvent 方法接收 Update 传入的 ProtocolBase 参数，该方法将解析协议名，执行监听表中注册的处理方法，代码如下。

```
//Update
public void Update()
{
    for (int i = 0; i < num; i++)
    {
        if (msgList.Count > 0)
        {
            DispatchMsgEvent(msgList[0]);
            lock (msgList)
```

每帧最多处理 num 条消息

```
                msgList.RemoveAt(0);
            }
            else
            {
                break;
            }
        }
    }

    //消息分发
    public void DispatchMsgEvent(ProtocolBase protocol)
    {
        string name = protocol.GetName();
        Debug.Log("分发处理消息 " + name);
        if (eventDict.ContainsKey(name))
        {
            eventDict[name](protocol);
        }
        if (onceDict.ContainsKey(name))
        {
            onceDict[name](protocol);
            onceDict[name] = null;
            onceDict.Remove(name);
        }
    }
```

> 两个监听表的方法都会被执行

8.3.3 AddListener

定义添加事件的方法 AddListener、AddOnceListener 和用于删除事件的方法 DelListener、DelOnceListener，参数 name 代表监听的协议名，cb 代表回调方法，代码如下。

```
    //添加监听事件
    public void AddListener(string name, Delegate cb)
    {
        if (eventDict.ContainsKey(name))
            eventDict[name] += cb;
        else
            eventDict[name] = cb;
    }

    //添加单次监听事件
    public void AddOnceListener(string name, Delegate cb)
    {
        if (onceDict.ContainsKey(name))
```

```
            onceDict[name] += cb;
        else
            onceDict[name] = cb;
    }

    // 删除监听事件
    public void DelListener(string name, Delegate cb)
    {
        if (eventDict.ContainsKey(name))
        {
            eventDict[name] -= cb;
            if (eventDict[name] == null)
                eventDict.Remove(name);
        }
    }

    // 删除单次监听事件
    public void DelOnceListener(string name, Delegate cb)
    {
        if (onceDict.ContainsKey(name))
        {
            onceDict[name] -= cb;
            if (onceDict[name] == null)
                onceDict.Remove(name);
        }
    }
```

8.4 Connection 连接

8.4.1 Connection 的成员

Connection 类实现了异步 Socket，除了消息处理和心跳机制的细微差别外，大体与服务端的 ServNet 相同。Connection 成员的含义如表 8-2 所示。

表 8-2 Connection 的成员说明

成员	说明
BUFFER_SIZE socket readBuff buffCount	BUFFER_SIZE：缓冲区大小 socket：与服务端的 TCP 套接字 readBuff：读缓冲区 buffCount：当前读缓冲区的长度 （异步 Socket 相关的成员与服务端一致）

（续）

成员	说明
msgLength lenBytes	msgLength：消息长度 lenBytes：转换成 byte[] 类型的消息长度 （粘包分包相关的成员与服务端一致）
proto	客户端使用的协议
lastTickTime heartBeatTime	客户端要定时向服务端发送心跳信号，lastTickTime 记录上一次发送心跳信号的时间，heartBeatTime 代表发送的间隔，如每 30 秒发送一次
msgDist	MsgDistribution 类的实例，用于消息分发
status	连接状态，共有 None（未连接）和 Connected（已连接）两种

Connection 类的实现代码如下。

```
using UnityEngine;
using System;
using System.Net;
using System.Net.Sockets;
using System.Collections;
using System.Collections.Generic;
using System.Linq;
using System.IO;

// 网络连接
public class Connection
{
    // 常量
    const int BUFFER_SIZE = 1024;
    //Socket
    private Socket socket;
    //Buff
    private byte[] readBuff = new byte[BUFFER_SIZE];
    private int buffCount = 0;
    // 粘包分包
    private Int32 msgLength = 0;
    private byte[] lenBytes = new byte[sizeof(Int32)];
    // 协议
    public ProtocolBase proto;
    // 心跳时间
    public float lastTickTime = 0;
    public float heartBeatTime = 30;
    // 消息分发
    public MsgDistribution msgDist = new MsgDistribution();
    /// 状态
    public enum Status
    {
        None,
```

```
        Connected,
    };
    public Status status = Status.None;
}
```

8.4.2 连接服务端

Connection 类的 Connect 方法将会执行 " socket → connect → receive " 这一流程，连接服务端。参数 host 代表服务端 IP 地址，port 代表服务端端口。如下的程序中，只要使用类似 conn.Connect("127.0.0.1", 1234) 的语句，便可连接服务器。由于这个结构前面已经有过多次解释，因此这里不再赘述。

```
// 连接服务端
public bool Connect(string host, int port)
{
    try
    {
        //socket
        socket = new Socket(AddressFamily.InterNetwork,
            SocketType.Stream, ProtocolType.Tcp);
        //Connect
        socket.Connect(host, port);
        //BeginReceive
        socket.BeginReceive(readBuff, buffCount,
            BUFFER_SIZE - buffCount, SocketFlags.None,
            ReceiveCb, readBuff);
        Debug.Log(" 连接成功 ");
        // 状态
        status = Status.Connected;
        return true;
    }
    catch (Exception e)
    {
        Debug.Log(" 连接失败 :" + e.Message);
        return false;
    }
}
```

8.4.3 关闭连接

Connection 类的 Close 方法将会调用 socket.Close 关闭连接，代码如下。

```csharp
//关闭连接
public bool Close()
{
    try
    {
        socket.Close();
        return true;
    }
    catch (Exception e)
    {
        Debug.Log("关闭失败:" + e.Message);
        return false;
    }
}
```

8.4.4 异步回调

根据 socket.BeginReceive 的参数，在收到服务端的消息后，程序会把收到的字节流存放在 readBuff 中，并调用回调方法 ReceiveCb。ReceiveCb 处理了下述 3 件事情。

1）处理缓冲区：增加缓冲区的有效长度（buffCount）。

2）处理数据：调用 ProcessData 处理粘包分包。

3）循环：再次调用 BeginReceive 接收消息。

ReceiveCb 的实现代码如下。

```csharp
//接收回调
private void ReceiveCb(IAsyncResult ar)
{
    try
    {
        int count = socket.EndReceive(ar);       // 处理缓冲区
        buffCount = buffCount + count;
        ProcessData();                           // 处理数据
        socket.BeginReceive(readBuff, buffCount, // 再次调用 BeginReceive 接收消息
            BUFFER_SIZE - buffCount, SocketFlags.None,
            ReceiveCb, readBuff);
    }
    catch (Exception e)
    {
        Debug.Log("ReceiveCb 失败:" + e.Message);
        status = Status.None;
    }
}
```

8.4.5 消息处理

ProcessData 处理粘包分包，然后使用 msgDist.msgList.Add (protocol) 在消息列表的末尾添加数据。异步线程为多线程，需要给 msgList 加锁。ProcessData 的粘包分包的方法与服务端一致，代码如下，这里不再赘述。

```
// 消息处理
private void ProcessData()
{
    // 粘包分包处理
    if (buffCount < sizeof(Int32))
        return;
    // 包体长度
    Array.Copy(readBuff, lenBytes, sizeof(Int32));
    msgLength = BitConverter.ToInt32(lenBytes, 0);
    if (buffCount < msgLength + sizeof(Int32))
        return;
    // 协议解码
    ProtocolBase protocol = proto.Decode(readBuff, sizeof(Int32), msgLength);
    Debug.Log(" 收到消息 " + protocol.GetDesc());
    lock (msgDist.msgList)
    {
        msgDist.msgList.Add(protocol);
    }
    // 清除已处理的消息
    int count = buffCount - msgLength - sizeof(Int32);
    Array.Copy(readBuff, sizeof(Int32) + msgLength, readBuff, 0, count);
    buffCount = count;
    if (buffCount > 0)
    {
        ProcessData();
    }
}
```

> 除了消息列表的处理，其他部分与服务端框架的处理方法相同

8.4.6 发送数据

编写发送协议的 Send 方法。本章编写的 Send 方法有三个重载，Send(ProtocolBase protocol) 是基础版的 Send，与第 7 章用于调试的程序相似。另外两个重载将实现消息监听，其中带三个参数的重载可以指定监听协议名，带两个参数的重载可以监听同名

协议。

比如，发送 Login 协议后，客户端需要监听服务端的返回。这时可以使用 Send(protocol, OnLoginBack)，当收到服务端返回的 Login 协议时，OnLoginBack 将被调用。如果服务端返回的不是同名协议，可以写成诸如 Send(protocol,"LoginRet", OnLoginBack) 的形式，监听服务端返回的 LoginRet 协议，代码如下。

```
public bool Send(ProtocolBase protocol)
{
    if (status != Status.Connected)
    {
        Debug.LogError("[Connection] 还没连接就发送数据是不好的");
        return true;
    }

    byte[] b = protocol.Encode();
    byte[] length = BitConverter.GetBytes(b.Length);

    byte[] sendbuff = length.Concat(b).ToArray();
    socket.Send(sendbuff);
    Debug.Log(" 发送消息 " + protocol.GetDesc());
    return true;
}

public bool Send(ProtocolBase protocol, string cbName, MsgDistribution.Delegate cb)
{
    if (status != Status.Connected)
        return false;
    msgDist.AddOnceListener(cbName, cb);
    return Send(protocol);
}

public bool Send(ProtocolBase protocol, MsgDistribution.Delegate cb)
{
    string cbName = protocol.GetName();
    return Send(protocol, cbName, cb);
}
```

8.4.7 心跳机制

心跳机制要求客户端定时发送心跳协议。下述的 Update 方法每隔 heartBeatTime 秒给服务端发送一次心跳协议，协议的具体内容由稍后实现的 NetMgr.GetHeatBeatProtocol() 提供。

Connection 没有继承 MonoBehaviour，Update 方法不会自动执行一次，我们会在 NetMgr 的 Update 方法中调用它，代码如下。

```
public void Update()
{
    //消息
    msgDist.Update();
    //心跳
    if (status == Status.Connected)
    {
        if (Time.time - lastTickTime > heartBeatTime)
        {
            ProtocolBase protocol = NetMgr.GetHeatBeatProtocol();    稍后实现
            Send(protocol);
            lastTickTime = Time.time;
        }
    }
}
```

8.5 NetMgr 网络管理

NetMgr 管理着客户端的所有连接。下述代码中，客户端只有一个服务端的连接 srvConn，若有需要，读者可以在这里添加平台等连接。同样的，NetMgr 没有继承 MonoBehaviour，我们会在 Root 的 Update 方法中调用它。

GetHeatBeatProtocol 提供了心跳协议的具体内容，本章使用的是名为 HeatBeat 的 ProtocolBytes 协议，代码如下。

```
using UnityEngine;
using System.Collections;
using System.Collections.Generic;

//网络管理
public class NetMgr
{
    public static Connection srvConn = new Connection();
    //public static Connection platformConn = new Connection();
    public static void Update()
    {
        srvConn.Update();
```

```
        //platformConn.Update();
    }

    // 心跳
    public static ProtocolBase GetHeatBeatProtocol()
    {
        // 具体的发送内容根据服务端设定进行改动
        ProtocolBytes protocol = new ProtocolBytes();
        protocol.AddString("HeatBeat");
        return protocol;
    }
}
```

Root 是继承自 MonoBehaviour 的方法，它将被附加到某一游戏物体上（同第 5 章"代码分离的界面系统"中所编写的 Root 一样）。在它的 Update 方法中调用 NetMgr.Update 即可，代码如下。

```
void Update()
{
    NetMgr.Update();
}
```

至此，我们已经完成了客户端的网络模块，接下来我们通过位置同步的例子来测试它。

8.6 登录注册功能

玩家打开游戏，会看到登录和注册面板，输入用户名和密码后进入游戏。示例中玩家可以通过键盘控制角色的移动，也能够看到场景中的其他角色。与第 6 章只在连接级别处理不同，角色附带分数值，玩家按下空格键会增加分数。

本例中，客户端和服务端会跑遍整个游戏流程，后续只需要在此基础上进行修改，便能制作出完整的网络游戏。

目前客户端框架（图 8-8）包含界面模块（图 8-10）和网络模块（图 8-9）两大部分，它们也是这一套客户端框架的核心。

图 8-8　客户端框架

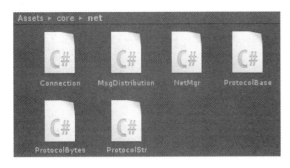

图 8-9 客户端网络模块

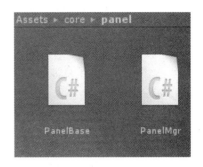

图 8-10 客户端界面系统

8.6.1 界面资源

如图 8-11 所示，登录面板含有"用户名"和"密码"两个输入框，"登录"和"注册"两个按钮。玩家输入用户名和密码后，点击"登录"按钮，客户端将向服务端发送 Login 协议，并监听返回。点击"注册"按钮将打开注册面板。登录面板的部件及说明如表 8-3 所示。

图 8-11 登录面板

表 8-3 登录面板说明

部件	说明	部件	说明
IDInput	用户名输入框	LoginBtn	登录按钮
PWInput	密码输入框	RegBtn	注册按钮

如图 8-12 所示，注册面板也含有"用户名"和"密码"两个输入框，"注册"和"关闭"两个按钮。玩家输入用户名和密码后，点击"注册"按钮，客户端将向服务端发送 Register 协议，并监听返回。点击"关闭"按钮将返回登录面板。注册面板的部件及说明如表 8-4 所示。

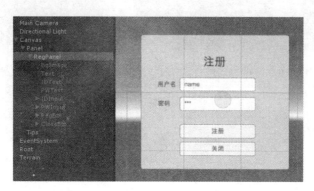

图 8-12　注册面板

表 8-4　注册面板说明

部件	说明	部件	说明
IDInput	用户名输入框	RegBtn	注册按钮
PWInput	密码输入框	CloseBtn	关闭按钮

如图 8-13 所示，制作登录（LoginPanel）和注册（RegPanel）两个面板的预设，放到 Resources 目录下。并按照框架的要求，在场景中放置画布（包含 Panel 和 Tips 两个空物体）、EventSystem，挂载 PanelMgr 和 Root 组件。

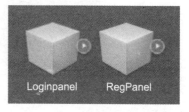

图 8-13　登录和注册面板

8.6.2　登录面板功能

登录面板的代码如下，代码结构在第 5 章"代码分离的界面系统"中已有介绍，此处不再赘述。

```csharp
using UnityEngine;
using System.Collections;
using UnityEngine.UI;

public class LoginPanel : PanelBase
{
    private InputField idInput;
    private InputField pwInput;
    private Button loginBtn;
    private Button regBtn;

    #region 生命周期
    // 初始化
    public override void Init(params object[] args)
    {
        base.Init(args);
        skinPath = "LoginPanel";
        layer = PanelLayer.Panel;
    }

    public override void OnShowing()
    {
        base.OnShowing();
        Transform skinTrans = skin.transform;
        idInput = skinTrans.FindChild("IDInput").GetComponent<InputField>();
        pwInput = skinTrans.FindChild("PWInput").GetComponent<InputField>();
        loginBtn = skinTrans.FindChild("LoginBtn").GetComponent<Button>();
        regBtn = skinTrans.FindChild("RegBtn").GetComponent<Button>();

        loginBtn.onClick.AddListener(OnLoginClick);
        regBtn.onClick.AddListener(OnRegClick);
    }
    #endregion
}
```

OnRegClick 是"注册"按钮的回调,它通过"PanelMgr.instance.OpenPanel<RegPanel>("")"打开注册面板。OnLoginClick 是"登录"按钮的回调,它在连接服务端后(如果尚未连接)发送带用户名和密码参数的 Login 协议。

我们使用带有两个参数的 Send 发送 Login 协议,第二个参数 OnLoginBack 是回调函数。当客户端收到服务端返回的 Login 协议时,OnLoginBack 将被调用。OnLoginBack 方法解析服务端传回的参数,如果参数为 0(登录成功)则进入游戏,否则提示登录失败,代码如下。

```csharp
public void OnRegClick()
{
```

```csharp
            PanelMgr.instance.OpenPanel<RegPanel>("");
            Close();
        }

        public void OnLoginClick()
        {                                                           // 做一些前端校验
            //用户名密码为空
            if (idInput.text == "" || pwInput.text == "")
            {
                Debug.Log("用户名密码不能为空!");
                return;
            }

            if (NetMgr.srvConn.status != Connection.                // 如果尚未连接，则发起连接
Status.Connected)
            {
                string host = "127.0.0.1";
                int port = 1234;
                NetMgr.srvConn.proto = new ProtocolBytes();
                NetMgr.srvConn.Connect(host, port);
            }
            //发送
            ProtocolBytes protocol = new ProtocolBytes();
            protocol.AddString("Login");
            protocol.AddString(idInput.text);
            protocol.AddString(pwInput.text);
            Debug.Log("发送 " + protocol.GetDesc());                // 发送 Login 协议，并注册
            NetMgr.srvConn.Send(protocol, OnLoginBack);             // OnLoginBack

        }

        public void OnLoginBack(ProtocolBase protocol)
        {
            ProtocolBytes proto = (ProtocolBytes)protocol;
            int start = 0;
            string protoName = proto.GetString(start, ref start);
            int ret = proto.GetInt(start, ref start);
            if (ret == 0)
            {
                Debug.Log("登录成功!");
                //开始游戏                                           // 稍后将会实现
                Walk.instance.StartGame(idInput.text);
                Close();
            }
            else
            {
                Debug.Log("登录失败!");
            }
        }
```

8.6.3 注册面板功能

注册面板的代码如下所示。

```csharp
using UnityEngine;
using System.Collections;
using UnityEngine.UI;

public class RegPanel : PanelBase
{
    private InputField idInput;
    private InputField pwInput;
    private Button regBtn;
    private Button closeBtn;

    #region 生命周期
    // 初始化
    public override void Init(params object[] args)
    {
        base.Init(args);
        skinPath = "RegPanel";
        layer = PanelLayer.Panel;
    }

    public override void OnShowing()
    {
        base.OnShowing();
        Transform skinTrans = skin.transform;
        idInput = skinTrans.FindChild("IDInput").GetComponent<InputField>();
        pwInput = skinTrans.FindChild("PWInput").GetComponent<InputField>();
        regBtn = skinTrans.FindChild("RegBtn").GetComponent<Button>();
        closeBtn = skinTrans.FindChild("CloseBtn").GetComponent<Button>();

        regBtn.onClick.AddListener(OnRegClick);
        closeBtn.onClick.AddListener(OnCloseClick);
    }
    #endregion
}
```

OnCloseClick 是"关闭"按钮的回调，点击后返回登录界面。OnRegClick 是"注册"按钮回调，点击后客户端将向服务端发送 Register 协议。OnRegBack 是 Register 协议的回调，它根据服务端的返回值显示不同的提示，代码如下。

```csharp
public void OnCloseClick()
{
    PanelMgr.instance.OpenPanel<LoginPanel>("");
    Close();
}
```

```csharp
public void OnRegClick()
{
    //用户名、密码为空
    if (idInput.text == "" || pwInput.text == "")
    {
        Debug.Log("用户名密码不能为空!");
        return;
    }

    if (NetMgr.srvConn.status != Connection.Status.Connected)
    {
        string host = "127.0.0.1";
        int port = 1234;
        NetMgr.srvConn.proto = new ProtocolBytes();
        NetMgr.srvConn.Connect(host, port);
    }
    //发送
    ProtocolBytes protocol = new ProtocolBytes();
    protocol.AddString("Register");
    protocol.AddString(idInput.text);
    protocol.AddString(pwInput.text);
    Debug.Log("发送 " + protocol.GetDesc());
    NetMgr.srvConn.Send(protocol, OnRegBack);
}

public void OnRegBack(ProtocolBase protocol)
{
    ProtocolBytes proto = (ProtocolBytes)protocol;
    int start = 0;
    string protoName = proto.GetString(start, ref start);
    int ret = proto.GetInt(start, ref start);
    if (ret == 0)
    {
        Debug.Log("注册成功!");
        PanelMgr.instance.OpenPanel<LoginPanel>("");
        Close();
    }
    else
    {
        Debug.Log("注册失败!");
    }
}
```

8.7 位置同步的服务端程序

为完成角色的位置同步，服务端也需要做一些处理。添加以下协议实现完整的位置同步程序。

8.7.1 协议

GetList 协议（获取角色列表）：服务端收到该协议后，将场景中所有玩家的信息发送给客户端。协议的第一个参数为场景中玩家的数量 count（int），紧接着附带 count 个玩家数据，每个玩家数据依次为：id（string），x 坐标（float），y 坐标（float），z 坐标（float），分数（int），如图 8-14 所示。

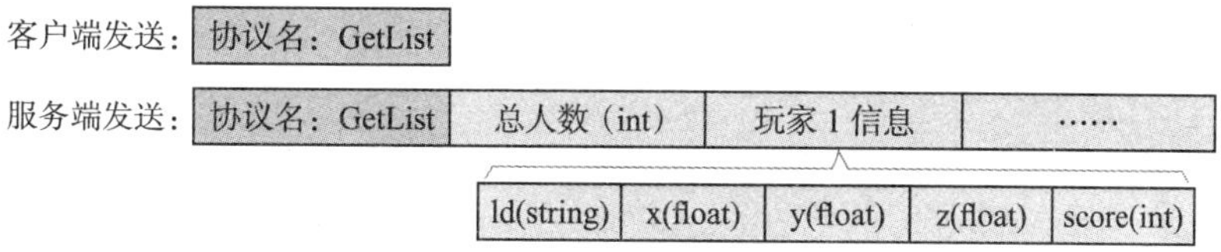

客户端发送：| 协议名：GetList |

服务端发送：| 协议名：GetList | 总人数（int） | 玩家1信息 | …… |
玩家信息：| Id(string) | x(float) | y(float) | z(float) | score(int) |

图 8-14 GetList 协议

UpdateInfo 协议（更新信息）：客户端将角色信息发送给服务端，服务端把它转发给所有角色，如图 8-15 所示。

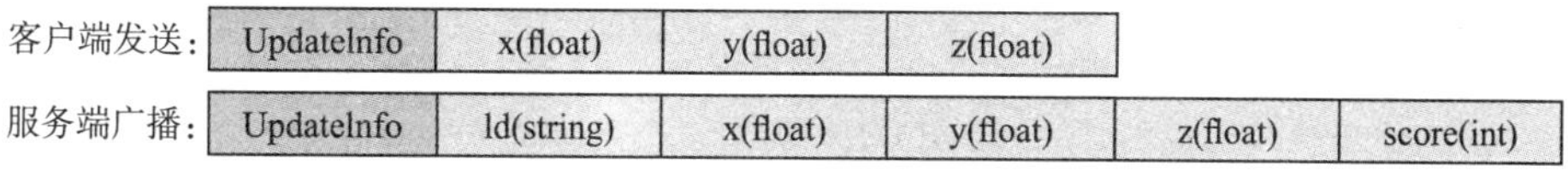

客户端发送：| UpdateInfo | x(float) | y(float) | z(float) |

服务端广播：| UpdateInfo | Id(string) | x(float) | y(float) | z(float) | score(int) |

图 8-15 UpdateInfo 协议

PlayerLeave 协议（角色离开）：当服务端检测到玩家离开，它会广播 PlayerLeave 协议，通知所有客户端删除该角色，如图 8-16 所示。

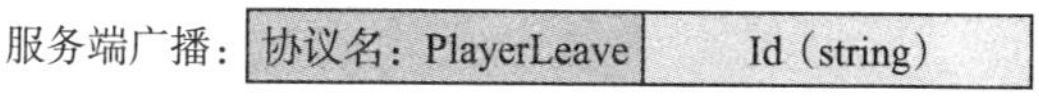

服务端广播：| 协议名：PlayerLeave | Id（string） |

图 8-16 PlayerLeave 协议

8.7.2 场景

我们把在游戏中的跑动的角色称为"在场景中的角色"，一款游戏应当有多个场景，玩家能够看到同一场景中的其他角色，本例只启用一个场景，但读者可以轻易将其修改成多场景游戏。服务端需要记录每个场景的角色信息，定义如下代码所示的 ScenePlayer 类。

```
public class ScenePlayer
{
```

```
    public string id;
    public float x = 0;
    public float y = 0;
    public float z = 0;
    public int score = 0;
}
```

定义代表游戏场景的 Scene 类。它带有 ScenePlayer 类型的列表 list，这个列表维护着场景中的角色信息。AddPlayer 和 DelPlayer 是往列表中添加和删除角色的方法，UpdateInfo 是更新场景中玩家信息的方法。SendPlayerList 会遍历场景中的所有角色，然后构造 GetList 协议发送给客户端，代码如下。

```
using System;
using System.Collections.Generic;

public class Scene
{
    // 单例
    public static Scene instance;        // 本例只涉及一个场景，使用单例模式仅仅为了方便调用
    public Scene()
    {
        instance = this;
    }

    List<ScenePlayer> list = new List<ScenePlayer>();    // 场景中的角色列表

    // 根据名字获取 ScenePlayer
    private ScenePlayer GetScenePlayer(string id)
    {
        for (int i = 0; i < list.Count; i++)
        {
            if (list[i].id == id)
                return list[i];
        }
        return null;
    }

    // 添加玩家
    public void AddPlayer(string id)
    {
        lock (list)        // 多个线程可能同时操作列表，需要加锁
        {
            ScenePlayer p = new ScenePlayer();
            p.id = id;
            list.Add(p);
        }
    }
```

```csharp
//删除玩家
public void DelPlayer(string id)
{
    lock (list)
    {
        ScenePlayer p = GetScenePlayer(id);
        if (p != null)
            list.Remove(p);
    }
    ProtocolBytes protocol = new ProtocolBytes();
    protocol.AddString("PlayerLeave");
    protocol.AddString(id);
    ServNet.instance.Broadcast(protocol);
}

//发送列表
public void SendPlayerList(Player player)
{
    int count = list.Count;
    ProtocolBytes protocol = new ProtocolBytes();
    protocol.AddString("GetList");
    protocol.AddInt(count);
    for (int i = 0; i < count; i++)
    {
        ScenePlayer p = list[i];
        protocol.AddString(p.id);
        protocol.AddFloat(p.x);
        protocol.AddFloat(p.y);
        protocol.AddFloat(p.z);
        protocol.AddInt(p.score);
    }
    player.Send(protocol);
}

//更新信息
public void UpdateInfo(string id, float x, float y, float z, int score)
{
    int count = list.Count;
    ProtocolBytes protocol = new ProtocolBytes();
    ScenePlayer p = GetScenePlayer(id);
    if (p == null)
        return;
    p.x = x;
    p.y = y;
    p.z = z;
    p.score = score;
}
```

> 删除玩家后，发送 PlayerLeave 协议通知客户端

最后不要忘记在 Main 中创建场景实例，代码如下。

```
Scene scene = new Scene ();
```

8.7.3 协议处理

在服务端逻辑层的 HandlePlayerMsg 中添加处理客户端协议的方法。服务端收到 GetList 协议时，返回角色列表；收到 UpdateInfo 时，解析协议并广播给所有客户端，代码如下。

```
//获取玩家列表
public void MsgGetList(Player player, ProtocolBase protoBase)
{
    Scene.instance.SendPlayerList (player);
}

//更新信息
public void MsgUpdateInfo(Player player, ProtocolBase protoBase)
{
    //获取数值
    int start = 0;
    ProtocolBytes protocol = (ProtocolBytes)protoBase;
    string protoName = protocol.GetString (start, ref start);
    float x = protocol.GetFloat (start, ref start);
    float y = protocol.GetFloat (start, ref start);
    float z = protocol.GetFloat (start, ref start);
    int score = player.data.score;
    Scene.instance.UpdateInfo (player.id, x, y, z, score);
    //广播
    ProtocolBytes protocolRet = new ProtocolBytes();
    protocolRet.AddString ("UpdateInfo");
    protocolRet.AddString (player.id);
    protocolRet.AddFloat (x);
    protocolRet.AddFloat (y);
    protocolRet.AddFloat (z);
    protocolRet.AddInt (score);
    ServNet.instance.Broadcast (protocolRet);
}
```

8.7.4 事件处理

在 HandlePlayerEvent 中添加处理玩家上线下线的方法。当玩家上线时，把他添加到场景中；玩家下线时，把他从场景中删掉，代码如下。

```
//上线
public void OnLogin(Player player)
{
    Scene.instance.AddPlayer(player.id);
}
//下线
public void OnLogout(Player player)
{
    Scene.instance.DelPlayer(player.id);
}
```

完成了服务端程序，接着着手客户端程序中处理位置同步的功能吧！

8.8 位置同步的客户端程序

客户端程序与第 6 章所介绍的同步程序相似。不同的是，这里使用的是本章制作的网络模块，演示这套框架的调用方法。

8.8.1 客户端资源

本节使用与第 6 章相似的 Player 预设和场景。Player 预设包含正方体和名为 NameText 的 Text Mesh。Text Mesh 将会显示玩家的 id 和分数，如图 8-17 所示。

图 8-17　Player 预设

如图 8-18 所示，场景包含地形、相机、灯光、界面相关的 Canvas 和 Root。在 Root 的 Start 方法中调用"PanelMgr.instance.OpenPanel<LoginPanel> ("")"使游戏一开始便显示登录界面。

读者还可以在 Root 的 Start 方法中添加"Application.runInBackground = true"语句，指定应用程序是否允许在后台运行（默认为 false）。添加该语句后，若游戏窗口不是处于激活状态，程序也会继续执行。

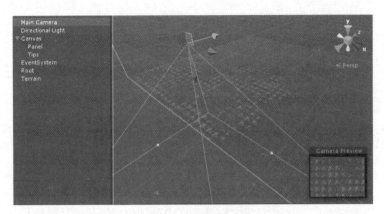

图 8-18　游戏场景

8.8.2　客户端程序

新建 Walk 类，处理位置同步的相关内容。其中的 prefab 指向 Player 预设；players 是玩家列表，场景中的所有角色都会记录在 players 列表中；playerID 是玩家控制的角色 id；lastMoveTime 记录了上一次移动的时间，用于控制移动频率。

AddPlayer 和 DelPlayer 是往场景中添加或删除角色的方法。它们创建或销毁代表角色的游戏对象，然后更新 players 字典，代码如下。

```csharp
using UnityEngine;
using System;
using System.Collections;
using System.Collections.Generic;
using System.Net;
using System.Net.Sockets;
using UnityEngine.UI;

public class Walk : MonoBehaviour
{
    // 预设
    public GameObject prefab;
    //players
    Dictionary<string, GameObject> players = new Dictionary<string, GameObject>();
    //self
    string playerID = "";
    // 上一次移动的时间
    public float lastMoveTime;
```

```
    // 单例
    public static Walk instance;
    void Start()
    {
        instance = this;
    }

    // 添加玩家
    void AddPlayer(string id, Vector3 pos, int score)
    {
        GameObject player = (GameObject)Instantiate(prefab, pos, Quaternion.
identity);
        TextMesh textMesh = player.GetComponentInChildren<TextMesh>();
        textMesh.text = id + ":" + score;
        players.Add(id, player);
    }

    // 删除玩家
    void DelPlayer(string id)
    {
        // 已经初始化该玩家
        if (players.ContainsKey(id))
        {
            Destroy(players[id]);
            players.Remove(id);
        }
    }
}
```

UpdateScore 和 UpdateInfo 实现了角色信息的更新，它们通过 players 获取代表角色的游戏物体，根据参数改变物体的属性。UpdateInfo 中如果更新的角色是由玩家所操控的，那么只更新分数而不改变坐标。这是因为移动角色时，客户端会给服务端发送协议，服务端再将协议广播出去。客户端收到协议时，玩家很可能正在操作角色移动到新的位置，如果不屏蔽位置更新，角色会被"拉回"之前的位置，操作感将受到影响，代码如下。

```
    // 更新分数
    public void UpdateScore(string id, int score)
    {
        GameObject player = players[id];
        if (player == null)
            return;
        TextMesh textMesh = player.GetComponentInChildren<TextMesh>();
        textMesh.text = id + ":" + score;
    }
```

```csharp
//更新信息
public void UpdateInfo(string id, Vector3 pos, int score)
{
    //只更新自己的分数
    if (id == playerID)
    {
        UpdateScore(id, score);
        return;
    }
    //其他人
    //已经初始化该玩家
    if (players.ContainsKey(id))
    {
        players[id].transform.position = pos;
        UpdateScore(id, score);
    }
    //尚未初始化该玩家
    else
    {
        AddPlayer(id, pos, score);
    }
}
```

StartGame 是开始一场游戏的方法，其中的参数 id 是玩家所控制的角色 id。该方法首先会计算随机位置，把自己添加到场景中，然后调用 SendPos 将位置信息发送给服务端。

StartGame 通过发送 GetList 协议请求玩家列表，GetList 协议的回调方法 GetList() 将会解析协议，把角色添加到场景中。该方法还注册了两个监听，监听 UpdateInfo 协议的 UpdateInfo 方法和监听 PlayerLeave 协议的 PlayerLeave 方法，分别用来处理更新玩家信息和玩家离开的事项。

SendPos 根据自身的坐标组装 UpdateInfo 协议，并发送给服务端，代码如下。

```csharp
public void StartGame(string id)
{
    playerID = id;
    //产生自己
    UnityEngine.Random.seed = (int)DateTime.Now.Ticks;
    float x = 100 + UnityEngine.Random.Range(-30, 30);
    float y = 0;
    float z = 100 + UnityEngine.Random.Range(-30, 30);
    Vector3 pos = new Vector3(x, y, z);
    AddPlayer(playerID, pos, 0);
    //同步
    SendPos();
```

```
    //获取列表
    ProtocolBytes proto = new ProtocolBytes();
    proto.AddString("GetList");
    NetMgr.srvConn.Send(proto, GetList);
    NetMgr.srvConn.msgDist.AddListener("UpdateInfo", UpdateInfo);
    NetMgr.srvConn.msgDist.AddListener("PlayerLeave", PlayerLeave);
}

//发送位置
void SendPos()
{
    GameObject player = players[playerID];
    Vector3 pos = player.transform.position;
    //消息
    ProtocolBytes proto = new ProtocolBytes();
    proto.AddString("UpdateInfo");
    proto.AddFloat(pos.x);
    proto.AddFloat(pos.y);
    proto.AddFloat(pos.z);
    NetMgr.srvConn.Send(proto);
}
```

编写回调方法 GetList、UpdateInfo 和 PlayerLeave，它们首先解析协议参数，然后执行相应的处理。GetList() 在场景中添加游戏角色；UpdateInfo 更新角色信息；PlayerLeave 删除某个角色，代码如下。

```
    //更新列表
    public void GetList(ProtocolBase protocol)
    {
        ProtocolBytes proto = (ProtocolBytes)protocol;
        //获取头部数值
        int start = 0;
        string protoName = proto.GetString(start, ref start);
        int count = proto.GetInt(start, ref start);
        //遍历
        for (int i = 0; i < count; i++)
        {
            string id = proto.GetString(start, ref start);
            float x = proto.GetFloat(start, ref start);
            float y = proto.GetFloat(start, ref start);
            float z = proto.GetFloat(start, ref start);
            int score = proto.GetInt(start, ref start);
            Vector3 pos = new Vector3(x, y, z);
            UpdateInfo(id, pos, score);
        }
```

> GetList 协议的第一个参数为场景中的玩家数量 count（int），紧接着附带 count 个玩家数据，每个玩家数据依次为：id（string）、x 坐标（float）、y 坐标（float）、z 坐标（float）、分数（int）

```
    }
    //更新信息
    public void UpdateInfo(ProtocolBase protocol)
    {
        //获取数值
        ProtocolBytes proto = (ProtocolBytes)protocol;
        int start = 0;
        string protoName = proto.GetString(start, ref start);
        string id = proto.GetString(start, ref start);
        float x = proto.GetFloat(start, ref start);
        float y = proto.GetFloat(start, ref start);
        float z = proto.GetFloat(start, ref start);
        int score = proto.GetInt(start, ref start);
        Vector3 pos = new Vector3(x, y, z);
        UpdateInfo(id, pos, score);
    }

    //玩家离开
    public void PlayerLeave(ProtocolBase protocol)
    {
        ProtocolBytes proto = (ProtocolBytes)protocol;
        //获取数值
        int start = 0;
        string protoName = proto.GetString(start, ref start);
        string id = proto.GetString(start, ref start);
        DelPlayer(id);
    }
```

> 服务端发送的参数依次为：id（string），x 坐标（float），y 坐标（float），z 坐标（float），分数（int）

> 服务端发送的参数为：id（string）

当玩家按下方向键时,移动角色,并调用SendPos发送UpdateInfo协议。当按下空格键时,发送AddScore协议请求添加分数。Move方法中的if(Time.time - lastMoveTime < 0.1)将限制角色移动的频率,使每秒最多移动10次,代码如下。

```
    void Move()
    {
        if (playerID == "")
            return;
        if (players[playerID] == null)
            return;
        if (Time.time - lastMoveTime < 0.1)
            return;
        lastMoveTime = Time.time;

        GameObject player = players[playerID];
        //上
```

```csharp
        if (Input.GetKey(KeyCode.UpArrow))
        {
            player.transform.position += new Vector3(0, 0, 1);
            SendPos();
        }
        // 下
        else if (Input.GetKey(KeyCode.DownArrow))
        {
            player.transform.position += new Vector3(0, 0, -1); ;
            SendPos();
        }
        // 左
        else if (Input.GetKey(KeyCode.LeftArrow))
        {
            player.transform.position += new Vector3(-1, 0, 0);
            SendPos();
        }
        // 右
        else if (Input.GetKey(KeyCode.RightArrow))
        {
            player.transform.position += new Vector3(1, 0, 0);
            SendPos();
        }
        // 分数
        else if (Input.GetKey(KeyCode.Space))
        {
            ProtocolBytes proto = new ProtocolBytes();
            proto.AddString("AddScore");
            NetMgr.srvConn.Send(proto);
        }
    }

    void Update()
    {
        Move();
    }
```

至此，我们已经完成了整个客户端程序，在 Root 上挂载 Walk 组件后（如图 8-19 所示），便可运行游戏。

图 8-19　Root 上挂载的组件

 8.9　调试框架

运行服务端程序，打开客户端。进入游戏后，客户端将显示登录面板（如图 8-20

所示),点击注册按钮注册用户,然后登录游戏,如图 8-21 所示。

图 8-20　登录面板　　　　　　　　　　图 8-21　注册面板

进入游戏后,场景中将显示角色的名字和分数(name:115),玩家可以按方向键和空格键,移动或添加分数,如图 8-22 所示。

图 8-22　场景中的玩家角色

再打开一个客户端,可以看到两个客户端的信息同步,如图 8-23 所示。

退出其中一个客户端,对应的角色也将随之消失,如图 8-24 所示。

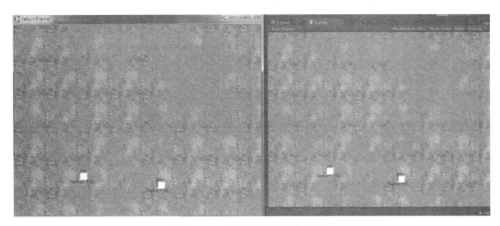

图 8-23　两个客户端信息同步

图 8-24　调试 PlayerLeave

至此，我们已经完成了一套通用服务端框架及包含界面和网络功能的客户端框架。这也是一套商业框架的精简版本。接着让我们继续完善坦克游戏，把它做成一款网游吧。

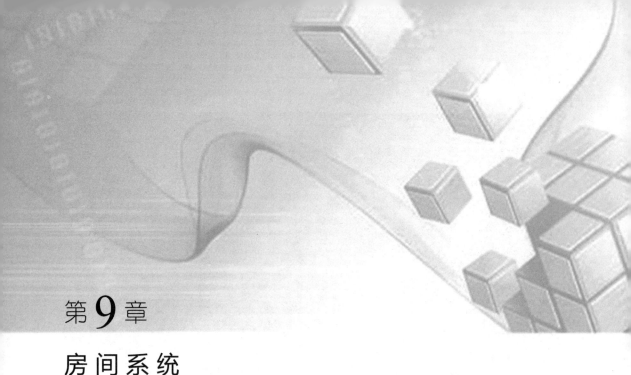

第 9 章

房间系统

完成了通用的服务端框架和客户端网络模块，便能够使用它们制作各式各样的网络游戏。前面制作的单机坦克对战游戏已经包含了控制系统、火炮系统和基于代码分离的界面系统等功能，在接下来的章节中我们将改进之前的单机游戏，制作一款完整的多人坦克对战游戏。

房间系统是网络游戏中最常见的系统之一，它所使用的技术拥有较高的通用性，理解了房间系统，也就能够理解网络游戏中大部分系统的制作方法。玩家登录坦克游戏后，界面上会列出所有房间，玩家可以选择加入已有房间或新建房间，如图 9-1 所示。

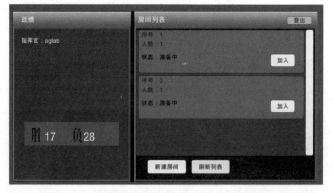

图 9-1　登录游戏后，界面上列出的房间列表

进入房间后，界面将显示房间内其他玩家的名字、阵营、胜利次数、失败次数等信息，如图 9-2 所示。房主点击"开始战斗"按钮即可开启一场战斗。

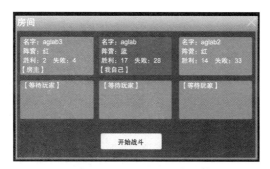

图 9-2　进入房间后，玩家可以看到房间的详细信息

9.1　游戏界面

从玩家登录游戏开始，游戏将会涉及注册、登录、查看房间列表、加入房间等功能，因此需要制作登录面板、注册面板、提示面板、房间列表面板和房间面板，如图 9-3 所示。

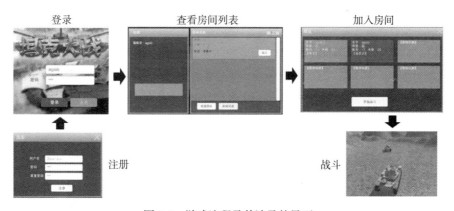

图 9-3　游戏流程及其涉及的界面

9.1.1　登录面板

同第 8 章的例子，登录面板含有"用户名"和"密码"两个输入框，"登录"和"注册"两个按钮，如图 9-4 所示。玩家输入用户名和密码后，点击"登录"按钮，客户端将向服务端发送 Login 协议，并监听返回。点击"注册"按钮将打开注册面板。

图 9-4 登录面板

登录面板的部件及说明如表 9-1 所示。

表 9-1 登录面板部件说明

部件	说明
IDText	用户名输入框
PWTexat	密码输入框
LoginBtn	登录按钮
RegBtn	注册按钮
BgImage	背景图,它的尺寸可根据窗口大小拉伸,Rect Transform 需要设置为 stretch-stretch

9.1.2 注册面板

与第 8 章的例子相似,如图 9-5 所示,注册面板含有"用户名"、"密码"和"重复密码"三个输入框,"注册"和"关闭"两个按钮。玩家输入用户名和两次密码后,点击"注册"按钮,客户端将向服务端发送 Register 协议并监听返回。点击"关闭"按钮将返回登录面板。

图 9-5 注册面板

注册面板的部件及说明如表 9-2 所示。

表 9-2 注册面板部件说明

部件	说明	部件	说明
IDInput	用户名输入框	RegBtn	注册按钮
PWInput	密码输入框	CloseBtn	关闭按钮
RepInput	重复密码输入框		

9.1.3 提示面板

提示面板是用于显示"用户名密码错误"、"连接服务器失败"等信息的弹出框，如图 9-6 所示。它包含用于显示提示信息的文本和"知道了"按钮。面板最下层是一张全屏的半透明黑色图片，添加黑色背景是为了突出面板，也是为了屏蔽其他面板的鼠标事件。因为有黑色图片遮挡，玩家不会点到被覆盖面板的按钮。

需要弹出提示框时，只需使用参数给提示面板的文本赋值，类似于" PanelMgr. instance.OpenPanel<TipPanel>(""," 这是提示框显示的内容!")。"玩家点击"知道了"按钮即可关闭面板。

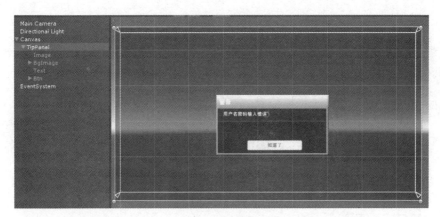

图 9-6 提示面板

提示面板部件及说明如表 9-3 所示

表 9-3 提示面板部件说明

部件	说明	部件	说明
Text	提示文本	Btn	关闭按钮
		Image	半透明黑色图片

9.1.4 UGUI 的滑动区域

房间列表面板包含了显示房间信息的列表。列表右侧有滚动条，当房间较多时，可以通过滚动条查看更多的房间信息。列表的使用比较频繁而且很重要，需要配合使用 UGUI 封装的 ScrollRect、Mask 和 GridLayoutGroup 等组件。滑动区域是被限定成某个尺寸的较大区域，可以通过滑动条移动区块，以显示不同的内容，如图 9-7 所示，也是 UGUI 列表的核心部分。本小节将通过一个例子，说明 UGUI 中滑动区域的制作方法。

图 9-7 滑动区域示意图

ScrollRect（滑动组件）是实现滑动区域的最重要组件，它可实现区域的滑动，还可以设置滑动的方向、绑定滑动条。ScrollRect 的常用属性如表 9-4 所示。

表 9-4　ScrollRect 的常用属性

ScrollRect 的常用属性	描述
Content	滑动的内容。如下图的例子中，给白色图片添加 ScrollRect 组件，使它成为滑动窗口。指定蓝色图片为它的 Content，蓝色图片可在白色图片区域内滑动
Horizontal	该区域是否允许水平滑动
Vertical	该区域是否允许垂直滑动
Horizontal Scrollbar	对应的水平滑动条。拉动滑动条时，Content 将随之移动
Vertical Scrollbar	对应的垂直滑动条。拉动滑动条时，Content 将随之移动

例如建立如下的游戏物体：如图 9-8 所示，ScrollRect 是一张带有 ScrollRect 组件的图片。ScrollRect 的子物体 Content 包含 6 张灰色长方形图片。Scrollbar 是垂直方向的滑动条（Direction 设置为 Buttom to Top）。

如图 9-9 设置了 ScrollRect 的 Content、Vertical Scrollbar 等属性后运行游戏，便可以通过滑动条滑动 Content，如图 9-10 所示。

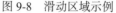
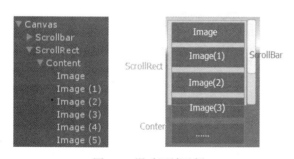
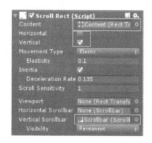

图 9-8　滑动区域示例　　　　　　　图 9-9　使用 ScrollRect 的属性设置

Mask（遮罩）也是实现滑动区域的必要组件。对于拥有 Mask 组件的 UI 控件，它的子对象的显示范围将受到限制。即当子对象的显示范围大于父对象的显示范围时（父对象需要包含 Image 以确定显示范围），游戏只会显示父对象范围内的子对象，其他部分自动隐藏。给 ScrollRect 加上 Mask 后，超出范围的 Content 会被自动隐藏，形成完整的滑动区域，如图 9-11 所示。

 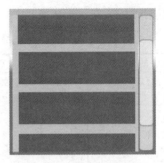

图 9-10　运行后,通过滑动条移动 Content　　图 9-11　给 ScrollRect 加上 Mask 后,超出范围的 Content 会被自动隐藏

GridLayoutGroup 是表格布局组件。如图 9-12 和图 9-13 所示,它可以管理列表中的单元格,设置单元格大小、排列方式、行列参数等,是实现列表的辅助组件。给 Content 添加 GridLayoutGroup 组件后,Content 子物体的位置将由 GridLayoutGroup 来指定。使用 GridLayoutGroup 可以很方便地实现列表布局。

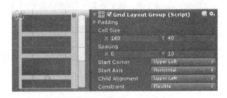

图 9-12　设置单元大小为 140×40,间距为 0 和 10

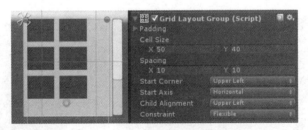

图 9-13　设置单元大小为 50×40,间距为 1 和 10,子物体变成 2 列

9.1.5　房间列表面板

玩家登录游戏后,游戏界面会显示房间列表,供玩家选择房间加入。如图 9-14 所示,面板分为左侧的战绩栏和右侧的列表栏。战绩栏显示玩家的账号和胜负次数。列表栏显示房间信息,每一项都包含房间序号、人数和状态,还包含"加入"按钮,玩

家可以通过该按钮进入房间。面板还拥有"登出"、"新建房间"和"刷新列表"三个按钮。点击"登出"按钮时,客户端将发送 Logout 协议,返回登录面板;点击"新建房间"和"刷新列表"按钮时,客户端也会发送对应的协议。

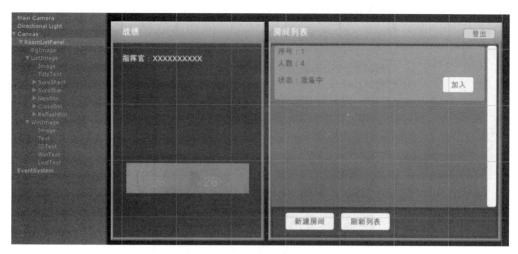

图 9-14　房间列表面板

战绩栏的部件包含在 WinImage 下,如表 9-5 所示。

表 9-5　战绩栏的部件说明

WinImage 下的主要部件	说明	WinImage 下的主要部件	说明
IDText	显示玩家账号	LostText	显示玩家的总失败次数
WinText	显示玩家的总胜利次数		

列表栏的部件包含在 ListImage 下,如表 9-6 所示。

表 9-6　列表栏的部件说明

ListImage 下的主要部件	说明
CloseBtn	登出按钮
NewBtn	新建房间按钮

(续)

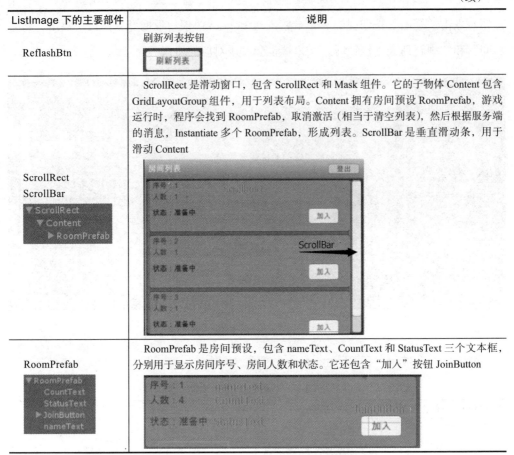

9.1.6 房间面板

玩家创建房间或加入房间后，将通过房间面板（如图 9-15 所示）看到房间的详细信息。每个房间最多可以容纳 6 名玩家，所以面板中有 6 个 PlayerPrefab，分别显示房间中各个玩家的信息。面板还包含"退出房间"和"开始战斗"两个按钮。当玩家按下"退出房间"按钮时，返回房间列表面板；当玩家按下"开始战斗"时，开启一场战斗。

房间面板的部件及说明如表 9-7 所示。

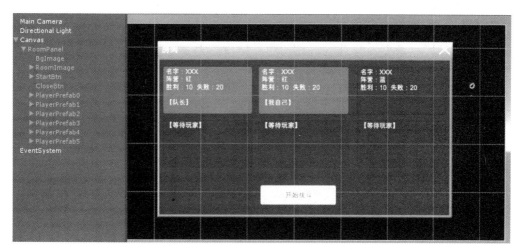

图 9-15　房间面板

表 9-7　房间面板的部件说明

部件	说明
CloseBtn	退出房间按钮
StartBtn	开始战斗按钮
PlayerPrefab	每个 PlayerPrefab 都包含背景图片和文本，程序将根据服务端返回的信息更新文本内容，文本将会显示玩家的名字、阵营、胜利次数、失败次数、指示房主、指示玩家自己等信息。根据阵营的不同，程序将设置不同的背景色： 1）红色，代表阵营 1 2）蓝色，代表阵营 2 3）灰色，代表尚未有玩家加入

9.1.7　创建预设

完成登录面板、注册面板、提示面板、房间列表面板和房间面板 5 个面板的素材资源后，将他们做成预设，放到 Resources 目录下，如图 9-16 所示。界面系统会调用这些资源来显示面板。

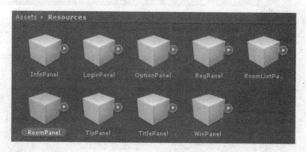

图 9-16　面板预设

为了能够使用前面所介绍的客户端框架，需要检查以下内容。

1）代码中包含框架所需的代码文件，如图 9-17 所示。

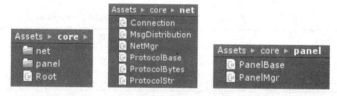

图 9-17　框架所需的代码文件

2）场景中包含画布（Canvas）和 EventSystem，Canvas 下包含 Panel 和 Tips 两个空物体。如图 9-18 所示。

3）场景中加载了框架所需的组件，包括 Root 和 PanelMgr，如图 9-19 所示。

图 9-18　界面系统相关的物体　　　　图 9-19　框架所需的组件

9.2　协议设计

玩家登录游戏将涉及之前已经定义的 Login 和 Register 协议，登出游戏将涉及

Logout 协议。打开房间列表面板后，面板左侧将显示玩家的成绩（总胜利次数和总失败次数），需要查询成绩的协议 GetAchieve，面板右侧将显示房间列表，需要获取房间列表的协议 GetRoomList，面板中有"新建房间"和"加入房间"按钮，将涉及 CreateRoom 和 EnterRoom 两条协议。若玩家加入房间，则需要获取房间信息（GetRoomInfo 协议），玩家可以选择离开房间（LeaveRoom 协议）或者开始战斗。综上所述，需要设计如下 6 条用于房间系统的协议。

GetAchieve 协议（获取玩家成绩）：服务端收到该协议后，返回玩家的总胜利次数 win（int）和总失败次数 fail（int），如图 9-20 所示。

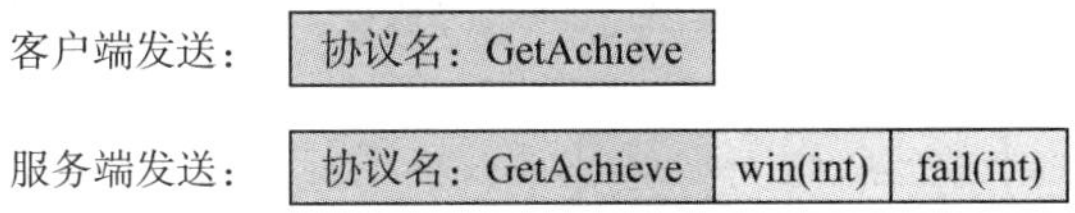

图 9-20 GetAchieve 协议

GetRoomList 协议（获取房间列表）：服务端收到该协议后，将所有房间信息发送给客户端，如图 9-21 所示。协议的第一个参数为房间数量 count（int），紧接着附带 count 个房间数据。每个房间的数据依次为：房间里的玩家数量 num（int），房间状态 status（int），status 为 1 代表处于"准备中"的状态，status 为 2 代表"开战中"的状态。

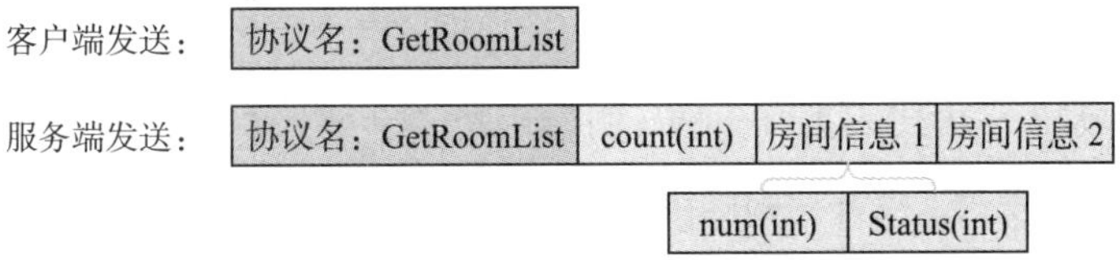

图 9-21 GetRoomList 协议

CreateRoom 协议（创建房间）：服务端收到该协议后，创建房间并把玩家添加到新房间。如图 9-22 所示，返回值 ret（int）代表执行结果，ret 为 0 代表创建成功，ret 为 −1 代表创建失败（如果玩家已经加入别的房间中，便不能创建新房间）。

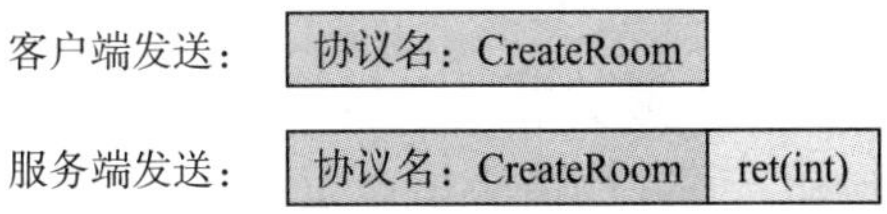

图 9-22 CreateRoom 协议

EnterRoom 协议（进入房间）：玩家请求加入房间时将房间序号 index（int）发送给服务端，服务端把玩家添加到房间中，如图 9-23 所示。服务端的返回值 ret（int）代表执行结果，ret 为 0 代表加入成功，-1 代表加入失败（如果玩家已经在房间中，则不能重复进入房间）。

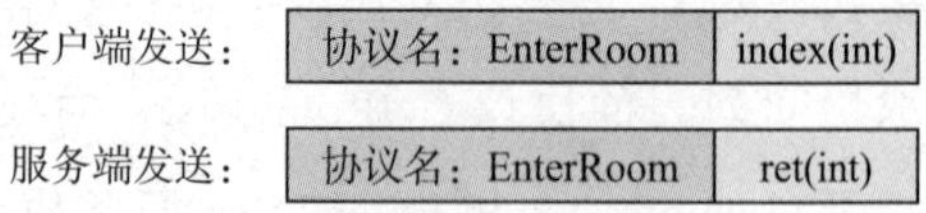

GetRoomInfo 协议（获取房间信息）： 玩家进入房间后，可以通过 GetRoomInfo 协议请求该房间的详细信息。如图 9-24 所示，服务端返回的第一个参数为房间内的角色数量 num(int)，紧接着附带 num 个角色数据。每个角色的数据依次为：角色名 id（string）、所在队伍 team（int）、胜利总数 win（int）、失败总数 fail（int）。游戏涉及两个阵营对战，team 的取值范围为 1 或 2。玩家加入或离开房间，服务端还会给房间里的玩家广播该协议，以便客户端更新界面。

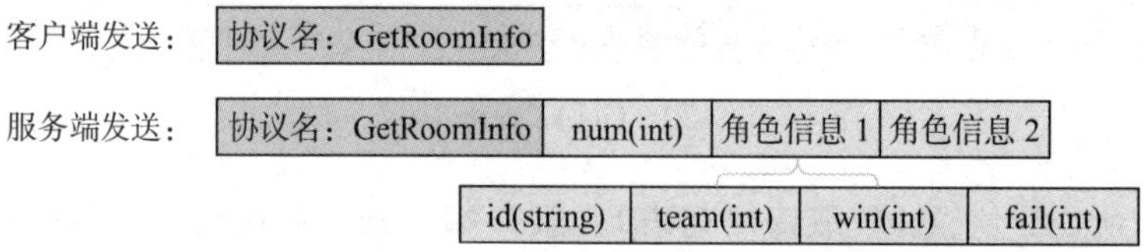

图 9-23　EnterRoom 协议

图 9-24　GetRoomInfo 协议

LeaveRoom 协议（离开房间）： 如图 9-25 所示，玩家退出房间时发送的协议，服务端的返回值 ret（int）代表离开房间的结果，ret 为 0 代表离开成功，-1 代表离开失败（例如玩家不在房间中却发送了离开房间的协议）。

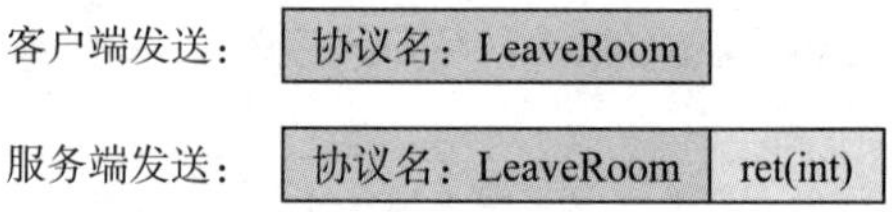

图 9-25　LeaveRoom 协议

9.3　提示框的功能实现

提示框是坦克游戏的通用弹框，它拥有一个用于显示文本的 Text 和"知道了"按钮。Text 的内容由调用的方法指定，在需要弹框时，只需要使用类似"PanelMgr.instance.OpenPanel<TipPanel>("","用户名密码不能为空！")"的语句，便可以将需要显示的文本通过参数传入 TipPanel。玩家点击提示框上的"知道了"按钮关闭面板，代码如下。

```
using UnityEngine;
using System.Collections;
using UnityEngine.UI;

public class TipPanel : PanelBase
{
    private Text text;
    private Button btn;
    string str = "";

    #region 生命周期

    // 初始化
    public override void Init(params object[] args)
    {
        base.Init(args);
        skinPath = "TipPanel";
        layer = PanelLayer.Tips;
        // 参数 args[1] 代表提示的内容
        if (args.Length == 1)
        {
            str = (string)args[0];
        }
    }

    // 显示之前
    public override void OnShowing()
    {
        base.OnShowing();
        Transform skinTrans = skin.transform;
        // 文字
        text = skinTrans.FindChild("Text").GetComponent<Text>();
        text.text = str;
        // 关闭按钮
        btn = skinTrans.FindChild("Btn").GetComponent<Button>();
        btn.onClick.AddListener(OnBtnClick);
    }
    #endregion

    // 按下"知道了"按钮的事件
    public void OnBtnClick()
    {
        Close();
    }
}
```

面板代表都继承自 PanelBase

与之前实现的 WinPanel 一样，通过 args[0] 获取第一个参数，即要显示的内容

text
通过 text.text = str 给文本框赋值

btn

点击"知道了"按钮，关闭面板

如图 9-26 所示，编写 TipPanel 后，可以尝试更改 Root.cs 的 Start 方法，添加类似 "PanelMgr.instance.OpenPanel<TipPanel>("","用户名密码输入错误")" 的语句调试面板。

图 9-26　TipPanel

9.4　登录注册的功能实现

登录和注册是网络游戏的通用功能。坦克游戏的登录注册功能与第 8 章的位置同步程序相似，除了面板几乎相同以外，它依然使用之前定义的 Login 和 Register 协议，只需要稍加修改之前的 LoginPanel.cs 和 RegPanel.cs，便能够实现这两个面板的功能。

9.4.1　登录面板的功能

在第 8 章编写的 LoginPanel.cs 的基础上，修改下面 3 项步骤。

1）在"用户名密码错误"和"连接服务器失败"等需要弹出提示的地方，调用 TipPanel 面板。

2）登录成功后（OnLoginBack），打开房间列表面板。

3）通过 GameMgr 记录玩家 id。

修改后的代码如下。

```
public void OnLoginClick()
{
    //用户名密码为空
    if (idInput.text == "" || pwInput.text == "")
    {
        PanelMgr.instance.OpenPanel<TipPanel>("", "用户名密码不能为空！");
        return;
    }
    //连接服务器
    if (NetMgr.srvConn.status != Connection.Status.Connected)
    {
        string host = "127.0.0.1";
        int port = 1234;
        NetMgr.srvConn.proto = new ProtocolBytes();
        if (!NetMgr.srvConn.Connect(host, port))
            PanelMgr.instance.OpenPanel<TipPanel>("", "连接服务器失败！");
    }
    //发送
```

```
    ......
}

public void OnLoginBack(ProtocolBase protocol)
{
    ......// 解析协议
    if (ret == 0)
    {
        PanelMgr.instance.OpenPanel<TipPanel>("", "登录成功！");
        // 开始游戏
        PanelMgr.instance.OpenPanel<RoomListPanel>("");
        GameMgr.instance.id = idInput.text;
        Close();
    }
    else
    {
        PanelMgr.instance.OpenPanel<TipPanel>("", "登录失败，请检查用户名密码！");
    }
}
```

程序中的"PanelMgr.instance.OpenPanel<RoomListPanel>("")"和"GameMgr.instance.id = idInput.text"将会涉及之后实现的功能，在调试时需要先把它们注释掉。

9.4.2 GameMgr

客户端需要保存一些玩家数据，这些数据在整个游戏中都会用到。例如房间列表面板中会显示玩家 id，如果客户端自己记录，便不需要从服务端来获取，以减少协议的长度。定义 GameMgr 类来记录这些信息（目前只有 id 一项），代码如下。

```
using UnityEngine;
using System.Collections;

public class GameMgr : MonoBehaviour
{
    public static GameMgr instance;

    public string id = "Tank";

    // Use this for initialization
    void Awake()
    {
        instance = this;
    }
}
```

这里使用单例模式，使用静态类也是可以的
完成后再将 GameMgr 挂载到场景中

9.4.3 注册面板的功能

在第 8 章编写的 RegPanel.cs 的基础上,修改下面 3 项。

1)添加重复密码输入框 repInput 的引用。

2)必要时弹出提示框,如"用户名密码不能为空"和"两次输入的密码不同!"。

3)添加两次密码是否相同的判断。

修改后的代码如下。

```
private InputField repInput;
    public override void OnShowing()
    {
        ……
        repInput = skinTrans.FindChild("RepInput").GetComponent<InputField>();
        ……
    }

    public void OnRegClick()
    {
        //用户名密码为空
        if (idInput.text == "" || pwInput.text == "")
        {
            PanelMgr.instance.OpenPanel<TipPanel>("","用户名密码不能为空!");
            return;
        }
        //两次密码不同
        if (pwInput.text != repInput.text)
        {
            PanelMgr.instance.OpenPanel<TipPanel>("","两次输入的密码不同!");
            return;
        }
        //连接服务器
        if (NetMgr.srvConn.status != Connection.Status.Connected)
        {
            string host = "127.0.0.1";
            int port = 1234;
            NetMgr.srvConn.proto = new ProtocolBytes();
            if (!NetMgr.srvConn.Connect(host, port))
                PanelMgr.instance.OpenPanel<TipPanel>("","连接服务器失败!");
        }
        //发送
        ……
    }
    public void OnRegBack(ProtocolBase protocol)
    {
        ……//解析协议
```

```
if (ret == 0)
{
    PanelMgr.instance.OpenPanel<TipPanel>("", "注册成功！");
    PanelMgr.instance.OpenPanel<LoginPanel>("");
    Close();
}
else
{
    PanelMgr.instance.OpenPanel<TipPanel>("","注册失败，请更换用户名！");
}
}
```

9.4.4 调试

在 Root.cs 的 Start 方法中调用登录面板，运行游戏，即可看到弹出的面板，如图 9-27 到图 9-29 所示。(注意：本节尚未实现 RoomListPanel，要将登录面板中的相关语句注释掉，由于目前只使用到了登录注册相关的协议，因此使用第 8 章的服务端程序即可。)

图 9-27　登录面板

图 9-28　点击注册按钮，弹出注册面板

图 9-29　输入错误的用户名密码弹出的提示

```
void Start ()
{
    Application.runInBackground = true;
    PanelMgr.instance.OpenPanel<LoginPanel>("");
}
```

9.5　房间列表面板的功能

打开房间列表面板时,客户端会向服务端发送请求,服务端将返回房间列表的信息,客户端再根据收到的信息刷新列表,如图 9-30 所示。

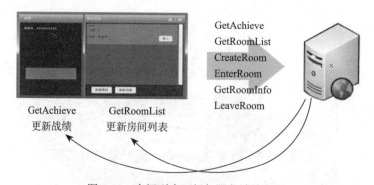

图 9-30　房间列表面板与服务端的交互

9.5.1 获取部件

房间列表面板是本章最复杂的面板，它涉及较多的部件和功能。面板分为左侧的战绩栏和右侧的列表栏，包含"加入"、"登出"、"新建房间"和"刷新列表"按钮。添加 RoomListPanel 类，定义面板中涉及的组件，代码如下。

```
using UnityEngine;
using System.Collections;
using UnityEngine.UI;

public class RoomListPanel : PanelBase
{
    private Text idText;
    private Text winText;
    private Text lostText;
    private Transform content;
    private GameObject roomPrefab;
    private Button closeBtn;
    private Button newBtn;
    private Button reflashBtn;

    #region 生命周期
    /// <summary> 初始化 </summary>
    public override void Init(params object[] args)
    {
        base.Init(args);
        skinPath = "RoomListPanel";
        layer = PanelLayer.Panel;
    }
    #endregion
}
```

在 RoomListPanel 类的 OnShowing 方法中获取上述列举的组件，代码如下。

```
public override void OnShowing()
{
    base.OnShowing();
    // 获取 Transform
    Transform skinTrans = skin.transform;
    Transform listTrans = skinTrans.FindChild("ListImage");
    Transform winTrans = skinTrans.FindChild("WinImage");
    // 获取成绩栏部件
    idText = winTrans.FindChild("IDText").GetComponent<Text>();
    winText = winTrans.FindChild("WinText").GetComponent<Text>();
    lostText = winTrans.FindChild("LostText").GetComponent<Text>();
```

```
        // 获取列表栏部件
        Transform scroolRect = listTrans.FindChild
("ScrollRect");
        content = scroolRect.FindChild("Content");
        roomPrefab = content.FindChild("RoomPrefab").
gameObject;
        roomPrefab.SetActive(false);

        closeBtn = listTrans.FindChild
("CloseBtn").GetComponent<Button>();
        newBtn = listTrans.FindChild("NewBtn").
GetComponent<Button>();
        reflashBtn = listTrans.FindChild("ReflashBtn").
GetComponent<Button>();
        // 按钮事件
        reflashBtn.onClick.AddListener
(OnReflashClick);
        newBtn.onClick.AddListener(OnNewClick);
        closeBtn.onClick.AddListener(OnCloseClick);
        // 监听等
    }
```

将 roomPrefab 设为不激活，后续通过代码添加列表单元

按钮的点击事件

9.5.2 开启监听

房间列表面板全程监听 GetAchieve 和 GetRoomList 两条协议，收到服务端发送的这两条协议后，客户端调用 RecvGetAchieve 或 RecvGetRoomList 刷新界面。界面打开时，客户端会发送 GetAchieve 和 GetRoomList 协议，待回应后刷新，代码如下。

```
    public override void OnShowing()
    {
        ……// 获取部件
        // 监听
        NetMgr.srvConn.msgDist.AddListener
("GetAchieve", RecvGetAchieve);
        NetMgr.srvConn.msgDist.AddListener
("GetRoomList", RecvGetRoomList);

        // 发送查询
        ProtocolBytes protocol = new ProtocolBytes();
        protocol.AddString("GetRoomList");
        NetMgr.srvConn.Send(protocol);

        protocol = new ProtocolBytes();
        protocol.AddString("GetAchieve");
        NetMgr.srvConn.Send(protocol);
    }
```

开启全程监听后，需在界面关闭时要使用 DelListener 删除监听

界面关闭时需要关闭全程监听，否则，客户端再次收到协议时，会调用"已经被销毁"的组件，导致报错，代码如下。

```
public override void OnClosing()
{
    NetMgr.srvConn.msgDist.DelListener("GetAchieve", RecvGetAchieve);
    NetMgr.srvConn.msgDist.DelListener("GetRoomList", RecvGetRoomList);
}
```

9.5.3 刷新成绩栏

客户端收到 GetAchieve 协议后，调用 RecvGetAchieve 方法，它将在解析协议后给对应的 UI 部件赋值，代码如下。

```
// 收到GetAchieve 协议
public void RecvGetAchieve(ProtocolBase protocol)
{
    // 解析协议
    ProtocolBytes proto = (ProtocolBytes)protocol;
    int start = 0;
    string protoName = proto.GetString(start, ref start);
    int win = proto.GetInt(start, ref start);
    int lost = proto.GetInt(start, ref start);
    // 处理
    idText.text = "指挥官：" + GameMgr.instance.id;
    winText.text = win.ToString();
    lostText.text = lost.ToString();
}
```

9.5.4 刷新房间列表

客户端收到 GetRoomList 协议后，调用 RecvGetRoomList 方法。它先调用 ClearRoomUnit 清理掉已经生成的元素，清空列表。然后解析协议，获取房间的个数 count，再针对每个房间读取房间人数 num 和状态 status，最后调用 GenerateRoomUnit 生成一个房间，代码如下。

```
// 收到GetRoomList 协议
public void RecvGetRoomList(ProtocolBase protocol)
{
```

```
        // 清理
        ClearRoomUnit();
        // 解析协议
        ProtocolBytes proto = (ProtocolBytes)protocol;
        int start = 0;
        string protoName = proto.GetString(start, ref start);
        int count = proto.GetInt(start, ref start);
        for (int i = 0; i < count; i++)
        {
            int num = proto.GetInt(start, ref start);
            int status = proto.GetInt(start, ref start);
            GenerateRoomUnit(i, num, status);
        }
    }

    public void ClearRoomUnit()
    {
        for (int i = 0; i < content.childCount; i++)
            if (content.GetChild(i).name.Contains("Clone"))
                Destroy(content.GetChild(i).gameObject);
    }
```

获取每个房间的数据，包括房间人数 num 和状态 status

清空已经生成的房间单元，考虑到 RoomPrefab 不该被销毁，故而只销毁名字带有 Clone，也就是通过 Instantiate 生成的物体

GenerateRoomUnit 实现创建一个房间单元的功能。它通过 Instantiate 生成游戏物体，然后根据传入数据给部件属性赋值。当玩家点击加入按钮时，OnJoinBtnClick 方法被调用，它的参数是按钮名字，即房间序号，点击按钮后，客户端将会向服务端发送 EnterRoom 协议，代码如下。

```
    // 创建一个房间单元
    // 参数 i, 房间序号 (从 0 开始)
    // 参数 num, 房间里的玩家数
    // 参数 status, 房间状态, 1- 准备中 2- 战斗中
    public void GenerateRoomUnit(int i, int num, int status)
    {
        // 添加房间
        content.GetComponent<RectTransform>().sizeDelta = new Vector2(0, (i + 1) * 110);
        GameObject o = Instantiate(roomPrefab);
        o.transform.SetParent(content);
        o.SetActive(true);
        // 房间信息
        Transform trans = o.transform;
        Text nameText = trans.FindChild("nameText").GetComponent<Text>();
        Text countText = trans.FindChild("CountText").GetComponent<Text>();
        Text statusText = trans.FindChild("StatusText").GetComponent<Text>();
```

```
            nameText.text = "序号: " + (i + 1).ToString();
            countText.text = "人数: " + num.ToString();
            if (status == 1)
            {
                statusText.color = Color.black;
                statusText.text = " 状态: 准备中 ";
            }
            else
            {
                statusText.color = Color.red;
                statusText.text = " 状态: 开战中 ";
            }
            // 按钮事件
            Button btn = trans.FindChild("JoinButton").GetComponent<Button>();
            btn.name = i.ToString();    // 改变按钮的名字, 以便给 OnJoinBtnClick 传参
            btn.onClick.AddListener(delegate()
            {
                OnJoinBtnClick(btn.name);
            }
            );
        }
```

9.5.5 刷新按钮

当玩家点击"刷新列表"按钮时，客户端向服务端发送 GetRoomList 协议。因为 OnShowing 中已经全程监听了 GetRoomList 协议，"刷新列表"按钮只需发送，无须再次添加监听，代码如下。

```
// 刷新按钮
public void OnReflashClick()
{
    ProtocolBytes protocol = new ProtocolBytes();
    protocol.AddString("GetRoomList");
    NetMgr.srvConn.Send(protocol);
}
```

9.5.6 加入房间

玩家点击"加入"按钮请求加入房间，客户端会发送 EnterRoom 协议并期待服

务端的回应。如果服务端返回 0，则表示成功进入房间，需要打开房间面板。如果返回 −1，则表示进入房间失败，代码如下。

```csharp
// 加入按钮
public void OnJoinBtnClick(string name)
{
    ProtocolBytes protocol = new ProtocolBytes();
    protocol.AddString("EnterRoom");

    protocol.AddInt(int.Parse(name));
    NetMgr.srvConn.Send(protocol, OnJoinBtnBack);
    Debug.Log(" 请求进入房间 " + name);
}

// 加入按钮返回
public void OnJoinBtnBack(ProtocolBase protocol)
{
    // 解析参数
    ProtocolBytes proto = (ProtocolBytes)protocol;
    int start = 0;
    string protoName = proto.GetString(start, ref start);
    int ret = proto.GetInt(start, ref start);
    // 处理
    if (ret == 0)
    {
        PanelMgr.instance.OpenPanel<TipPanel>("", "成功进入房间！");
        PanelMgr.instance.OpenPanel <RoomPanel> ("");
        Close();
    }
    else
    {
        PanelMgr.instance.OpenPanel<TipPanel>("", "进入房间失败");
    }
}
```

9.5.7 新建房间

玩家点击"新建房间"按钮，客户端向服务端发送 CreateRoom 协议。服务端返回后，客户端读取返回值，如果返回 0，则代表创建成功，打开房间面板。如果返回 −1，则表示创建失败，代码如下。

```csharp
// 新建按钮
public void OnNewClick()
{
```

```csharp
        ProtocolBytes protocol = new ProtocolBytes();
        protocol.AddString("CreateRoom");
        NetMgr.srvConn.Send(protocol, OnNewBack);
    }

    //新建按钮返回
    public void OnNewBack(ProtocolBase protocol)
    {
        //解析参数
        ProtocolBytes proto = (ProtocolBytes)protocol;
        int start = 0;
        string protoName = proto.GetString(start, ref start);
        int ret = proto.GetInt(start, ref start);
        //处理
        if (ret == 0)
        {
            PanelMgr.instance.OpenPanel<TipPanel>("", "创建成功！");
            PanelMgr.instance.OpenPanel<RoomPanel>("");
            Close();
        }
        else
        {
            PanelMgr.instance.OpenPanel<TipPanel>("", "创建房间失败！");
        }
    }
```

9.5.8 登出

玩家点击"登出"按钮，客户端向服务端发送 Logout 协议（该协议已在第 7 章 "服务端框架"中实现）。服务端返回后，关闭连接，重新打开登录面板，代码如下。

```csharp
    //登出按钮
    public void OnCloseClick()
    {
        ProtocolBytes protocol = new ProtocolBytes();
        protocol.AddString("Logout");
        NetMgr.srvConn.Send(protocol, OnCloseBack);
    }

    //登出返回
    public void OnCloseBack(ProtocolBase protocol)
    {
        PanelMgr.instance.OpenPanel<TipPanel>("", "登出成功！");
```

```
        PanelMgr.instance.OpenPanel<LoginPanel>("", "");
        NetMgr.srvConn.Close();
}
```

9.5.9 测试面板

为测试面板列表栏能否正确显示,可以在 OnShowing 方法中添加测试协议并调用 RecvGetRoomList 方法刷新界面。然后注释掉面板中涉及 RoomPanel 等尚未实现的部分,在 Root.cs 中调用房间列表面板,运行游戏,如图 9-31 所示。如下的代码模拟了拥有两个房间信息的协议。

```
// 测试用
ProtocolBytes a = new ProtocolBytes();
a.AddString("GetRoomList");
a.AddInt(2);

a.AddInt(2);
a.AddInt(1);

a.AddInt(4);
a.AddInt(2);
RecvGetRoomList(a);
```

协议名
房间总数
第一个房间数据
第二个房间数据

图 9-31 调试中的房间列表

9.6 房间面板的功能

打开房间面板时,客户端会向服务端发送请求,服务端将返回房间的详细信息,客户端再根据收到的信息刷新界面。

9.6.1 获取部件

房间面板主要涉及玩家列表和"开始战斗"、"退出房间"两个按钮。玩家列表显示了在房间中的所有玩家的信息，一个房间最多能够容纳 6 名玩家，下面我们使用列表引用它，代码如下。

```csharp
using UnityEngine;
using System.Collections;
using System.Collections.Generic;
using UnityEngine.UI;

public class RoomPanel : PanelBase
{
    private List<Transform> prefabs = new List<Transform>();
    private Button closeBtn;
    private Button startBtn;

    #region 生命周期
    /// <summary> 初始化 </summary>
    public override void Init(params object[] args)
    {
        base.Init(args);
        skinPath = "RoomPanel";
        layer = PanelLayer.Panel;
    }

    public override void OnShowing()
    {
        base.OnShowing();
        Transform skinTrans = skin.transform;
        // 组件
        for (int i = 0; i < 6; i++)
        {
            string name = "PlayerPrefab" + i.ToString ();
            Transform prefab = skinTrans.FindChild (name);
            prefabs.Add(prefab);
        }
        closeBtn = skinTrans.FindChild ("CloseBtn").GetComponent<Button>();
        startBtn = skinTrans.FindChild ("StartBtn").GetComponent<Button>();
```

```
            //按钮事件
            closeBtn.onClick.AddListener (OnCloseClick);
            startBtn.onClick.AddListener (OnStartClick);
            //监听
    }
    #endregion
}
```

9.6.2 监听

房间面板监听 GetRoomInfo 和 Fight（开始战斗，第 10 章将会详细描述）协议。除了用户请求，服务端会在玩家加入、退出房间时向房间里的所有玩家广播 GetRoomInfo 协议，以便客户端更新界面。若客户端收到 Fight 协议，它将关闭所有面板，并初始化一场战斗，代码如下。

```
public override void OnShowing()
{
    ......
    //监听
    NetMgr.srvConn.msgDist.AddListener("GetRoomInfo", RecvGetRoomInfo);
    NetMgr.srvConn.msgDist.AddListener("Fight", RecvFight);
    //发送查询
    ProtocolBytes protocol = new ProtocolBytes();
    protocol.AddString("GetRoomInfo");
    NetMgr.srvConn.Send(protocol);
}

public override void OnClosing()
{
    NetMgr.srvConn.msgDist.DelListener("GetRoomInfo", RecvGetRoomInfo);
    NetMgr.srvConn.msgDist.DelListener("Fight", RecvFight);
}
```

9.6.3 刷新列表

客户端收到 GetRoomInfo 协议后，它将解析协议，获取房间里的玩家总数 count，然后获取每个玩家的 id、team（阵营）、win（总胜利次数）和 fail（总失败次数），将这些信息组合成文本，给 Text 组件赋值。

playerPrefab 将根据玩家所在的阵营、是否为房主等信息，显示不同的文字和背景颜色，如图 9-32 所示。若玩家在第一阵营（team==1），则背景为红色，若玩家在第二阵营（team==2），则背景为蓝色。如果该栏没有玩家，则背景为灰色并显示"【等待玩家】"字样。

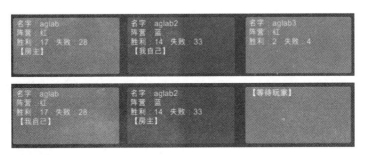

图 9-32　根据不同的玩家信息显示不同的文字

实现代码如下所示。

```csharp
public void RecvGetRoomInfo(ProtocolBase protocol)
{
    // 获取总数
    ProtocolBytes proto = (ProtocolBytes)protocol;
    int start = 0;
    string protoName = proto.GetString(start, ref start);
    int count = proto.GetInt(start, ref start);               // 总数 count
    // 每个处理
    int i = 0;
    for (i = 0; i < count; i++)                               // 对每个玩家进行处理
    {
        string id = proto.GetString(start, ref start);        // 获取玩家信息
        int team = proto.GetInt(start, ref start);
        int win = proto.GetInt(start, ref start);
        int fail = proto.GetInt(start, ref start);
        int isOwner = proto.GetInt(start, ref start);
        // 信息处理
        Transform trans = prefabs[i];                         // 获取对应的文本组件
        Text text = trans.FindChild("Text").GetComponent<Text>();
        string str = "名字：" + id + "\r\n";
        str += "阵营：" + (team == 1 ? "红" : "蓝") + "\r\n";
        str += "胜利：" + win.ToString() + " ";
        str += "失败：" + fail.ToString() + "\r\n";
        if (id == GameMgr.instance.id)                        // 判断是不是自己
```

```
                str += "【我自己】";
            if (isOwner == 1)
                str += "【房主】";
            text.text = str;

            if (team == 1)
                trans.GetComponent<Image>().color = Color.red;
            else
                trans.GetComponent<Image>().color = Color.blue;
        }

        for (; i < 6; i++)
        {
            Transform trans = prefabs[i];
            Text text = trans.FindChild("Text").GetComponent<Text>();
            text.text = "【等待玩家】";
            trans.GetComponent<Image>().color = Color.gray;
        }
    }
```

— 判断是不是房主

— 根据阵营设置背景色

— 设置其他栏位为"等待玩家"

9.6.4　退出按钮

玩家点击退出按钮时，客户端将向服务端发送 LeaveRoom 协议，如果服务端的返回值为 0，则代表退出成功，需要重新打开房间列表面板，代码如下。

```
public void OnCloseClick()
{
    ProtocolBytes protocol = new ProtocolBytes();
    protocol.AddString("LeaveRoom");
    NetMgr.srvConn.Send(protocol, OnCloseBack);
}

public void OnCloseBack(ProtocolBase protocol)
{
    // 获取数值
    ProtocolBytes proto = (ProtocolBytes)protocol;
    int start = 0;
    string protoName = proto.GetString(start, ref start);
    int ret = proto.GetInt(start, ref start);
    // 处理
    if (ret == 0)
```

— 退出按钮

```
        {
            PanelMgr.instance.OpenPanel<TipPanel>("", "退出成功！");
            PanelMgr.instance.OpenPanel<RoomListPanel>("");
            Close();
        }
        else
        {
            PanelMgr.instance.OpenPanel<TipPanel>("", "退出失败！");
        }
    }
```

9.6.5 开始战斗

开始战斗将涉及 StartFight 和 Fight 两条协议。房主点击"开始战斗"按钮时，客户端向服务端发送 StartFight 协议，如果协议返回 0，则代表开战成功，否则代表开战失败（比如玩家不是房主或房间人数不足。）

如果开战成功，服务端会给房间里的每个玩家都发送 Fight 协议。面板的 OnShowing 方法全程监听 Fight 协议，收到协议后调用 RecvFight 方法，开启一场战斗，代码如下。

```
public void OnStartClick()
{
    ProtocolBytes protocol = new ProtocolBytes();
    protocol.AddString("StartFight");
    NetMgr.srvConn.Send(protocol, OnStartBack);
}

public void OnStartBack(ProtocolBase protocol)
{
    // 获取数值
    ProtocolBytes proto = (ProtocolBytes)protocol;
    int start = 0;
    string protoName = proto.GetString(start, ref start);
    int ret = proto.GetInt(start, ref start);
    // 处理
    if (ret != 0)
    {
        PanelMgr.instance.OpenPanel<TipPanel>("", "开始游戏失败！两队至少都需要一名玩家，只有队长可以开始战斗！");
    }
}
public void RecvFight(ProtocolBase protocol)
```

```
        {
            ProtocolBytes proto = (ProtocolBytes)protocol;     第 10 章将实现战斗功能,
            MultiBattle.instance.StartBattle(proto);           测试时需要注释掉
            Close();
        }
```

9.6.6 测试面板

为测试面板中的玩家单元能否正确显示,可以在 OnShowing 方法中添加测试协议并调用 RecvGetRoomInfo 方法刷新界面。注释掉面板中涉及 MultiBattle 等尚未实现的功能,在 Root.cs 中调用房间面板,然后运行游戏即可运行结果如图 9-33 所示。如下的代码模拟了拥有两名玩家的房间。

```
//测试用
ProtocolBytes a = new ProtocolBytes();          协议名
a.AddString("GetRoomInfo");
a.AddInt(2);                                    玩家总数

a.AddString("Killer");                          第一个玩家数据
a.AddInt(1);
a.AddInt(15);                                   5 个参数分别是玩家名 id、
a.AddInt(18);                                   阵营 team、总胜利次数
a.AddInt(0);                                    win、总失败次数 fail、是
                                                否为房主 isOwner
a.AddString("FireGod");                         第二个玩家数据
a.AddInt(2);
a.AddInt(3);
a.AddInt(8);
a.AddInt(1);
RecvGetRoomInfo(a);
```

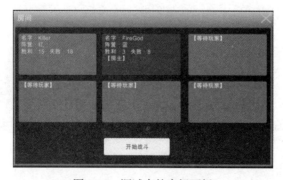

图 9-33 调试中的房间面板

总结坦克游戏客户端，会发现它分为底层、逻辑层和资源 3 个层级。底层主要实现界面管理和网络管理，逻辑层主要实现界面功能和战斗功能，如图 9-34 所示。对于其他游戏类型，这套底层框架也是通用的。

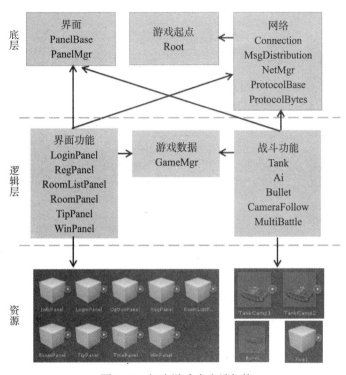

图 9-34　坦克游戏客户端架构

完成了客户端功能，那么服务端又该怎样处理房间系统呢，第 10 章我们继续奋战。

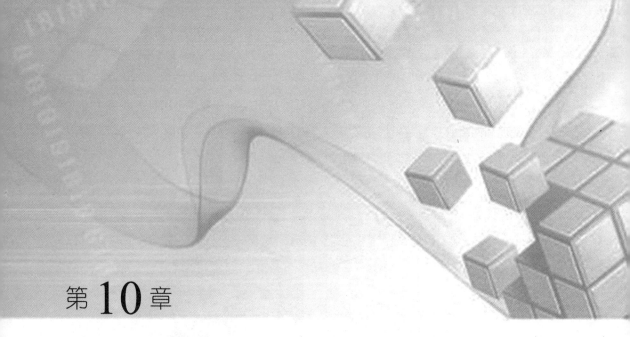

第 10 章

房间系统服务端

完成了房间系统的客户端部分,接着我们便来着手实现房间系统的服务端功能。游戏服务端需要记录玩家数据、管理房间、处理客户端发来的协议等功能,本章会在之前实现的服务端框架的基础上,进一步编写游戏逻辑。

我们将定义房间管理器(RoomMgr),如图 10-1 所示,它管理着所有的房间(Room),每个房间又会引用在房间内的所有玩家。

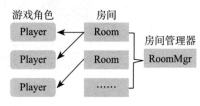

图 10-1 房间系统的逻辑结构

10.1 玩家数据

玩家数据是服务端逻辑的核心内容。服务端会将玩家的胜利次数和失败次数保存到数据库中,因此需在 PlayerData 中定义它们,代码如下。

```
using System;

[Serializable]
public class PlayerData
```

PlayerData 的数据会被保存到数据库中

```
{
    public int score = 0;     // 胜利总次数
    public int win = 0;       // 失败总次数
    public int fail = 0;
    public PlayerData ()
    {
        score = 100;
    }
}
```

游戏中，角色会有 None、Room 和 Fight 这 3 种状态，分别如表 10-1 所示。

玩家加入房间后，服务端需要记录玩家所在的房间、阵营、是否为房主等数据，这些数据在每次登录上线时会初始化，因此不需要存入数据库。在 PlayerTempData 类中定义如表 10-2 所示的临时数据。

表 10-1 角色状态

状态	说明
None	玩家尚未加入房间
Room	加入了房间（尚未开始战斗）
Fight	玩家正在战斗

表 10-2 临时数据说明

临时数据	说明
status	玩家状态，不同状态对应的情景如下图所示： None　　Room　　Fight
room	玩家所在的房间（该数据只在 Room 和 Fight 状态下生效）
team	玩家的阵营（该数据只在 Room 和 Fight 状态下生效）
isOwner	玩家是否为房主（该数据只在 Room 和 Fight 状态下生效）

Player Temp Data 的实现代码如下。

```
using System;
using System.Collections.Generic;

public class PlayerTempData          // PlayerTempData 是临时数据，每次上线时会重新初始化，因此不需要保存到数据库中
{
    public PlayerTempData()
    {
        status = Status.None;        // 初始化，状态为 None
    }
    // 状态
    public enum Status               // 定义 3 种状态
    {
        None,
        Room,
```

```
        Fight,
    }
    public Status status;        // 状态
    //room 状态
    public Room room;            // 玩家所在的房间，稍后实现 Room 类
    public int team = 1;         // 玩家的阵营
    public bool isOwner = false; // 玩家是否为房主
}
```

结合持久化数据和临时数据，玩家数据如图 10-2 所示。

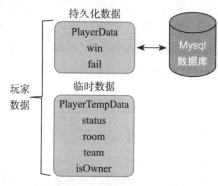

图 10-2　玩家数据示意图

10.2　房间类

10.2.1　数据结构

服务端通过房间管理器维护多个房间。房间拥有准备中（Prepare）和开战中（Fight）两种状态，如表 10-3 所示。

表 10-3　房间的状态说明

状态	说明	状态	说明
Prepare	准备中	Fight	开战中

房间类使用字典引用房间内的玩家。它还包含添加玩家的 AddPlayer 方法、删除玩家的 DelPlayer 方法、更新房主的 UpdateOwner 方法、广播消息的 Broadcast 方法、获取房间信息的 GetRoomList 方法，如图 10-3 所示。我们还规定每个房间最多只能容纳 6 名玩家。

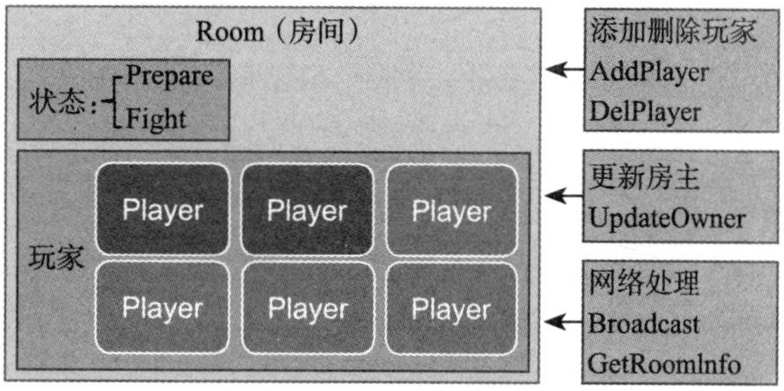

图 10-3　房间类示意图

在服务端添加 Room 类，定义状态 Status 和引用玩家的字典 list，代码如下。

```
using System;
using System.Collections.Generic;
using System.Linq;

// 房间
public class Room
{
    // 状态
    public enum Status
    {
        Prepare = 1,
        Fight = 2 ,
    }
    public Status status = Status.Prepare;
    // 玩家
    public int maxPlayers = 6;
    public Dictionary<string,Player> list = new Dictionary<string,Player>();
}
```

房间最多可以容纳 6 名玩家

10.2.2　添加玩家

定义给房间添加玩家的方法 AddPlayer，它接受一个 Player 类型的参数 player，指明加入房间的玩家。如果添加成功那么 AddPlayer 会返回 true，否则返回 false。房间中的玩家分为两个阵营，程序会把玩家分配到人数较少的阵营，代码如下。

```
// 添加玩家
public bool AddPlayer(Player player)
{
    lock (list)
    {
        if (list.Count >= maxPlayers)
```

房间人数太多，不能加入

```
            return false;
        PlayerTempData tempData = player.tempData;    // 给玩家的临时数据赋值
        tempData.room = this;
        tempData.team = SwichTeam ();                  // 调用 SwichTeam 分配阵营
        tempData.status = PlayerTempData.Status.Room;
        if(list.Count == 0)                            // 如果房间里没有人，则新
            tempData.isOwner = true;                   // 加入的玩家便是房主
        string id = player.id;
        list.Add(id, player);                          // 更新列表
    }
    return true;
}
// 分配队伍
public int SwichTeam()
{
    int count1 = 0;
    int count2 = 0;                                    // 计算两队的人数
    foreach(Player player in list.Values)
    {
        if(player.tempData.team == 1) count1++;
        if(player.tempData.team == 2) count2++;
    }
    if (count1 <= count2)                              // 返回人数较少的阵营
        return 1;
    else
        return 2;
}
```

10.2.3 删除玩家

定义删除玩家的方法 DelPlayer，代码如下所示，首先更新玩家状态（设置为 None），接着将玩家从列表中删除。

```
// 删除玩家
public void DelPlayer(string id)
{
    lock (list)                                        // 异步 Socket 线程可能会同
    {                                                  // 时处理房间列表，因此在
        if (!list.ContainsKey(id))                     // 涉及添加、删除列表时务
            return;                                    // 必先将列表锁住再操作
        bool isOwner = list[id].tempData.isOwner;
        list[id].tempData.status = PlayerTempData.
Status.None;
        list.Remove(id);                               // 如果房主离开房间，则需
        if(isOwner)                                    // 要重新选取房主
```

```
        UpdateOwner();
    }
}
```

10.2.4 更换房主

若房主退出房间，则需要重新选取房主。定义 UpdateOwner 方法把列表中的第一位玩家设成房主，如图 10-4 所示。

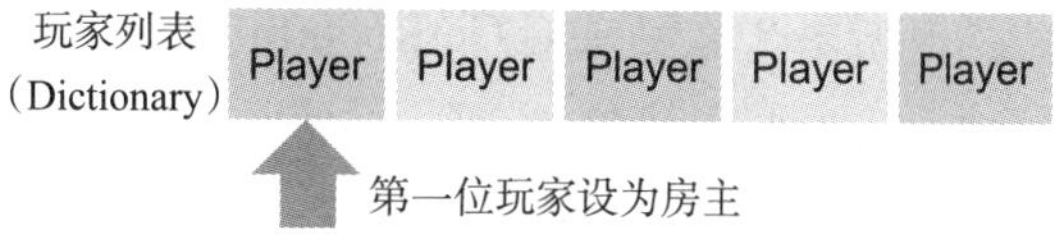

图 10-4 将列表中的第一位玩家设为房主

更换房主的代码如下所示。

```
//更换房主
public void UpdateOwner()
{
    lock (list)
    {
        if(list.Count <= 0)
            return;

        foreach(Player player in list.Values)
        {
        player.tempData.isOwner = false;
        }

        Player p = list.Values.First();
        p.tempData.isOwner = true;
    }
}
```

把所有玩家的 isOwner 设为 false，再把列表中第一位玩家的 isOwner 设为 true

First 方法在 Linq 命名空间中有定义，表示获取字典的第一个元素。因此需要在文件头加上"using System.Linq;"的语句

10.2.5 广播消息

添加给房间内所有玩家发送协议的方法 Broadcast，它将遍历玩家列表，然后调用 player.Send() 发送协议，代码如下。

```
//广播
public void Broadcast(ProtocolBase protocol)
{
    foreach(Player player in list.Values)
    {
```

```
            player.Send(protocol);
        }
    }
```

10.2.6 输出房间信息

根据第 9 章定义的 GetRoomInfo 协议，它的第一个参数代表房间内的角色数量 num（int），紧接着附带 num 个角色数据，每个角色的数据依次为：角色名 id（string）、所在队伍 team（int）、胜利总数 win（int）、失败总数 fail（int）。添加 GetRoomInfo 方法，将房间内的玩家信息拼装成 GetRoomInfo 协议，代码如下。

```
//房间信息
public ProtocolBytes GetRoomInfo()
{
    ProtocolBytes protocol = new ProtocolBytes ();
    protocol.AddString ("GetRoomInfo");
    //房间信息
    protocol.AddInt (list.Count);
    //每个玩家的信息
    foreach(Player p in list.Values)
    {
        protocol.AddString(p.id);
        protocol.AddInt(p.tempData.team);
        protocol.AddInt(p.data.win);
        protocol.AddInt(p.data.fail);
        int isOwner = p.tempData.isOwner? 1: 0;
        protocol.AddInt(isOwner);
    }
    return protocol;
}
```

10.3 房间管理器

10.3.1 数据结构

房间管理器使用一个 List<Room> 类型的列表保存所有房间，并通过 CreateRoom、LeaveRoom 等方法管理房间列表，如图 10-5 所示。

在服务端添加 RoomMgr 类，它包含房间列表 list。为了方便调用，以下代码使用单例模式。

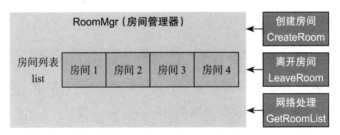

图 10-5　房间管理器示意图

```
using System;
using System.Collections.Generic;
using System.Linq;
public class RoomMgr
{
    //单例
    public static RoomMgr instance;
    public RoomMgr()
    {
        instance = this;
    }

    //房间列表
    public List<Room> list = new List<Room>();
}
```

使用单例模式仅仅是一种方便调用的方法，读者也可以使用静态类来替代

10.3.2　创建房间

添加创建房间的方法 CreateRoom，它接受一个 Player 类型的参数 player，指明创建房间的玩家。CreateRoom 主要处理以下两件事情，代码如下。

1）添加新的房间。

2）使用 room.AddPlayer() 把玩家添加到房间中。

```
//创建房间
public void CreateRoom(Player player)
{
    Room room = new Room ();
    lock (list)
    {
        list.Add(room);
        room.AddPlayer(player);
    }
}
```

异步 Socket 线程可能会同时处理房间列表，因此在涉及添加、删除列表时务必先将列表锁住再操作

10.3.3 离开房间

玩家请求离开房间时，会调用房间管理器的 LeaveRoom 方法。LeaveRoom 方法的参数 player 指明了要离开房间的玩家，它主要处理以下两件事情，实现代码如下。

1）调用 room.DelPlayer() 使玩家退出房间。

2）如果房间已空，把房间删掉。

```
// 玩家离开
public void LeaveRoom(Player player)
{
    PlayerTempData tempDate = player.tempData;  // 玩家不在房间中，不存在离开房间的情况
    if (tempDate.status == PlayerTempData.Status.None)
        return;
    Room room = tempDate.room;  // 获取玩家所在的房间
    lock(list)
    {
        room.DelPlayer(player.id);  // 从房间中删除
        if(room.list.Count == 0)    // 如果房间已空，把房间删掉
            list.Remove(room);
    }
}
```

10.3.4 输出房间列表

根据第 9 章定义的 GetRoomList 协议，它的参数表示房间数量 count（int），紧接着附带 count 个房间数据，每个房间的数据依次为：房间里的玩家数 num（int）、房间状态 status（int）。添加 GetRoomList 方法，将房间列表信息拼装成 GetRoomList 协议，代码如下。

```
// 列表
public ProtocolBytes GetRoomList()
{
    ProtocolBytes protocol = new ProtocolBytes ();
    protocol.AddString ("GetRoomList");
    int count = list.Count;
    // 房间数量
    protocol.AddInt (count);
    // 每个房间信息
    for (int i=0; i<count; i++)
```

协议名：
GetRoomList
count（int） 房间数
num（string）
status（int） 房间 1
num（string）
status（int） 房间 2
num（string）
status（int） 房间 2

```
        {
            Room room = list[i];
            protocol.AddInt(room.list.Count);
            protocol.AddInt((int)room.status);
        }
        return protocol;
    }
```

10.4 玩家消息处理

房间和房间管理器是服务端房间系统的核心部分，完成这两项之后，便要解决客户端与服务端交互的问题。

服务端收到客户端的协议后，经过消息分发，Handle PlayerMsg 类的 MsgXXX（XXX 代表协议名）方法会被调用。根据第 9 章定义的如表 10-4 所示的协议（具体协议内容参见第 9 章），我们需要对每条协议做处理。

表 10-4　协议说明

协议	说明
GetAchieve	查询成绩
GetRoomList	获取房间列表
CreateRoom	新建房间
GetRoomInfo	获取房间信息
EnterRoom	加入房间
LeaveRoom	离开房间

10.4.1 查询成绩 GetAchieve

服务端收到查询成绩的协议后，就会返回玩家的总胜利次数 win 和总失败次数 fail。在 HandlePlayerMsg.cs 中添加如下方法，完成 GetAchieve 协议的处理，具体代码如下。

```
// 获取玩家信息
public void MsgGetAchieve(Player player, 
ProtocolBase protoBase)
    {
        ProtocolBytes protocolRet = new ProtocolBytes ();      // 返回的协议
        protocolRet.AddString ("GetAchieve");                  // 协议名
        protocolRet.AddInt (player.data.win);                  // 胜利次数
        protocolRet.AddInt (player.data.fail);                 // 失败次数
        player.Send (protocolRet);                             // 发送
        Console.WriteLine ("MsgGetScore " + 
player.id + player.data.win);
    }
```

10.4.2 获取房间列表 GetRoomList

服务端收到获取房间列表的协议后，会将所有房间信息发送给客户端。为了区分游戏逻辑，可以新建一个名为 HandleRoomMsg.cs 的文件，然后在其中继续编写使用 partial（部分的）修饰的 HandlePlayerMsg 类。处理房间系统协议的所有方法都定义在 HandleRoomMsg.cs 中，以使服务端代码结构更加清晰。

```
using System;
using System.Collections.Generic;

public partial class HandlePlayerMsg       注意 partial 修饰符
{
}
```

RoomMgr 的 GetRoomList 方法可完成协议的封装，调用它即可，代码如下。

```
// 获取房间列表
public void MsgGetRoomList(Player player, ProtocolBase protoBase)
{
    player.Send (RoomMgr.instance.GetRoomList());
}
```

10.4.3 创建房间 CreateRoom

服务端收到创建房间的协议后，先进行一些条件检测，如果玩家的状态是在房间中或在战斗中，则返回 −1 表示创建失败。通过条件检测后，调用 RoomMgr 的 CreateRoom 方法创建房间，并返回 0 表示创建成功，代码如下。

```
// 创建房间
public void MsgCreateRoom(Player player, ProtocolBase protoBase)
{
    ProtocolBytes protocol = new ProtocolBytes ();
    protocol.AddString ("CreateRoom");
    // 条件检测                                    玩家的状态是在房间中或
    if (player.tempData.status != PlayerTempData.Status.None)   在战斗中
    {
        Console.WriteLine ("MsgCreateRoom Fail " + player.id);
        protocol.AddInt(-1);
        player.Send (protocol);
        return;
    }
    RoomMgr.instance.CreateRoom (player);          创建房间并返回成功信息
    protocol.AddInt(0);
    player.Send (protocol);
    Console.WriteLine ("MsgCreateRoom Ok " + player.id);
}
```

10.4.4 加入房间 EnterRoom

服务端根据客户端发来的房间序号（index）找到房间，在一系列条件判断后调用 room.AddPlayer 方法把玩家添加到房间中。如果添加成功，程序就会通过 room.Broadcast 向房间内的所有玩家广播 GetRoomInfo 协议，让客户端更新界面，代码如下。

```
//加入房间
public void MsgEnterRoom(Player player, Protocol Base protoBase)
{
    //获取数值
    int start = 0;
    ProtocolBytes protocol = (ProtocolBytes)protoBase;
    string protoName = protocol.GetString (start, ref start);
    int index = protocol.GetInt (start, ref start);    //获取房间序号 index
    Console.WriteLine ("[收到MsgEnterRoom]" + player.id + " " + index);
    //
    protocol = new ProtocolBytes ();
    protocol.AddString ("EnterRoom");
    //判断房间是否存在
    if (index < 0 || index >= RoomMgr.instance.list.Count)    //判断房间是否存在。如果不存在则返回 -1 表示加入失败
    {
        Console.WriteLine ("MsgEnterRoom index err " + player.id);
        protocol.AddInt(-1);
        player.Send (protocol);
        return;
    }
    Room room = RoomMgr.instance.list[index];
    //判断房间的状态
    if(room.status != Room.Status.Prepare)    //判断房间的状态，只有处于"准备中"的房间才允许玩家加入
    {
        Console.WriteLine ("MsgEnterRoom status err " + player.id);
        protocol.AddInt(-1);
        player.Send (protocol);
        return;
    }
```

```
    //添加玩家
    if (room.AddPlayer (player))
    {
        room.Broadcast(room.GetRoomInfo());
        protocol.AddInt(0);
        player.Send (protocol);
    }
    else
    {
        Console.WriteLine ("MsgEnterRoom maxPlayer
err " + player.id);
        protocol.AddInt(-1);
        player.Send (protocol);
    }
}
```

> 调用 room.Addplayer 把玩家添加到房间里
>
> 加入成功，返回 0
>
> 加入失败，返回 -1

10.4.5 获取房间信息 GetRoomInfo

进入房间后，客户端发送 GetRoomInfo 协议请求该房间的详细信息。服务端通过 player.tempData.room 获取玩家所在的房间，并返回房间信息，代码如下。

```
    //获取房间信息
    public void MsgGetRoomInfo(Player player, Protocol
Base protoBase)
    {
        if (player.tempData.status != PlayerTempData.
Status.Room)
        {
            Console.WriteLine ("MsgGetRoomInfo status
err " + player.id);
            return;
        }
        Room room = player.tempData.room;
        player.Send (room.GetRoomInfo());
    }
```

> 玩家不在房间中，无须获取房间信息
>
> 取得房间
>
> 返回房间信息

10.4.6 离开房间 LeaveRoom

服务端收到离开房间的协议后，经过一系列的判断，可调用 RoomMgr 的 LeaveRoom 方法进行处理。如果房间内还有其他玩家，程序还会向这些玩家发送 GetRoomInfo 协议，让客户端更新界面，代码如下。

```csharp
// 离开房间
public void MsgLeaveRoom(Player player, ProtocolBase protoBase)
{
    ProtocolBytes protocol = new ProtocolBytes ();
    protocol.AddString ("LeaveRoom");
    // 条件检测
    if (player.tempData.status != PlayerTempData.Status.Room)
    {
        Console.WriteLine ("MsgLeaveRoom status err " + player.id);
        protocol.AddInt (-1);                    // 如果玩家不在房间中，则返回 -1，表示离开房间失败
        player.Send (protocol);
        return;
    }
    // 处理
    protocol.AddInt (0);                         // 返回 0，表示成功离开房间
    player.Send (protocol);
    Room room = player.tempData.room;            // 离开房间的处理
    RoomMgr.instance.LeaveRoom (player);
    // 广播                                       // 广播房间信息
    if(room != null)
        room.Broadcast(room.GetRoomInfo());
}
```

10.5 玩家事件处理

如果玩家在房间中，下线时应该视为离开房间，需要做如下处理，代码如下。

1）在 HandlePlayerEvent 的 OnLogout 方法中判断玩家状态。

2）如果玩家在房间中，则调用 RoomMgr 的 LeaveRoom 方法使玩家离开房间。

3）向房间内的其他玩家广播消息。

```csharp
public class HandlePlayerEvent
{
    // 上线
    public void OnLogin(Player player)           // 玩家上线时会调用 OnLogin 方法
    {
    }
    // 下线
    public void OnLogout(Player player)          // 玩家下线时会调用 OnLogout 方法
    {
        if (player.tempData.status == Player
```

```
TempData.Status.Room)
        {
            Room room = player.tempData.room;        // 离开房间
            RoomMgr.instance.LeaveRoom (player);
            if(room != null)                          // 广播
                room.Broadcast(room.GetRoomInfo());
        }
    }
}
```

10.6 调试

完成房间系统的客户端和服务端程序后,大家必然会迫不及待地调试它。由于 RoomMgr 使用的是单例模式,因此需要在开启服务端时实例化它(MainClass 的 Main 方法),然后再运行游戏,代码如下。

```
public static void Main(string[] args)
{
    ......
    RoomMgr roomMgr = new RoomMgr ();
    while(true) {……}
}
```

测试时不仅仅需要覆盖全部功能,还需要考虑各种异常情况。测试内容具体如表 10-5 所示。

表 10-5 测试内容列举

项目	测试内容
连接	在服务端开启时,客户端是否运行正常 在服务端未开启时,客户端是否有提示
登录	使用正确的用户名密码能否正常登录 使用错误的用户名密码是否会提示登录失败 点击注册按钮能否弹出注册面板
注册	使用新的用户名密码注册时能否注册成功 使用已有的用户名密码注册是否会提示注册失败 两次输入密码不同时是否会提示注册失败 点击登录按钮能否弹出登录面板
房间列表	指挥官、胜利次数、失败次数是否正确显示 房间列表是否正确,在列表中有多个房间,每个房间有多位玩家的情况下能否正确显示 刷新列表功能是否正常 新建房间功能是否正常,点击"刷新列表"按钮后,房间列表能否正确更新 登出功能是否正常,登出后再次登录是否正常 当房间内唯一的玩家退出时,房间是否会被删除

(续)

项目	测试内容
房间面板	界面能否正确显示，特别是涉及多名玩家时的情况 当有玩家加入时，界面是否自动更新 当有玩家退出时，界面是否自动更新 阵营分配是否正常 房主退出房间后，房间是否能够重新选取房主 退出房间功能是否正常

下面开始运行游戏。

1）登录第一个账号（aglab）进入游戏，此时房间列表为空，如图10-6所示。

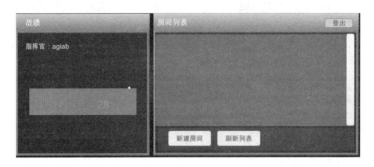

图10-6 空的房间列表

2）点击"新建房间"按钮，弹出房间面板，目前房间里只有"我自己"一名玩家，如图10-7所示。

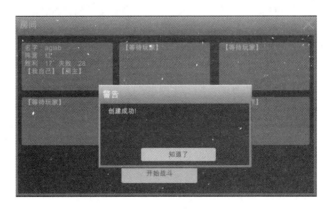

图10-7 新建房间

3）登录另外一个账号（aglab2），房间列表将显示刚刚创建的房间，如图10-8所示。

4）点击"加入"按钮，成功加入房间。此时房间内已有两名玩家，各自在不同的阵营中，如图 10-9 所示。

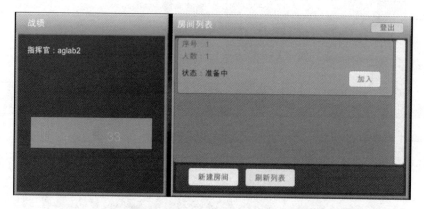

图 10-8　房间列表

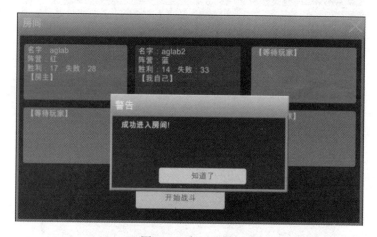

图 10-9　加入房间

5）登录第三个账号（aglab3），可以看到之前创建的房间里已有两名玩家，如图 10-10 所示。

6）切换到第一个账号（aglab），退出房间。之前创建的房间就变成只有一名玩家，如图 10-11 所示。

7）切换到第二个账号（aglab2）。第一个账号退出后，房间面板会自动更新，房间里只剩下 aglab2 一人，并且成为了房主，如图 10-12 所示。

点击房间面板的"开始战斗"按钮，将会开启一场多人坦克对战，这也是坦克游戏的核心玩法。实现它之后，便完成了完整的坦克对战游戏。

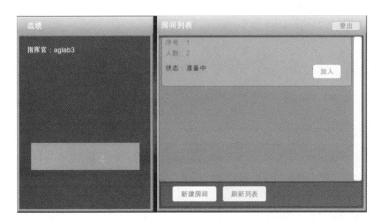

图 10-10　列表显示之前创建的房间里有两名玩家

图 10-11　退出房间

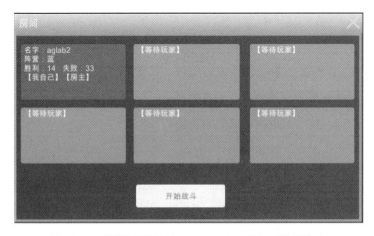

图 10-12　房间里只剩下 aglab2 一人,并且成为了房主

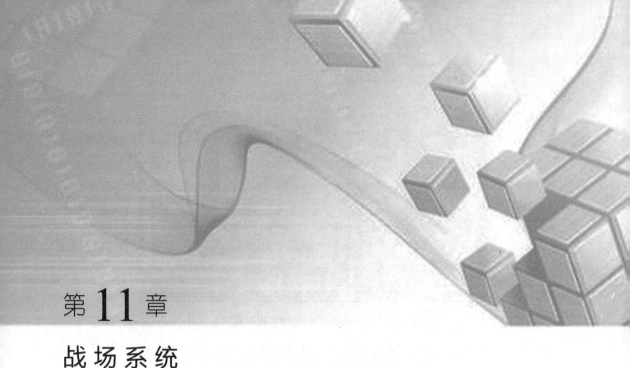

第 11 章

战场系统

玩家点击房间面板的"开始战斗"按钮,会开启一场多人坦克对战。相对于单机游戏部分,多人坦克作战还需要增添如表 11-1 所示的几项功能。

表 11-1 多人坦克作战需要增添的几项功能

功能	说明
位置同步	客户端需要实时更新战场中其他坦克的位置信息,包括坦克的坐标、旋转角度、炮塔旋转角度和炮管旋转角度等
炮弹同步	客户端需要实时同步战场中的炮弹轨迹
伤害处理	某辆坦克被敌人击中时,客户端应当能够收到伤害信息,以便更新生命值等参数
胜负判断	如果某个阵营全军覆没,服务端就会广播游戏结束的协议,客户端收到后显示相应的界面

本章及第 12 章将会介绍战场系统的实现方法,战场系统在对战类游戏中具有较高的普遍性,可运用于各种 MMORPG、ARPG、枪战、棋类等游戏多人坦克战场如图 11-1 所示。

图 11-1 多人坦克战场

11.1 协议设计

玩家点击房间面板的"开始战斗"按钮,客户端向服务端发送 StartFight 协议,在一系列条件检测后，服务端广播 Fight 协议，通知客户端开始战斗。战斗过程中，程序通过 UpdateUnitInfo 协议同步坦克位置，通过 Shooting 协议同步炮弹轨迹，通过 Hit 协议同步伤害信息。当某个阵营取得胜利时，服务端通过 Result 协议广播战斗结果。结合上述功能，可设计如下 6 条战场协议。

StartFight 协议（请求战斗）：如图 11-2 所示，服务端收到该协议后，先进行一系列的条件检测，包括判断发起战斗的玩家是否为房主，房间内的两个阵营是否都有玩家等。如果检测不通过，服务端就会返回 -1 表示请求失败，如果检测通过，则返回 0 表示请求成功。服务端随后广播 Fight 协议，通知客户端进入战斗。

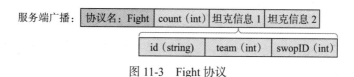

图 11-2　StartFight 协议

Fight 协议（进入战斗）：成功请求战斗后，服务端将向房间内的所有玩家发送 Fight 协议，表明进入战斗状态。该协议还会将战场初始状态发送给客户端，第一个参数 count 代表战场中坦克的数量，随后附带 count 个坦克数据，每个坦克的数据依次为：玩家 id、所在阵营 team、出生点 swopID，如图 11-3 所示。

图 11-3　Fight 协议

如图 11-4 所示，出生点是地图中预先标识的坐标，客户端会根据 team 和 swopID 找到对应的出生点，将坦克移动到该坐标上。

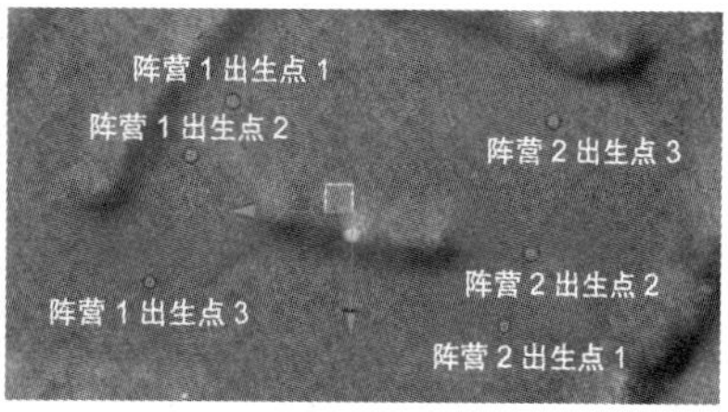

UpdateUnitInfo 协议（同步坦克单元，下面简称为位置同步）：如图 11-5 所示，客户端定期向服务端报告坦克的位置、旋转的角度等信息，服务端收到信息后会将协议广播出去。UpdateUnitInfo 协议的参数如表 11-2 所示。

图 11-4　出生点示意图

表 11-2　UpdateUnitInfo 协议的参数

参数	说明
posX(float)、posY(float)、posZ(float)	坦克的位置信息
rotX(float)、rotY(float)、rotZ(float)	坦克的旋转信息
gunRot(float)、gunRoll(float)	炮塔和炮管的目标旋转角度

相比于客户端发送的协议，服务端在广播时将附带玩家 id，以使其他客户端知道同步的主体。这是一套由客户端逻辑运算，服务端做校验的同步方法。

客户端发送：| UpdateUnitInfo | pos X | pos Y | pos Z | rot X | rot Y | rot Z | gun Rot | gun Roll |

服务端广播：| UpdateUnitInfo | id | pos X | pos Y | pos Z | rot X | rot Y | rot Z | gun Rot | gun Roll |

图 11-5　UpdateUnitInfo 协议

Shooting 协议（发射炮弹）：第 12 章将会详细介绍。

Hit 协议（击中）：第 12 章将会详细介绍。

Result 协议（游戏结果）：第 12 章将会详细介绍。

11.2　开始战斗

和房间系统一样，战场系统也分为客户端和服务端两大部分，首先，我们来回顾一下第 10 章的内容。

1）玩家加入房间后，点击"开始战斗"按钮，房间面板程序通过 OnStartClick 方法发送 StartFight 协议（已实现）。

2）服务端进行一系列处理后广播 Start 协议（尚未实现）。

3）客户端收到 Start 协议后，调用 RecvFight 方法（已实现）。

4）RecvFight 方法调用 MultiBattle 类的 StartBattle 方法开启战斗（尚未实现）。

开始战斗的流程如图 11-6 所示。

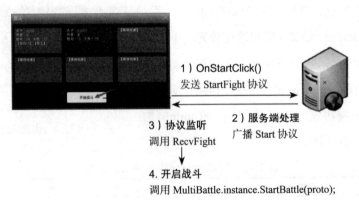

图 11-6　开始战斗的流程

由此本节需要实现如下两项功能。

1）客户端：实现开启战斗的方法（MultiBattle 的 StartBattle）。

2）服务端：实现 StartFight 协议、Start 协议的处理。

11.2.1 客户端战场数据

为使客户端的程序结构较为清晰，定义 MultiBattle 类处理多人战场。MultiBattle 类的结构和单机游戏的战场类 Battle 有些相似，成员如表 11-3 所示。

表 11-3 MultiBattle 的成员说明

成员	说明
instance	MultiBattle 类使用单例模式
tankPrefabs	坦克预设，代表两个阵营各自使用的坦克模型

list	Dictionary<string,BattleTank> 类型的字典，引用战场中的所有坦克。
	BattleTank 类代表在战场中的坦克，它带有两个成员，一个指向坦克的 Tank 组件，另一个指明坦克的阵营。单机游戏部分已经定义了它：
	`public class BattleTank`
	`{`
	`    public Tank tank;`
	`    public int camp;`
	`}`

实现代码如下所示。

```
using UnityEngine;
using System.Collections;
using System.Collections.Generic;

public class MultiBattle : MonoBehaviour
{
    //单例
    public static MultiBattle instance;
    //坦克预设
    public GameObject[] tankPrefabs;
    //战场中的所有坦克
    public Dictionary<string, BattleTank> list = new Dictionary<string, BattleTank>();

    // Use this for initialization
```

```
    void Start()
    {
        // 单例模式
        instance = this;
    }
}
```

11.2.2 获取阵营

添加 GetCamp 和 IsSameCamp 两个辅助函数。GetCamp 由游戏对象获取坦克阵营，IsSameCamp 则判断两个坦克对象是否为同一阵营，代码如下。

```
// 获取阵营 0表示错误
public int GetCamp(GameObject tankObj)
{
    foreach (BattleTank mt in list.Values)
    {
        if (mt.tank.gameObject == tankObj)
            return mt.camp;
    }
    return 0;
}

// 是否同一阵营
public bool IsSameCamp(GameObject tank1, GameObject tank2)
{
    return GetCamp(tank1) == GetCamp(tank2);
}
```

遍历坦克列表，找到游戏对象所对应的元素，获取它的阵营

11.2.3 清理场景

开启一场新的战斗前，需要清空场景里的坦克，初始化坦克列表。可定义 ClearBattle 方法实现该功能，代码如下。

```
// 清理场景
public void ClearBattle()
{
    list.Clear();
    GameObject[] tanks = GameObject.FindGameObjectsWithTag("Tank");
    for (int i = 0; i < tanks.Length; i++)
        Destroy(tanks[i]);
}
```

列表

游戏对象

11.2.4 开始战斗

定义开始战斗的方法 StartBattle，它将解析服务端发来的协议，依次读取场景中所有坦克的 id、队伍 team 和出生点 swopID，传入 GenerateTank 中。GenerateTank（将在 11.2.5 节中实现）将根据这些参数，在对应的位置生成一辆坦克。

StartBattle 还开启了 UpdateUnitInfo、Shooting、Hit 和 Result 这 4 条协议的监听，它们分别对应 RecvUpdateUnitInfo、RecvShooting、RecvHit 和 RecvResult 这 4 个回调函数，这些函数会处理坦克的位置同步、炮弹同步、伤害同步和胜负处理。由于回调函数尚未实现，本节先注释掉相关的语句，以便调试程序，代码如下。

```
//开始战斗
public void StartBattle(ProtocolBytes proto)
{
    //解析协议
    int start = 0;
    string protoName = proto.GetString(start, ref start);
    if (protoName != "Fight")
        return;
    //坦克总数
    int count = proto.GetInt(start, ref start);
    //清理场景
    ClearBattle();
    //每一辆坦克
    for (int i = 0; i < count; i++)
    {
        string id = proto.GetString(start, ref start);
        int team = proto.GetInt(start, ref start);
        int swopID = proto.GetInt(start, ref start);
        GenerateTank(id, team, swopID);
    }
    //NetMgr.srvConn.msgDist.AddListener ("UpdateUnitInfo", RecvUpdateUnitInfo);
    //NetMgr.srvConn.msgDist.AddListener ("Shooting", RecvShooting);
    //NetMgr.srvConn.msgDist.AddListener ("Hit", RecvHit);
    //NetMgr.srvConn.msgDist.AddListener ("Result", RecvResult);
}
```

11.2.5 产生坦克

定义产生坦克的 GenerateTank 方法，它将根据传入的 id、team 和 swopID 三个参数，使用 Instantiate 在场景中生成一辆坦克。该方法主要完成以下几件事情。

1）获取出生点：在场景中添加 SwopPoints 空物体（单机游戏部分已经添加），它拥有 camp1 和 camp2 两个空物体，分别代表不同的阵营，每个空物体包含 p1、p2 和 p3 三个游戏对象，指明阵营中三个出生点的位置。GenerateTank 根据参数 team 获取阵营对象 camp1 或 camp2，再根据 swopID 获取出生点 p1、p2 或 p3，如图 11-7 所示。

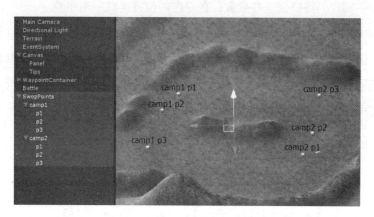

图 11-7　场景中布置的出生点

2）获取坦克预设：GenerateTank 根据参数 team，从 tankPrefabs 中获取对应的坦克预设。游戏有两个阵营，tankPrefabs 的长度应当设置为 2。team 的取值是 1 和 2，程序通过 tankPrefabs[team-1] 便可以获取相应队伍的坦克预设，如图 11-8 所示。

 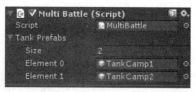

图 11-8　设置坦克预设

3）产生坦克：根据上两步获取的出生点和坦克预设，通过 Instantiate 在场景中产生坦克。

4）列表处理：将生成的坦克添加到坦克列表中，以便查找该坦克。

5）玩家处理：如果坦克由玩家操作（id == GameMgr.instance.id），则设置它的 ctrlType 为 Tank.CtrlType.player，并设置相机跟随的目标。如果这辆坦克由其他玩家操作，那么它将通过网络同步位置，设置它的操作类型为 net，代表网络同步（由于尚未实现网络同步功能，调试时需要将它们注释掉，代码如下）。

```csharp
// 产生坦克
public void GenerateTank(string id, int team, int swopID)
{
    // 获取出生点
    Transform sp = GameObject.Find("SwopPoints").transform;
    Transform swopTrans;
    if (team == 1)
    {
        Transform teamSwop = sp.GetChild(0);
        swopTrans = teamSwop.GetChild(swopID - 1);
    }
    else
    {
        Transform teamSwop = sp.GetChild(1);
        swopTrans = teamSwop.GetChild(swopID - 1);
    }
    if (swopTrans == null)
    {
        Debug.LogError("GenerateTank 出生点错误！");
        return;
    }
    // 预设
    if (tankPrefabs.Length < 2)
    {
        Debug.LogError("坦克预设数量不够");
        return;
    }
    // 产生坦克
    GameObject tankObj = (GameObject)Instantiate(tankPrefabs[team - 1]);
    tankObj.name = id;
    tankObj.transform.position = swopTrans.position;
    tankObj.transform.rotation = swopTrans.rotation;
    // 列表处理
    BattleTank bt = new BattleTank();
    bt.tank = tankObj.GetComponent<Tank>();
    bt.camp = team;
    list.Add(id, bt);
    // 玩家处理
    if (id == GameMgr.instance.id)
    {
        bt.tank.ctrlType = Tank.CtrlType.player;
        CameraFollow cf = Camera.main.gameObject.GetComponent<CameraFollow>();
        GameObject target = bt.tank.gameObject;
        cf.SetTarget(target);
    }
    else
    {
        //bt.tank.ctrlType = Tank.CtrlType.net;
```

```
            //bt.tank.InitNetCtrl ();   // 初始化网络同步
    }
}
```

至此，开启一场战斗的客户端部分已全部完成。只需要再编写服务端程序，便能够进入一场战斗了！

11.2.6 服务端战场数据

服务端需要记录坦克的生命值、位置等信息。在服务端程序 PlayerTempData 中定义下列与战场系统相关的临时变量，代码如下。

```
public class PlayerTempData
{
    ......
    //战场相关
    public long lastUpdateTime;     // 上一次更新位置的时间
    public float posX;              // 坦克的坐标
    public float posY;
    public float posZ;
    public long lastShootTime;      // 上一次射击的时间
    public float hp = 100;          // 生命值
}
```

此时的服务端数据如图 11-9 所示。

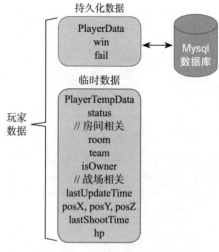

图 11-9　服务端数据示意图

11.2.7 服务端条件检测

客户端发起战斗请求时,服务端需要判断房间能否满足开战条件,开战条件主要包括如下两点。

1)房间必须处于准备状态。

2)每个阵营至少有一名玩家。

在服务端 Room 类中定义 CanStart 方法完成上述两项判断,如果符合开战条件,那么该方法返回 true,否则返回 false,代码如下。

```
// 房间能否开战
public bool CanStart()
{
    if (status != Status.Prepare)         // 房间是否处于准备状态
        return false;

    int count1 = 0;
    int count2 = 0;                       // 每个阵营是否有一名玩家

    foreach(Player player in list.Values)
    {
        if(player.tempData.team == 1) count1++;
        if(player.tempData.team == 2) count2++;
    }

    if (count1 < 1 || count2 < 1)
        return false;
                                          // 满足条件,返回 true
    return true;
}
```

11.2.8 服务端开启战斗

开启战斗时,服务端需要初始化战场,并向客户端广播 Fight 协议。初始化战场的内容主要包括以下 4 点。

1)将房间状态设置为 Fight。

2)初始化每辆坦克的生命值(这里设定为 200)。

3)计算每辆坦克的初始位置。

4)改变房间内玩家的状态,设置为 Fight。

在 Room 类中添加 StartFight 方法，实现开启战斗的功能，代码如下。

```
public void StartFight()
{
    ProtocolBytes protocol = new ProtocolBytes ();
    protocol.AddString ("Fight");
    status = Status.Fight;
    int teamPos1 = 1;
    int teamPos2 = 1;
    lock (list)
    {
        protocol.AddInt(list.Count);
        foreach(Player p in list.Values)
        {
            p.tempData.hp = 200;
            protocol.AddString(p.id);
            protocol.AddInt(p.tempData.team);
            if(p.tempData.team == 1)
                protocol.AddInt(teamPos1++);
            else
                protocol.AddInt(teamPos2++);
            p.tempData.status = PlayerTempData.Status.Fight;
        }
        Broadcast(protocol);
    }
}
```

11.2.9 服务端消息处理

服务端收到请求战斗的协议 StartFight，需要做出处理，并调用上面实现的 room.StartFight 方法开战。添加 HandleBattleMsg.cs 文件，在里面编写由 partial 修饰的 HandlePlayerMsg，处理与战场相关的所有协议。

收到 StartFight 协议后，HandlePlayerMsg 的 MsgStartFight 方法将被调用。它先进行一系列的判断，包括：判断玩家状态，判断玩家是否为房主，判断房间能否开启一场战斗。然后调用 room.StartFight ()，向客户端广播 Fight 协议，代码如下。

```
using System;
using System.Collections.Generic;

public partial class HandlePlayerMsg
{
```

```csharp
        //开始战斗
        public void MsgStartFight(Player player, ProtocolBase protoBase)
        {
            ProtocolBytes protocol = new ProtocolBytes();
            protocol.AddString ("StartFight");
            //条件判断
            if (player.tempData.status != PlayerTempData.Status.Room)        // 玩家是否在房间里面
            {
                Console.WriteLine ("MsgStartFight status err " + player.id);
                protocol.AddInt (-1);
                player.Send (protocol);
                return;
            }

            if (!player.tempData.isOwner)        // 玩家是否为房主
            {
                Console.WriteLine ("MsgStartFight owner err " + player.id);
                protocol.AddInt (-1);
                player.Send (protocol);
                return;
            }

            Room room = player.tempData.room;
            if(!room.CanStart())                  // 房间能否开启战斗
            {
                Console.WriteLine ("MsgStartFight CanStart err " + player.id);
                protocol.AddInt (-1);
                player.Send (protocol);
                return;
            }
            //开始战斗                              // 开战!
            protocol.AddInt (0);
            player.Send (protocol);
            room.StartFight ();
        }
    }
```

11.2.10 调试程序

完成开启战斗功能的客户端部分和服务端部分，将 MultiBattle 组件挂到场景中，便可以调试程序，如图 11-10 到图 11-12 所示。

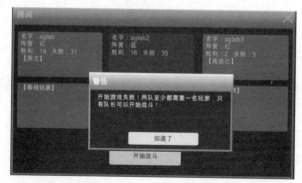

图 11-10　非房主点击开始战斗，弹出"开始游戏失败"的提示框

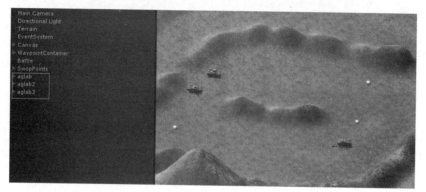

图 11-11　GenerateTank 产生的坦克，它们位于出生点上

图 11-12　战场中可以看到其他玩家的坦克，然而它们还不会移动

11.3　三种同步位置方案

如图 11-13 所示，由于存在网络延迟，很难做到实时的、精确的位置同步，只能

通过各种办法尽量减少误差。本节将介绍三种同步位置的方案，并计算它们的误差。

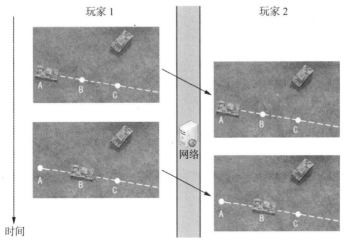

图 11-13　网络延迟带来的同步误差

11.3.1　瞬移式位置同步

最直接的同步方案莫过于客户端在每次发生位置改变时都向服务器发送报告，服务器再转发给周围的其他玩家，其他玩家收到消息后，直接将对方坦克移动到指定位置。这也是前面章节中使用的同步方法。

假设玩家 1 为发送位置信息的一方，玩家 2 为接收方，坦克的移动速度恒定为 v，网络延迟时间为 50 毫秒（使用符号 t（延迟）表示），两次发送同步位置的时间间隔（下称：同步时间，使用符号 t（同步）表示）为 200 毫秒（为方便解说，直接使用预定的数值）。如图 11-14 所示，玩家 1 在经过 B 点时发送同步信息，经过网络延迟的时间，玩家 2 收到信息并同步位置（此时玩家 1 已经向前移动了一小段距离）。此时的距离误差最小，为 $v \cdot t$（延迟）。

如图 11-15 所示，玩家 1 经过 C 点时发送同步信息，在玩家 2 收到同步信息之前，玩家 2 看到的坦克还在 B 点，此时距离误差最大，为 $v \cdot (t$（延迟）$+ t$（同步））。

综上所述，若忽略网络延迟时间，该方法的平均误差为 $1/2 v \cdot t$（同步）。考虑到服务器的性能，同步时间一般不会太小，玩家会明显看到其他坦克的瞬移现象，游戏体验将会变得极其糟糕。

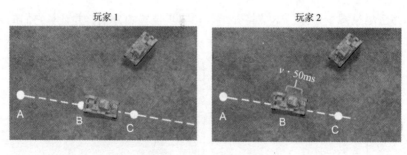

图 11-14 最小距离误差

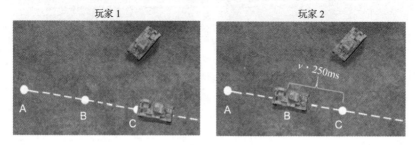

图 11-15 最大距离误差

11.3.2 移动式位置同步

"移动式"是一种解决瞬移现象的简单方法。在收到同步协议后,客户端不直接将坦克拉到目的地,而是让坦克以一定的速度移向目的地。

如图 11-16 所示,玩家 1 经过 B 点时发送同步信息,玩家 2 收到后,将坦克以同样的速度从 A 点移动到 B 点(可通过同步时间和距离计算速度)。此时的距离误差为 $v \cdot (t(延迟) + t(同步))$。

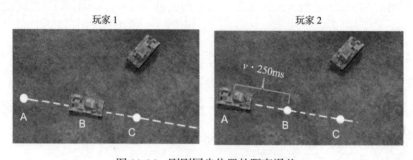

图 11-16 刚刚同步位置的距离误差

如图 11-17 所示，玩家 1 向 C 点移动的同时，玩家 2 看到坦克往 B 点移动，距离误差依然为 $v(t(延迟)+t(同步))$。如果忽略网络延迟时间，平均误差为 $v \cdot t(同步)$，比瞬移式位置同步多了一倍。

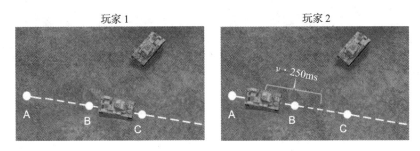

图 11-17　同步位置后的距离误差

移动式的位置同步虽然解决了瞬移问题，然而误差过大，也会带来糟糕的游戏体验。

11.3.3　预测式位置同步

使用"瞬移式"做同步，游戏体验不好，使用"移动式"做同步，误差又太大，"预测式"同步则可以解决上述两个问题。

假设坦克移动速度不变，同步时间不变，玩家 2 可以预测后续的同步位置。如图 11-18 所示，玩家 1 经过 B 点时发送同步信息，玩家 2 根据 $s=vt$ 计算得出下一次同步时坦克应移动到 C 点，然后以速度 v 向 C 点移动。此时距离误差为 $v \cdot t（延迟）$。

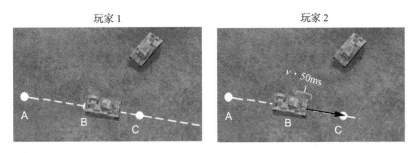

图 11-18　刚刚同步位置的距离误差

如图 11-19 所示，玩家 2 始终保持着速度 v 向预测位置靠近，距离误差一直是：

$v \cdot t$（延迟）。若忽略网络延迟时间，则误差为 0。

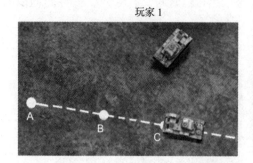
玩家1

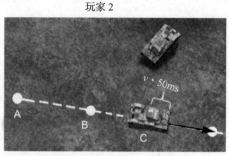
玩家2

图 11-19　同步位置后的距离误差

玩家 1 操控的坦克不可能一直保持恒定的速度（包括速度的大小和方向）。玩家 2 虽然可以计算最近两次同步信息的差值来获取较为准确的移动速度，但是误差还是存在的。但总体来说这种误差在可接受范围内，平均起来误差依然为 0。下面的章节将使用预测式位置同步实现坦克游戏的位置同步。

11.4　位置同步的服务端处理

客户端定期向服务端报告坦克信息（位置、旋转等），服务器再把它转发给房间内的其他玩家。位置预测算法由客户端实现，服务端只负责校验和转发。

在服务端 HandleBattleMsg.cs 中添加 MsgUpdateUnitInfo 方法，当服务端收到 UpdateUnitInfo 协议时，该方法将被调用。MsgUpdateUnitInfo 将处理以下三件事情，具体实现代码如下。

1）解析客户端协议：获取位置、旋转、炮塔目标角度、炮管目标角度等信息。

2）作弊校验：读者可以根据两次信息的时间差和位置差，判断坦克的移动距离是否合乎常理，屏蔽一些外挂。

3）广播协议：重新组装协议（加上 id 参数），并发送给房间内的所有玩家。

```
//同步坦克单元
public void MsgUpdateUnitInfo(Player player, 
ProtocolBase protoBase)
```

```csharp
        {
            //获取数值
            int start = 0;
            ProtocolBytes protocol = (ProtocolBytes)protoBase;
            string protoName = protocol.GetString(start, ref start);
            float posX = protocol.GetFloat(start, ref start);
            float posY = protocol.GetFloat(start, ref start);
            float posZ = protocol.GetFloat(start, ref start);
            float rotX = protocol.GetFloat(start, ref start);
            float rotY = protocol.GetFloat(start, ref start);
            float rotZ = protocol.GetFloat(start, ref start);
            float gunRot = protocol.GetFloat(start, ref start);
            float gunRoll = protocol.GetFloat(start, ref start);
            //获取房间
            if (player.tempData.status != PlayerTempData.Status.Fight)
                return;
            Room room = player.tempData.room;
            //作弊校验 略
            player.tempData.posX = posX;
            player.tempData.posY = posY;
            player.tempData.posZ = posZ;
            player.tempData.lastUpdateTime = Sys.GetTimeStamp();
            //广播
            ProtocolBytes protocolRet = new ProtocolBytes();
            protocolRet.AddString("UpdateUnitInfo");
            protocolRet.AddString(player.id);
            protocolRet.AddFloat(posX);
            protocolRet.AddFloat(posY);
            protocolRet.AddFloat(posZ);
            protocolRet.AddFloat(rotX);
            protocolRet.AddFloat(rotY);
            protocolRet.AddFloat(rotZ);
            protocolRet.AddFloat(gunRot);
            protocolRet.AddFloat(gunRoll);
            room.Broadcast(protocolRet);
        }
```

客户端发送:

协议名:
UpdateUnitInfo
posX
posY
posZ
rotX
rotY
rotZ
gunRot
gunRoll

服务端广播:

协议名:
UpdateUnit Info
id
posX
posY
posZ
rotX
rotY
rotZ
gunRot
gunRoll

11.5 位置同步的客户端处理

11.5.1 发送同步信息

在客户端 Tank 类中添加发送同步信息的方法 SendUnitInfo，将坦克的位置、旋转、炮塔目标角度和炮管目标角度发送给服务端，代码如下。

```
public void SendUnitInfo()
{
    ProtocolBytes proto = new ProtocolBytes();
    proto.AddString("UpdateUnitInfo");
    //位置旋转
    Vector3 pos = transform.position;
    Vector3 rot = transform.eulerAngles;
    proto.AddFloat(pos.x);
    proto.AddFloat(pos.y);
    proto.AddFloat(pos.z);
    proto.AddFloat(rot.x);
    proto.AddFloat(rot.y);
    proto.AddFloat(rot.z);
    //炮塔
    float angleY = turretRotTarget;
    proto.AddFloat(angleY);
    //炮管
    float angleX = turretRollTarget;
    proto.AddFloat(angleX);
    NetMgr.srvConn.Send(proto);
}
```

客户端发送：

协议名：
UpdateUnitInfo
posX
posY
posZ
rotX
rotY
rotZ
gunRot
gunRoll

定义 float 类型的 lastSendInfoTime 用于记录上一次发送同步信息的时间。若该坦克由玩家操控，则每隔 0.2 秒发送一次同步信息，代码如下。

```
//网络同步
private float lastSendInfoTime = float.MinValue;
public void PlayerCtrl()
{
    if (ctrlType != CtrlType.player)
        return;
    ……
    //网络同步
    if (Time.time - lastSendInfoTime > 0.2f)
    {
        SendUnitInfo();
```

若该坦克由玩家操控，则 PlayerCtrl 方法会往下执行

```
        lastSendInfoTime = Time.time;
    }
}
```

11.5.2　网络同步类型

在 Tank 类的操控类型 CtrlType 中添加 net 项，代表由网络同步，代码如下（记得去掉 GenerateTank 中注释掉的部分）。

```
// 操控类型
public enum CtrlType
{
    none,          // 没有
    player,        // 玩家控制
    computer,      // 电脑控制
    net,           // 网络同步
}
```

在 Update 中对网络同步类型做特殊处理。如果该坦克由网络同步，则调用 NetUpdate，同时屏蔽之前在单机游戏章节中实现的移动、炮管炮塔旋转、履带转动、音效等功能。所有网络同步功能都转由 NetUpdate 进行处理，代码如下。

```
// 每帧执行一次
void Update()
{
    // 网络同步
    if (ctrlType == CtrlType.net)
    {
        NetUpdate();
        return;
    }
    // 操控
    PlayerCtrl();
    CombuterCtrl();
    NoneCtrl();
    ……
```

11.5.3　预测目标位置

在 Tank 类中定义下列用于预测位置的变量，分别如表 11-4 所示。

表 11-4 用于预测位置的变量

变量	说明
lPos,lRot	上一次的位置和旋转同步信息（l 代表 last），Vector3 类型
nPos,nRot	本次接收到的位置和旋转信息（n 代表 now），Vector3 类型。这两个变量将作为 NetForecastInfo 方法的内部变量使用
fPos,fRot	预测的位置坐标和旋转角度（f 代表 forecast），Vector3 类型
delta	两次接收同步信息的时间间隔，float 类型
lastRecvInfoTime	上一次收到同步信息的时间，float 类型

预测目标的变量示意图如图 11-20 所示。

实现代码如下所示。

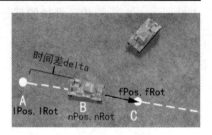

图 11-20 预测目标的变量示意图

```
//last 上次的位置信息
Vector3 lPos;
Vector3 lRot;
//forecast 预测的位置信息
Vector3 fPos;
Vector3 fRot;
// 时间间隔
float delta = 1;
// 上次接收的时间
float lastRecvInfoTime = float.MinValue;
```

编写预测目标位置的方法 NetForecastInfo，它接受 nPos 和 nRot 两个参数，代表当前同步的位置和旋转角度。由于坦克游戏使用了固定的同步时间（200 毫秒），如果坦克的速度保持不变，那么它在接下来的 200 毫秒内所移动的距离，与之前的移动距离是相同的。故而可以通过 fPos = lPos + (nPos - lPos) * 2 计算预测位置，同理还可以计算预测的旋转角度，如图 11-21 所示。

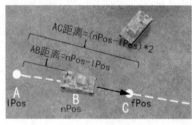

A 点坐标：lPos
B 点坐标：nPos=lPos+nPos-lPos
C 点坐标：fPos=lPos+(nPos-lPos)*2

图 11-21 预测位置的计算

预测位置的实现代码如下所示。

```
// 位置预测
```

```
public void NetForecastInfo(Vector3 nPos, Vector3 nRot)     // 当前的同步位置
{
    // 预测的位置                                            // 计算预测位置
    fPos = lPos + (nPos - lPos) * 2;
    fRot = lRot + (nRot - lRot) * 2;                        // 特殊情况的处理,若出现
    if (Time.time - lastRecvInfoTime > 0.3f)                // 异常的网络延迟,则不能
    {                                                       // 使用上述公式计算
        fPos = nPos;
        fRot = nRot;
    }
    // 时间
    delta = Time.time - lastRecvInfoTime;                   // 计算间隔时间
    // 更新                                                  // 对下一次同步位置而言,
    lPos = nPos;                                            // 当前的同步位置便是上一
    lRot = nRot;                                            // 次的位置
    lastRecvInfoTime = Time.time;
}
```

第一次预测时,fPos 为 Vector3 的默认值 (0,0,0),fPos = lPos + (nPos - lPos) * 2 这条公式便不适用,需要初始化 fpos。如果未初始化 lPos,则会导致预测错误,如图 11-22 所示。

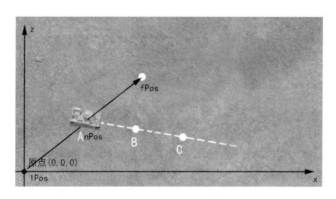

图 11-22　由于未初始化 lPos 导致的预测错误

定义 InitNetCtrl 方法完成位置预测的初始化,并在 GenerateTank 中调用它。坦克的位置由 lPos、nPos 和 fPos 等参数计算得出,不再依赖 Unity3D 的物理系统。故而需要冻结坦克模型 Rigidbody 组件的 constraints 属性,使物理系统不对坦克产生影响,代码如下。

```
// 初始化位置预测数据
public void InitNetCtrl()
```

```
{
    lPos = transform.position;
    lRot = transform.eulerAngles;
    fPos = transform.position;
    fRot = transform.eulerAngles;
    Rigidbody r = GetComponent<Rigidbody>();
    r.constraints = RigidbodyConstraints.FreezeAll;
}
```

初始化位置和旋转

冻结 constraints，使物理系统不对坦克产生影响

11.5.4 向目标位置移动

如图 11-23 所示，Vector3 .Lerp 是计算两个向量之间线性插值的方法，它带有三个参数，分别为初始位置 from、目标位置 to，参数 t。插值是数学上的一个概念，用公式表示就是：from + (to - from) * t，这也是 Lerp 的返回值。同理 Quaternion.Lerp 是计算两个旋转角度之间线性插值的方法。

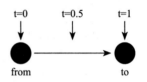

图 11-23 Vector3 .Lerp 示意图

定义 NetUpdate 方法，使用 Vector3.Lerp 使坦克不断靠近预测位置。NetUpdate 在 FixedUpdate 中被调用，每帧都会执行，代码如下。

```
public void NetUpdate()
{
    // 当前位置
    Vector3 pos = transform.position;
    Vector3 rot = transform.eulerAngles;
    // 更新位置
    if (delta > 0)
    {
        transform.position = Vector3.Lerp(pos, fPos, delta);
        transform.rotation = Quaternion.Lerp(Quaternion.Euler(rot),
                                Quaternion.Euler(fRot), delta);
    }
}
```

11.5.5 监听服务端协议

删去 MultiBattle 类 StartBattle 方法中监听 UpdateUnitInfo 协议的注释，开启该协议的监听（NetMgr.srvConn.msgDist.AddListener ("UpdateUnitInfo", RecvUpdateUnitInfo)）。当客户端收到 UpdateUnitInfo 协议时，RecvUpdateUnitInfo 方法将被调用。同时删去

GenerateTank 中初始化网络同步相关语句的注释。

在 MultiBattle 类中定义 RecvUpdateUnitInfo 方法，它先解析服务端发来的协议，然后找到对应的坦克，调用 NetForecastInfo 更新预测位置（fPos）和旋转角度（fRot），代码如下。

```
public void RecvUpdateUnitInfo(ProtocolBase protocol)
{
    //解析协议
    int start = 0;
    ProtocolBytes proto = (ProtocolBytes)protocol;
    string protoName = proto.GetString(start, ref start);
    string id = proto.GetString(start, ref start);
    Vector3 nPos;
    Vector3 nRot;
    nPos.x = proto.GetFloat(start, ref start);
    nPos.y = proto.GetFloat(start, ref start);
    nPos.z = proto.GetFloat(start, ref start);
    nRot.x = proto.GetFloat(start, ref start);
    nRot.y = proto.GetFloat(start, ref start);
    nRot.z = proto.GetFloat(start, ref start);
    float turretY = proto.GetFloat(start, ref start);
    float gunX = proto.GetFloat(start, ref start);
    //处理
    Debug.Log("RecvUpdateUnitInfo " + id);
    if (!list.ContainsKey(id))
    {
        Debug.Log("RecvUpdateUnitInfo bt == null ");
        return;
    }
    BattleTank bt = list[id];
    if (id == GameMgr.instance.id)
        return;
    bt.tank.NetForecastInfo(nPos, nRot);
    //bt.tank.NetTurretTarget(turretY, gunX); //稍后实现
}
```

服务端广播：

协议名：
UpdateUnitInfo
id
posX
posY
posZ
rotX
rotY
rotZ
gunRot
gunRoll

注释：找到对应的坦克；跳过自己的同步信息；更新预测位置和旋转；更新炮塔和炮管的旋转角度

11.5.6 调试

运行多个客户端，开启一场战斗。现在玩家可以流畅地、实时地看到其他玩家坦克的动态，如图 11-24 所示。位置和旋转的同步就此完成。

由于尚未同步炮管和炮塔的角度，其他玩家的炮塔永远指向 z 轴正方向，即旋转

角度为 0，如图 11-25 所示。11.6 节中我们继续努力，完成炮管和炮塔的同步功能。

图 11-24　坦克的位置同步

图 11-25　炮塔炮管尚未实现角度

11.6　同步炮塔炮管

在 Tank 类中定义 NetTurretTarget 方法，实现炮塔目标角度和炮管目标角度的赋值，代码如下（同时取消 RecvUpdateUnitInfo 中注释掉的相关内容" bt.tank.NetTurretTarget(turretY, gunX)"）。

```
public void NetTurretTarget(float y, float x)
{
    turretRotTarget = y;
    turretRollTarget = x;
}
```

炮管目标角度 turretRotTarget 和炮塔目标角度 turretRoll Target 已在单机游戏部分定义

之前已经实现让炮塔和炮管向目标位置转动的 TurretRotation 和 TurretRoll 方法，只需要在 NetUpdate 中调用它们即可，代码如下。

```
public void NetUpdate()
{
    // 位置同步
    ......
    // 炮塔旋转
    TurretRotation();
    TurretRoll();
}
```

使炮塔和炮管以一定的速度向目标角度转动

完成后运行游戏，即可看到其他坦克转动的炮塔和炮管，如图 11-26 所示。

图 11-26　同步角度的炮塔和炮管

11.7　轮子和履带

坦克移动过程中轮子会转动、履带会滚动。相对于位置同步和炮塔炮管的角度同步，它们只是一种视觉效果，只需由客户端模拟即可。

在 Tank 类中添加处理轮子和履带的方法 NetWheelsRotation，它主要处理以下几件事情。

1）判断坦克是否正在移动：由两次同步的位置差，判断坦克是否正在移动。当 z 轴的移动距离小于某个值（这里设置为 0.1f）时，或间隔时间为 0（这里设置为小于等于 0.05f）时，则视为坦克原地不动。不处理轮子和履带。

2）根据坦克的移动速度（z/delta）计算轮子转动的速度，使轮子旋转。

3）根据坦克的移动速度（即根据轮子的旋转角度）计算履带贴图的偏移值，滚动履带。

4）播放音效。

实现代码如下所示。

```
public void NetUpdate()
{
    // 位置同步……
    // 炮台旋转……
    // 轮子履带马达音效
    NetWheelsRotation();
}
```

在 NetUpdate 中调用处理轮子和履带的方法 NetWheelsRotation

```csharp
public void NetWheelsRotation()
{
    float z = transform.InverseTransformPoint(fPos).z;
    // 判断坦克是否正在移动
    if (Mathf.Abs(z) < 0.1f || delta <= 0.05f)
    {
        motorAudioSource.Pause();
        return;
    }
    // 轮子
    foreach (Transform wheel in wheels)
    {
        wheel.localEulerAngles += new Vector3(360 * z / delta, 0, 0);
    }
    // 履带
    float offset = -wheels.GetChild(0).localEulerAngles.x / 90f;
    foreach (Transform track in tracks)
    {
        MeshRenderer mr = track.gameObject.GetComponent<MeshRenderer>();
        if (mr == null) continue;
        Material mtl = mr.material;
        mtl.mainTextureOffset = new Vector2(0, offset);
    }
    // 声音
    if (!motorAudioSource.isPlaying)
    {
        motorAudioSource.loop = true;
        motorAudioSource.clip = motorClip;
        motorAudioSource.Play();
    }
}
```

完成后运行游戏，即可看到效果，如图 11-27 所示。

在多人坦克对战中，玩家可以看到其他玩家的坦克。然而玩家发射炮弹攻击敌人，没有实际效果。第 12 章，我们将实现炮弹同步、伤害处理和胜负判断这几项功能，真正完成多人坦克游戏对战。

图 11-27　转动的轮子、滚动的履带

第 12 章

炮火同步

完成了第 11 章的内容后,玩家可以看到其他玩家的坦克,然后发射炮弹攻击它们。然而第 11 章只完成了进入战斗和位置同步的功能,对方无法看到纷飞的炮弹,就算摧毁敌人,也只是自娱自乐,没有任何实际效果。本章将会解决上述问题,实现炮弹同步、伤害处理和胜负判断等功能,完成多人坦克游戏。

12.1 炮弹同步

12.1.1 协议设计

炮弹沿直线运动,且飞行速度不变。排除网络延迟,只要确定了炮弹的初始位置,便能够得到相同的运行轨迹。据此可设计如下用于同步炮弹的 Shooting 协议。

Shooting 协议(发射炮弹):坦克发射炮弹时,客户端向服务端发送 Shooting 协议,并附带炮弹的初始位置和旋转角度。服务端收到协议后将广播炮弹信息,通知客户端进行处理,如图 12-1 所示。

Shooting 协议的参数如表 12-1 所示。

表 12-1　Shooting 协议参数说明

参数	说明
posX(float)、posY(float)、posZ(float)	炮弹的初始位置坐标
rotX(float)、rotY(float)、rotZ(float)	炮弹的初始旋转角度

客户端发送：| Shooting | posX | posY | posZ | rotX | rotY | rotZ |

服务端广播：| Shooting | id | posX | posY | posZ | rotX | rotY | rotZ |

图 12-1　Shooting 协议

12.1.2　服务端处理

玩家发射炮弹时，客户端发送 Shooting 协议，服务器再把它转发给房间内的其他玩家。炮弹的产生和轨迹运算由客户端来实现，服务端只负责转发，如图 12-2 所示。

在服务端 HandleBattleMsg.cs 中添加 MsgShooting 方法，代码如下，当服务端收到 Shooting 协议时，该方法将被调用。MsgShooting 主要处理以下两件事情。

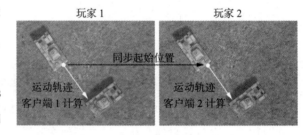

图 12-2　炮弹同步

1）解析客户端协议：获取炮弹的初始位置和旋转角度。

2）广播协议：重新组装协议（加上 id 参数），并发送给房间内的所有玩家。

```
public void MsgShooting(Player player, ProtocolBase protoBase)
{
    // 获取数值
    int start = 0;
    ProtocolBytes protocol = (ProtocolBytes)protoBase;
    string protoName = protocol.GetString (start, ref start);
    float posX = protocol.GetFloat (start, ref start);
    float posY = protocol.GetFloat (start, ref start);
    float posZ = protocol.GetFloat (start, ref
```

```
start);
        float rotX = protocol.GetFloat (start, ref start);
        float rotY = protocol.GetFloat (start, ref start);
        float rotZ = protocol.GetFloat (start, ref start);
        //获取房间
        if (player.tempData.status != PlayerTempData.Status.Fight)
            return;
        Room room = player.tempData.room;
        //广播
        ProtocolBytes protocolRet = new ProtocolBytes();
        protocolRet.AddString ("Shooting");
        protocolRet.AddString (player.id);
        protocolRet.AddFloat (posX);
        protocolRet.AddFloat (posY);
        protocolRet.AddFloat (posZ);
        protocolRet.AddFloat (rotX);
        protocolRet.AddFloat (rotY);
        protocolRet.AddFloat (rotZ);
        room.Broadcast (protocolRet);
}
```

服务端广播：

协议名：Shooting
id
posX
posY
posZ
rotX
rotY
rotZ

12.1.3 客户端发送同步信息

在客户端 Tank 类中添加发送射击信息的方法 SendShootInfo。玩家发射炮弹时，它将炮弹的初始位置和旋转角度发送给服务端，代码如下。

```
public void SendShootInfo(Transform bulletTrans)
{
    ProtocolBytes proto = new ProtocolBytes();
    proto.AddString("Shooting");
    //位置旋转
    Vector3 pos = bulletTrans.position;
    Vector3 rot = bulletTrans.eulerAngles;
    proto.AddFloat(pos.x);
    proto.AddFloat(pos.y);
    proto.AddFloat(pos.z);
    proto.AddFloat(rot.x);
    proto.AddFloat(rot.y);
    proto.AddFloat(rot.z);
    NetMgr.srvConn.Send(proto);
}
```

客户端发送：

协议名：Shooting
posX
posY
posZ
rotX
rotY
rotZ

在 Tank 类的 Shoot 方法（处理发射炮弹的方法）中添加发送射击信息的功能，代码如下。

```
public void Shoot()
{
    //发射炮弹……
    //发送同步信息
    if (ctrlType == CtrlType.player)
        SendShootInfo(bulletObj.transform);
}
```

> 如果该坦克由玩家操控，则会在发送炮弹的同时，向服务端发送同步信息

12.1.4 客户端接收同步信息

删去 MultiBattle 类的 StartBattle 方法中监听 Shooting 协议的注释，开启该协议的监听（NetMgr.srvConn.msgDist.AddListener ("Shooting", RecvShooting)）。当客户端收到 Shooting 协议时，RecvShooting 方法将被调用。

在 MultiBattle 类中定义 RecvShooting 方法，它将先解析服务端发来的协议，然后找到对应的坦克，调用 NetShoot（稍后将会实现）同步炮弹信息，代码如下。

```
public void RecvShooting(ProtocolBase protocol)
{
    //解析协议
    int start = 0;
    ProtocolBytes proto = (ProtocolBytes)protocol;
    string protoName = proto.GetString(start, ref start);
    string id = proto.GetString(start, ref start);
    Vector3 pos;
    Vector3 rot;
    pos.x = proto.GetFloat(start, ref start);
    pos.y = proto.GetFloat(start, ref start);
    pos.z = proto.GetFloat(start, ref start);
    rot.x = proto.GetFloat(start, ref start);
    rot.y = proto.GetFloat(start, ref start);
    rot.z = proto.GetFloat(start, ref start);
    //处理
    if (!list.ContainsKey(id))
    {
        Debug.Log("RecvShooting bt == null ");
        return;
    }
    BattleTank bt = list[id];
    if (id == GameMgr.instance.id)
```

> 服务端广播：
>
> | 协议名: Shooting |
> | --- |
> | id |
> | posX |
> | posY |
> | posZ |
> | rotX |
> | rotY |
> | rotZ |

> 找到对应的坦克

> 跳过自己的同步信息

```
        {
            return;
        }
        bt.tank.NetShoot(pos, rot);
    }
```

在 Tank 类中添加 NetShoot 方法，在指定位置产生一颗炮弹，代码如下。炮弹有自运动的功能（Bullet 类 Update 方法中的 "transform.position += transform.forward * speed * Time.deltaTime" 等语句），它将自动向前方飞去，如图 12-3 所示。

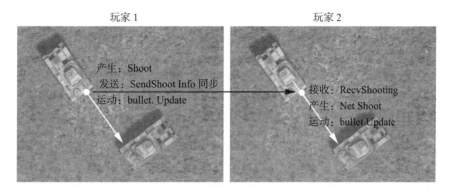

图 12-3　客户端的同步过程

```
    public void NetShoot(Vector3 pos, Vector3 rot)
    {
        //产生炮弹
        GameObject bulletObj = (GameObject)Instantiate(bullet, pos, Quaternion.Euler(rot));
        Bullet bulletCmp = bulletObj.GetComponent<Bullet>();
        if (bulletCmp != null) bulletCmp.attackTank = gameObject;
        //音效处理
        shootAudioSource.PlayOneShot(shootClip);
    }
```

完成后开启多个客户端，即可看到纷飞的炮弹，如图 12-4 和图 12-5 所示。

图 12-4　炮弹轨迹同步

图 12-5 炮弹爆炸同步

12.2 伤害同步

玩家发射炮弹击中敌人,服务端会扣除被击中坦克的生命值,然后评判战场局势,选出胜利的阵营。

12.2.1 协议设计

Hit 协议(击中):坦克击中敌人,敌人受到伤害。如图 12-6 所示,客户端向服务端发送 Hit 协议,该协议附带两个参数,enemyID 指明击中了哪个敌人,damage 指明造成的伤害值。服务端收到协议后广播伤害信息,通知客户端做处理(服务端发送的协议需要附带玩家 id,让客户端知道是哪辆坦克击中了哪辆坦克)。

| 客户端发送: | 协议名:Hit | enemyID(string) | damage(float) |
| 服务端广播: | 协议名:Hit | id(string) | enemyID(string) | damage(float) |

图 12-6 Hit 协议

12.2.2 服务端处理

玩家击中敌方坦克时,客户端向服务端发送 Hit 协议,服务端校验和处理后,将转发给房间内的其他玩家。

在服务端 HandleBattleMsg.cs 中添加 MsgHit 方法,当服务端收到 Hit 协议时,该方法将被调用,代码如下。MsgHit 主要处理以下三件事情。

1）解析客户端协议：获取被击中的坦克 id、伤害值。

2）作弊校验：根据开炮的 cd 时间判断玩家是否作弊，读者也可以添加更加严格的校验条件。

3）生命值处理：扣除被击中坦克的生命值。

4）广播协议：重新组装协议（加上 id 参数），并发送给房间内的所有玩家。

5）胜负判断：判断某个阵营是否全歼敌人（12.3 节将会实现）。

```
// 伤害处理
public void MsgHit(Player player, ProtocolBase protoBase)
{
    // 解析协议
    int start = 0;
    ProtocolBytes protocol = (ProtocolBytes)protoBase;
    string protoName = protocol.GetString (start, ref start);
    string enemyName = protocol.GetString (start, ref start);
    float damage = protocol.GetFloat (start, ref start);
    // 作弊校验
    long lastShootTime = player.tempData.lastShootTime;
    if (Sys.GetTimeStamp () - lastShootTime < 1)
    {
        Console.WriteLine ("MsgHit 开炮作弊 " + player.id);
        return;
    }
    player.tempData.lastShootTime = Sys.GetTimeStamp();
    // 更多作弊校验 略
    // 获取房间
    if (player.tempData.status != PlayerTempData.Status.Fight)
        return;
    Room room = player.tempData.room;
    // 扣除生命值
    if (!room.list.ContainsKey (enemyName))
    {
        Console.WriteLine ("MsgHit not Contains enemy " + enemyName);
        return;
    }
    Player enemy = room.list[enemyName];
    if (enemy == null)
        return;
    if (enemy.tempData.hp <= 0)
        return;
    enemy.tempData.hp -= damage;
    Console.WriteLine("MsgHit" + enemyName + "  hp" + enemy.tempData.hp);
    // 广播
    ProtocolBytes protocolRet = new ProtocolBytes();
    protocolRet.AddString ("Hit");
```

```
            protocolRet.AddString (player.id);
            protocolRet.AddString (enemy.id);
            protocolRet.AddFloat (damage);
            room.Broadcast (protocolRet);
            //胜负判断
            //room.UpdateWin ();      //12.3节将会实现
        }
```

12.2.3 客户端发送伤害信息

在 Tank 类中添加发送伤害信息的方法 SendHit，它的两个参数分别代表敌人的 id 和伤害值，代码如下。

```
public void SendHit(string id, float damage)
{
    ProtocolBytes proto = new ProtocolBytes();
    proto.AddString("Hit");
    proto.AddString(id);
    proto.AddFloat(damage);
    NetMgr.srvConn.Send(proto);
}
```

客户端发送：

| 协议名： |
| Hit |
| enemyID |
| damage |

在 Bullet 类（炮弹类）中实现发送伤害协议的功能。当炮弹击中敌人时，调用 SendHit 方法发送协议，代码如下。

```
// 碰撞
void OnCollisionEnter(Collision collisionInfo)
{
    ……// 爆炸效果、音效、摧毁炮弹
    // 发送伤害信息
    Tank tankCmp = collisionInfo.gameObject.GetComponent<Tank>();
    if (tankCmp != null && attackTank.name == GameMgr.instance.id)
    {
        float att = GetAtt();
        tankCmp.SendHit(tankCmp.name, att);
    }
}
```

12.2.4 客户端接收伤害信息

删去 MultiBattle 类的 StartBattle 方法中监听 Hit 协议的注释，开启该协议的监听

（NetMgr.srvConn.msgDist.AddListener ("Hit", RecvHit)）。当客户端收到 Hit 协议时，RecvHit 方法将被调用。

在 MultiBattle 类中定义 RecvHit 方法，它将首先解析服务端发来的协议，然后找到对应的坦克，调用 NetBeAttacked（稍后将会实现）同步伤害信息，代码以下。

```
public void RecvHit(ProtocolBase protocol)
{
    // 解析协议
    int start = 0;
    ProtocolBytes proto = (ProtocolBytes)protocol;
    string protoName = proto.GetString(start, ref start);
    string attId = proto.GetString(start, ref start);
    string defId = proto.GetString(start, ref start);
    float hurt = proto.GetFloat(start, ref start);
    // 获取 BattleTank
    if (!list.ContainsKey(attId))
    {
        Debug.Log("RecvHit attBt == null " + attId);
        return;
    }
    BattleTank attBt = list[attId];

    if (!list.ContainsKey(defId))
    {
        Debug.Log("RecvHit defBt == null " + defId);
        return;
    }
    BattleTank defBt = list[defId];
    // 被击中的坦克
    defBt.tank.NetBeAttacked(hurt, attBt.tank.gameObject);
}
```

服务端广播：

| 协议名： |
| Hit |
| playerID |
| enemyID |
| damage |

attId，攻击者 id
defId，被攻击者 id
hurt，伤害值

调用被击中坦克的 NetBeAttacked 方法

在 Tank 类中添加处理伤害的 NetBeAttacked 方法，它主要处理以下几件事情。

1）扣除生命值。

2）若坦克被击毁，播放着火的特效。

3）若玩家击毁了敌人，播放击杀的提示。

客户端的同步过程如图 12-7 所示。

NetBe Attacked 的实现代码如下。

图12-7 客户端的同步过程

```
    public void NetBeAttacked(float att, GameObject attackTank)
    {
        // 扣除生命值
        if (hp <= 0)
            return;
        if (hp > 0)
        {
            hp -= att;
        }
        // 坦克被击毁
        if (hp <= 0)
        {
            // 改变操作模式
            ctrlType = CtrlType.none;
            // 播放着火特效
            GameObject destoryObj = (GameObject)Instantiate(destoryEffect);
            destoryObj.transform.SetParent(transform, false);
            destoryObj.transform.localPosition = Vector3.zero;
            // 播放击杀提示
            if (attackTank != null)
            {
                Tank tankCmp = attackTank.GetComponent<Tank>();
                if (tankCmp != null && tankCmp.ctrlType == CtrlType.player)
                    tankCmp.StartDrawKill();
            }
        }
    }
```

参数说明：
att，伤害值
attackTank，攻击者

着火特效

击杀特效

同步伤害信息效果如图 12-8 所示

图 12-8 同步伤害信息，击毁坦克

12.3 胜负判断

玩家击毁敌人之后，服务端会评估战场局势，看看有没有某个阵营全部歼灭了敌人。如果某一阵营取得胜利，服务端会广播 Result 协议，通知客户端弹出胜负面板。

12.3.1 协议设计

Result 协议（游戏结果）：某个阵营歼灭了敌人，服务端向房间内的玩家广播 Result 协议，说明战斗结果。它的参数 camp 指明了取得胜利的阵营，如图 12-9 所示。

服务端广播：| 协议名：Result | camp（int） |

图 12-9 Result 协议

12.3.2 服务端胜负判断

在服务端 Room 类中添加评判战场局势的 IsWin 方法，它将遍历坦克列表，计算每个阵营的存活量。如果某个阵营的坦克存活量为 0，则意味着被歼灭，游戏失败，代码如下。

```
// 胜负判断
private int IsWin()                              ──── 返回值：
{
    if (status != Status.Fight)                  ──── 0- 尚未分出结果
        return 0;
                                                 ──── 1- 阵营1取胜
    int count1 = 0;
    int count2 = 0;                              ──── 2- 阵营2取胜
    foreach(Player player in list.Values)
    {                                                  count1：阵营1中存活的
        PlayerTempData pt = player.tempData;           坦克数量
        if(pt.team == 1 && pt.hp > 0) count1++;
        if(pt.team == 2 && pt.hp > 0) count2++;        count2：阵营2中存活的
    }                                                  坦克数量

    if(count1 <= 0) return 2;
    if(count2 <= 0) return 1;
    return 0;
}
```

12.3.3 服务端处理战斗结果

在服务端 Room 类中添加处理战斗结果的的方法 UpdateWin（该方法在 12.2 节的 MsgHit 方法中被调用，需要取消相应的注释），它将调用 IsWin 方法评判战场局势，如果某一阵营取得胜利，则处理战斗结果，主要包括如下 4 点。

1）改变房间状态：使房间状态从 Fight 变成 Prepare（准备中）。

2）改变玩家状态：使玩家状态从 Fight 变成 Room。

3）记录胜败次数：根据战斗结果，改变 player.data.win 或 player.data.fail 的值。

4）广播 Result 协议：广播 Result 协议，附带参数表明获胜的阵营。

Update Win 的实现代码如下。

```
public void UpdateWin()
{
    int isWin = IsWin();
    if (isWin == 0)
        return;
    // 改变状态 数值处理
    lock (list)
    {                                            ──── 改变房间状态
        status = Status.Prepare;
```

```
            foreach (Player player in list.Values)    ── 改变玩家状态
            {
                player.tempData.status = PlayerTemp    ── 记录胜败次数
Data.Status.Room;
                if (player.tempData.team == isWin)
                    player.data.win++;
                else
                    player.data.fail++;
            }                                          ── 服务端广播：
        }                                                 协议名：
        //广播                                             Result
        ProtocolBytes protocol = new ProtocolBytes();     camp
        protocol.AddString ("Result");
        protocol.AddInt (isWin);
        Broadcast (protocol);
    }
```

12.3.4 客户端接收战斗结果

删去 MultiBattle 类 StartBattle 方法中监听 Result 协议的注释，开启该协议的监听（NetMgr.srvConn.msgDist.AddListener ("Result", RecvResult)）。当客户端收到 Result 协议时，RecvResult 方法将被调用，代码如下。

在 MultiBattle 类中定义 RecvResult 方法，它主要完成下列事项。

1）解析协议：获取胜利的阵营。

2）显示战斗结果：调用胜负面板显示战斗结果。胜负面板在单机游戏部分已经制作完成，它将根据传入的参数，显示胜利样式或失败样式。

3）取消监听：战斗结束后，玩家将继续待在房间里，等待下一次的战斗。由于退出了战斗状态，因此需要取消 UpdateUnitInfo、Shooting、Hit、Result 这 4 条协议的监听。

```
public void RecvResult(ProtocolBase protocol)
{
    //解析协议
    int start = 0;
    ProtocolBytes proto = (ProtocolBytes)protocol;
    string protoName = proto.GetString(start, ref start);
    int winTeam = proto.GetInt(start, ref start);
    //弹出胜负面板
    string id = GameMgr.instance.id;
    BattleTank bt = list[id];
```

```
            if (bt.camp == winTeam)
            {
                PanelMgr.instance.OpenPanel<WinPanel>("", 1);
            }
            else
            {
                PanelMgr.instance.OpenPanel<WinPanel>("", 0);
            }
     // 取消监听
         NetMgr.srvConn.msgDist.DelListener("UpdateUnitInfo",
RecvUpdateUnitInfo);
         NetMgr.srvConn.msgDist.DelListener("Shooting", RecvShooting);
         NetMgr.srvConn.msgDist.DelListener("Hit", RecvHit);
         NetMgr.srvConn.msgDist.DelListener("Result", RecvResult);
     }
```

战斗结束后，如图 12-10 和图 12-11 所示，玩家处在 Room 状态，客户端需要打开房间面板。修改 WinPanel 类的 OnCloseClick 方法，当玩家点击胜负面板右上角的关闭按钮时，将会弹出房间面板，如图 12-12 所示。完成后便可以调试游戏，代码如下。

图 12-10　取得胜利，弹出胜负面板

```
    public void OnCloseClick()
    {
        MultiBattle.instance.ClearBattle();
        PanelMgr.instance.OpenPanel<RoomPanel>("");
        Close();
    }
```

图 12-11　游戏失败，弹出胜负面板

图 12-12　关闭胜负面板，返回房间

12.4 中途退出

服务端需要应对玩家在战斗过程中掉线或中途退出游戏的情况，我们制定了如下规则。

1）若在战斗中掉线，则视为坦克自焚，立即摧毁坦克。

2）若在战斗中掉线，则视为游戏失败，玩家的失败加 1（队友不受影响）。

在服务端 Room 类中添加 ExitFight 方法，处理战斗过程中掉线的情况，代码如下。

```
// 中途退出战斗
public void ExitFight(Player player)
{
    // 摧毁坦克
    if (list [player.id] != null)
        list [player.id].tempData.hp = -1;
    // 广播消息
    ProtocolBytes protocolRet = new ProtocolBytes();
    protocolRet.AddString ("Hit");
    protocolRet.AddString (player.id);
    protocolRet.AddString (player.id);
    protocolRet.AddFloat (999);
    Broadcast (protocolRet);
    // 增加失败次数
    if (IsWin () == 0)
        player.data.fail++;
    // 胜负判断
    UpdateWin ();
}
```

注释说明：
- 设坦克的生命值为 -1，即意味着被摧毁
- ←客户端将会收到"XXX给自己造成999点伤害"的信息

协议名：
| Hit |
| playerID |
| enemyID |
| damage |

- 使用 if (IsWin () == 0) 避免 UpdateWin 中重复增加失败次数

在 HandlePlayerEvent 的 OnLogout 方法中判断玩家状态，并调用相应的处理方法，代码如下。

```
public class HandlePlayerEvent
{
    // 上线
    public void OnLogin(Player player)
    {
        
    }
    // 下线
    public void OnLogout(Player player)
    {
        // 房间中
        if (player.tempData.status == PlayerTemp
```

```
Data.Status.Room)
            {
                ......
            }
            // 战斗中
            if (player.tempData.status == PlayerTempData.Status.Fight)
            {
                Room room = player.tempData.room;       ← 退出战斗
                room.ExitFight(player);
                RoomMgr.instance.LeaveRoom(player);     ← 离开房间
            }
        }
```

12.5 完整的游戏

经过了 12 个章节的学习和探索，这款多人坦克游戏终于全部完成。让我们再回顾一下整款游戏吧，如图 12-13 到图 12-18！

图 12-13 登录游戏

图 12-14 注册账号

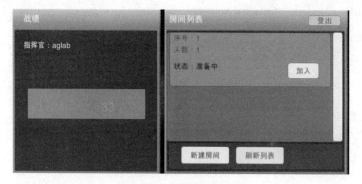

图 12-15 查看房间列表

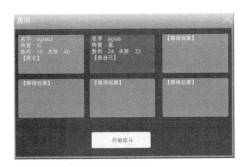
图 12-16　进入房间

图 12-17　战斗中

图 12-18　取得胜利

　　本书给予读者一个明确的学习目标，便是要制作一款完整的多人对战游戏，然后逐步去实现它。读完本书，相信读者已经具备了一定的游戏开发能力，也能够独立完成一款小型网络游戏。然而作为实例教程，本书偏重于例子中涉及的知识点，很多地方未能详尽展开。希望读者能够搜寻更多的学习资料，不断深造。

　　受限于笔者的水平，书中难免会有错漏之处，敬请读者指正！如果读者制作出好玩的游戏，希望能与笔者分享（邮箱地址：AGLab@foxmail.com）。

推荐阅读

Unity着色器和屏幕特效开发秘笈

作者：Kenny Lammers ISBN：978-7-111-48056-3 定价：49.00元

Unity开发实战

作者：Matt Smith 等 ISBN：978-7-111-46929-2 定价：59.00元

Unity游戏开发实战

作者：Michelle Menard ISBN：978-7-111-37719-1 定价：69.00元

网页游戏开发秘笈

作者：Evan Burchard ISBN：978-7-111-45992-7 定价：69.00元

游戏开发工程师修炼之道（原书第3版）

作者：Jeannie Novak ISBN：978-7-111-45508-0 定价：99.00元

HTML5 Canvas核心技术：图形、动画与游戏开发

作者：David Geary ISBN：978-7-111-41634-0 定价：99.00元